『中学校3年間の理科が1冊でしっかりわかる本』の特長

その1 各項目に くらべてわかる！ を掲載！

理科は、例えば「直列回路と並列回路」、「植物細胞と動物細胞」など、くらべて学ぶことで内容が効率よく身につきます。そこで、各項目で学ぶ要点をくらべながら解説を加えました。こうすることで、膨大な単元を“ギュッ”と1冊に凝縮することができました。

その2 冒頭の一文とひとことポイントで要点をつかむ！

各項目の冒頭に、その要点をまとめた一文を掲載。さらに、確認問題の前に、理解を深めるためのひとことポイントを掲載しています。

最初の一文とひとことポイントによって、各項目で押さえるべき要点がはっきりし、より効率的に内容が身につきます。

その3 会話形式で気楽に読みながら学べる！

くらべてわかる！ の要点のあと、先生と生徒の会話形式による解説を読み進めることで、要点の理解を深めることができます。

会話形式のため内容が頭に入りやすく、要点部分を板書、会話部分を授業と考えると、まるで塾で授業を受けているような感覚で、あっという間に内容を理解できます。

その4 よくある誤答例で人のふりを見て我がふりを直せる！

塾講師という仕事がら、今まで何万枚もの答案を採点してきました。そのとき感じたことは、よく間違える問題パターンは決まっているということです。

すべての項目ではありませんが、いくつかの項目で、よくある誤答例と正しい解答を紹介しています。人の誤答をあらかじめ知ることで、テストでのミスが格段に減ります。

その5 大切な用語と発展知識でさらに理解を深める！

理科の学習では、用語の意味をしっかり理解することがとても大切です。テストでは、用語そのものを答えさせる問題も数多く見られます。

各単元で出てくる用語に加え、巻末にある「大切な用語」で、教科書レベルの基本的な用語の確認から、本質を理解するために必要な深い知識まで幅広く確認できます。

また、すべての項目ではありませんが、いくつかの項目の中に**発展知識**を入れました。

大切な用語と合わせて確認することで、理解がより一層深まります。

その6 豊富な図版で直感的にわかる！

くらべてわかる！の要点と、巻末の大切な用語には、できるだけ多くの図版やイラストを入れました。**各単元の図版を何度も見ることで、直感的にポイントがつかめるようになります。**

また、学校のテスト前や受験前など、図版にざっと目を通すだけでも総復習ができ、得点力のUPにつながります。

その7 「学ぶ順序」と無理なく力をつける「紙面構成」へのこだわり！

項目の順番は、中学校の教科書とほとんど同じになっています（一部、学習効果を考え、前後しているものもあります）。**現役の中学生なら、学校の教科書と併用して本書を利用すると、知識が定着し、理解力がのびていきます。**

また、紙面は見開きで１つの単元が完結しています。くらべてわかる！→「会話形式の解説」→「ひとことポイント」→「確認問題」→「練習問題」と無理なく実力をつけていくことができます。

中学生はもちろん、**苦手だった理科の力を底上げしたい高校生**、さらには、**理科をもう一度学び直したいと思っている大人の方**まで、どなたにでも気軽に使っていただける内容と構成になっています。

本書の使い方

1 各章で学ぶ分野です

2 この見開き2ページで学ぶ項目です

3 中学校の検定教科書（2021年度からの新学習指導要領に準拠）をもとにした、各項目を習う学年です

4 各項目のの内容をひとことで表したものです

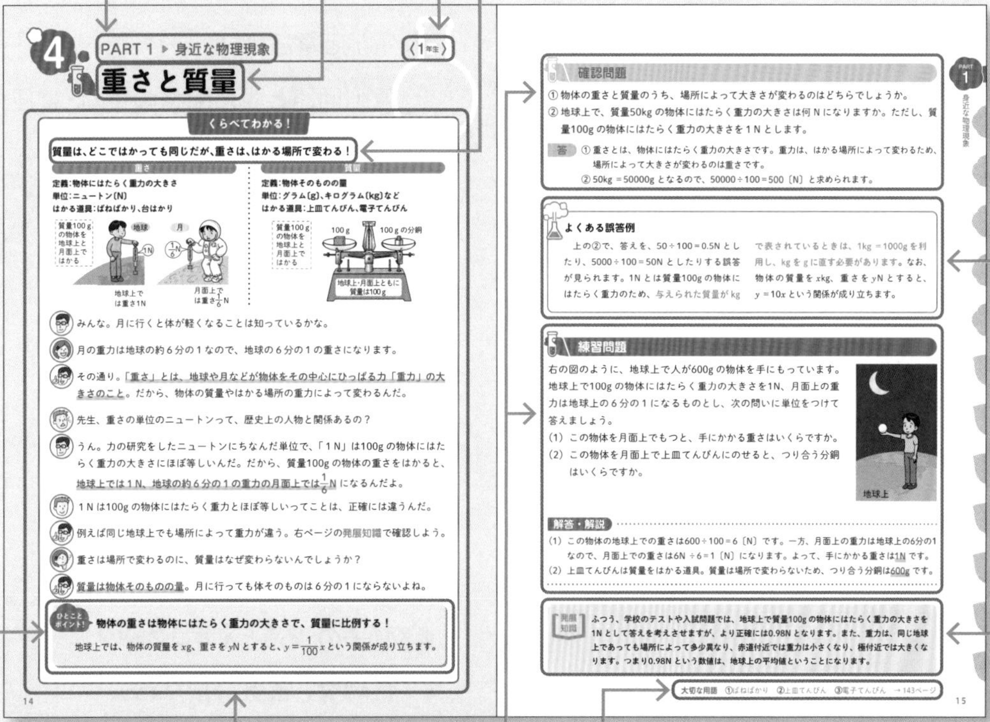

4 PART 1 ▶ 身近な物理現象 〈1年生〉

重さと質量

くらべてわかる！

質量は、どこではかっても同じだが、重さは、はかる場所で変わる！

重さ	質量
定義：物体にはたらく重力の大きさ 単位：ニュートン(N) はかる道具：ばねばかり、台はかり	定義：物体そのものの量 単位：グラム(g)、キログラム(kg)など はかる道具：上皿てんびん、電子てんびん

みんな。月に行くと体が軽くなることは知っているかな。

月の重力は地球の約6分の1なので、地球の6分の1の重さになります。

その通り。「重さ」とは、地球や月などが物体をその中心にひっぱる力「重力」の大きさのこと。だから、物体の質量やはかる場所の重力によって変わるんだ。

先生、重さの単位のニュートンって、歴史上の人物と関係あるの？

うん。力の研究をしたニュートンにちなんだ単位で、「1N」は100gの物体にはたらく重力の大きさにほぼ等しいんだ。だから、質量100gの物体の重さをはかると、地球上では1N、地球の約6分の1の重力の月面上では$\frac{1}{6}$Nになるんだよ。

1Nは100gの物体にはたらく重力とほぼ等しいってことは、正確には違うんだ。

例えば同じ地球上でも場所によって重力が違う。右ページの発展知識で確認しよう。

重さは場所で変わるのに、質量はなぜ変わらないんでしょうか？

質量は物体そのものの量。月に行っても体そのものは6分の1にならないよね。

ひとことポイント！ 物体の重さは物体にはたらく重力の大きさで、質量に比例する！

地球上では、物体の質量をxg、重さをyNとすると、$y=\frac{1}{100}x$という関係が成り立ちます。

確認問題

① 物体の重さと質量のうち、場所によって大きさが変わるのはどちらでしょうか。

② 地球上で、質量50kgの物体にはたらく重力の大きさは何Nになりますか。ただし、質量100gの物体にはたらく重力の大きさを1Nとします。

答 ① 重さとは、物体にはたらく重力の大きさです。重力は、はかる場所によって変わるため、場所によって大きさが変わるのは重さです。

② 50kg＝50000gとなるので、50000÷100＝500〔N〕と求められます。

よくある誤答例

上の②で、答えを、50÷100＝0.5Nとしたり、5000÷100＝50Nとしたりする誤答が見られます。1Nとは質量100gの物体にはたらく重力のため、与えられた質量がkgで表されているときは、1kg＝1000gを利用し、kgをgに直す必要があります。なお、物体の質量を$x$kg、重さをyNとすると、$y=10x$という関係が成り立ちます。

練習問題

右の図のように、地球上で人が600gの物体を手にもっています。地球上で100gの物体にはたらく重力の大きさを1N、月面上の重力は地球上の6分の1になるものとし、次の問いに単位をつけて答えましょう。

(1) この物体を月面上でもつと、手にかかる重さはいくらですか。

(2) この物体を月面上で上皿てんびんにのせると、つり合う分銅はいくらですか。

解答・解説

(1) この物体の地球上での重さは600÷100＝6〔N〕です。一方、月面上の重力は地球上の6分の1なので、月面上での重さは6N÷6＝1〔N〕になります。よって、手にかかる重さは1Nです。

(2) 上皿てんびんは質量をはかる道具。質量は場所で変わらないため、つり合う分銅は600gです。

発展知識 ふつう、学校のテストや入試問題では、地球上で質量100gの物体にはたらく重力の大きさを1Nとして答えを考えさせますが、より正確には0.98Nとなります。また、重力は、同じ地球上であっても場所によって多少異なり、赤道付近では重力は小さくなり、極付近では大きくなります。つまり0.98Nという数値は、地球上の平均値ということになります。

大切な用語 ①ばねばかり ②上皿てんびん ③電子てんびん →143ページ

5 各項目の理解を深めるために、ぜひ知っておきたいポイントです。

6 項目について理解しやすいように要点をくらべて解説しています

7 自力で実際に問題を解いて、基礎力を身につけましょう

8 各項目に登場する用語について、くわしく解説しているページです

9 得点力や理解力をつけるための、プラスアルファの解説です

特典 PDF のダウンロード方法

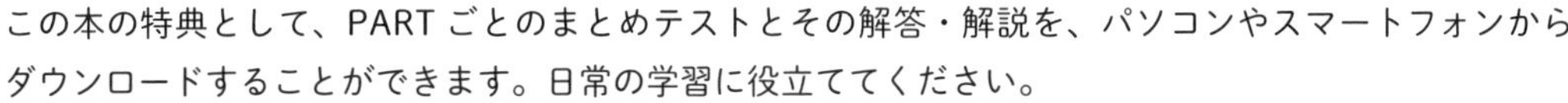

この本の特典として、PART ごとのまとめテストとその解答・解説を、パソコンやスマートフォンからダウンロードすることができます。日常の学習に役立ててください。

1 インターネットで下記のページにアクセス

パソコンから

URL を入力

https://kanki-pub.co.jp/pages/kmrika/

スマートフォンから

QR コードを読み取る

2 入力フォームに、必要な情報を入力して送信すると、ダウンロードページの URL がメールで届く

3 ダウンロードページを開き、ダウンロード をクリックして、パソコンまたはスマートフォンに保存

4 ダウンロードしたデータをそのまま読むか、プリンターやコンビニのプリントサービスなどでプリントアウトする

もくじ

2分野　生命・地球

PART 7 いろいろな生物とその共通点

PART 8 大地の成り立ちと変化

PART 9 生物の体のつくりとはたらき

PART 10 気象とその変化

PART 11 生命の連続性

PART 12 地球と宇宙

PART 13 自然と人間

大切な用語

光の反射と屈折

くらべてわかる！

光は反射(はんしゃ)（入射角(にゅうしゃかく) ＝ 反射角(はんしゃかく)）や屈折(くっせつ)（入射角 ≠ 屈折角）をしながら直進する！

光の反射

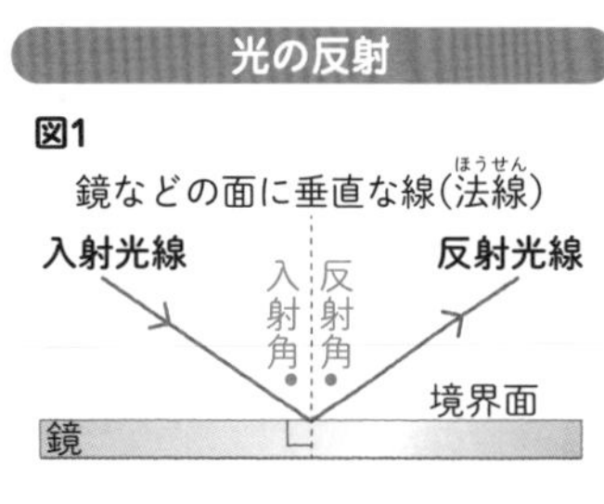

入射角＝反射角
（光の反射の法則という）

光の屈折

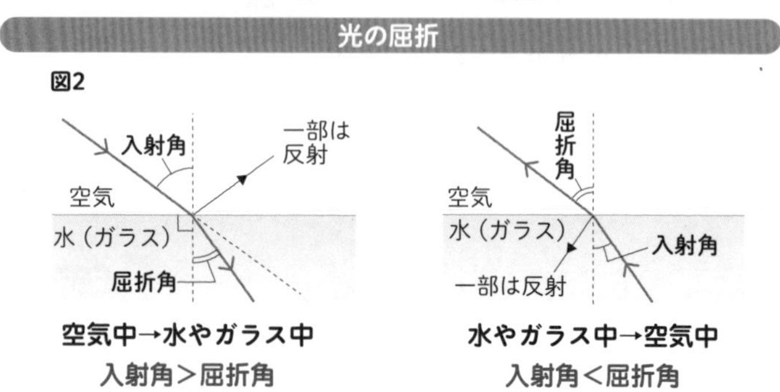

空気中→水やガラス中
入射角＞屈折角

水やガラス中→空気中
入射角＜屈折角

突然ですが、質問！ 今、２人が読んでいる本は、なぜ「見える」のだろう？

本に当たった光がはね返ってきているから！

その通り。私たちが見る物の多くは、**太陽や電灯といった光源(こうげん)から出た光が、物の表面で反射して「見える」ようになっているん**だよ。図１にあるように、光が「反射」するときは、入射角と反射角が同じになるように進むんだ。

あれ？ たしか光は直進するはずなのに、折れ曲がって進むこともあるんですね。

そうなんだ。図２のように、光が空気中から水中など違う物質に入るとき、カクッと曲がることがあるよ。これは、**「屈折」とよばれる現象**で、光の色にも関係する。くわしくは142ページの**大切な用語**で確認してみよう。

屈折ってなんかめんどう。光の入る方向で、入射角と屈折角の関係も変わるし。

そんなときは、空気側のほうの角が大きくなると覚えるといいよ。あと、水中から空気中へと光が進むとき、**光がすべて反射する「全反射(ぜんはんしゃ)」が起こることがある**。全反射は、右ページの**発展知識**で確認しよう。

ひとことポイント！ **光の屈折では、空気側にできる角のほうが大きくなると覚えよう！**

光が「空気→水」の方向に進むときは、空気側にできる入射角のほうが大きくなり、「水→空気」の方向に進むときは、空気側にできる屈折角のほうが大きくなります。

確認問題

① 右の図は、光が鏡で反射するようすを表したものです。
反射角はａ～ｄのうちどれですか。

② 光がガラス中から空気中に進むとき、入射角と屈折角の大きさの関係はどうなりますか。不等号を用いて答えましょう。

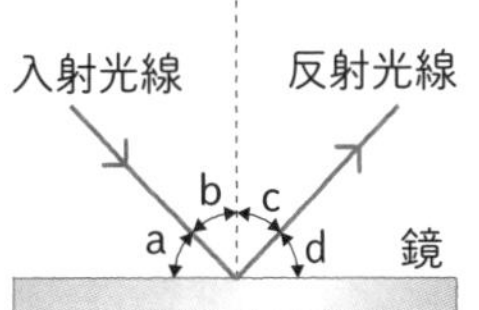

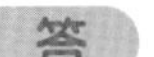

答 ① 反射角は、鏡の面に90度に立てた直線と反射光線がつくる角なので、ｃです。
② 光は空気に入るとき屈折します。空気側の角が大きく、**入射角＜屈折角**となります。

よくある誤答例

上の①で、反射角をｄとする誤答がよく見られます。入射角・反射角・屈折角はすべて、境界面に対して垂直に立てた法線と光線がつくる角になることに注意しましょう。

練習問題

右の図は、空気中を進んできた光が、一部は水面で反射し、残りは屈折して水中に進んだようすです。次の問いに答えましょう。

(1) 反射角は図のａ～ｄのうちどれですか。

(2) 屈折して水中に進んだ光は、ア～ウのうちどのように進みますか。

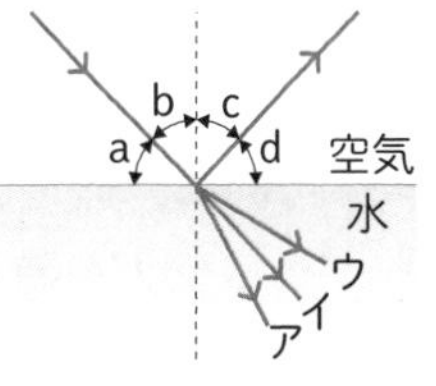

解答・解説

(1) 反射角は、水面に対して90度に立てた直線と反射光線がつくる角なので、ｃとなります。
(2)「空気→水」と光が進む場合、入射角ｂ＞屈折角となるアのように、光は進みます。

発展知識

水などのように密度（145ページ参照）が高い物質から、空気などのように密度が低い物質へと光が進むとき、入射角がある一定の角（臨界角といいます）になると屈折角が90度になり、臨界角をこえると、光は屈折できずにすべて水面で反射します。この現象を、全反射といいます。

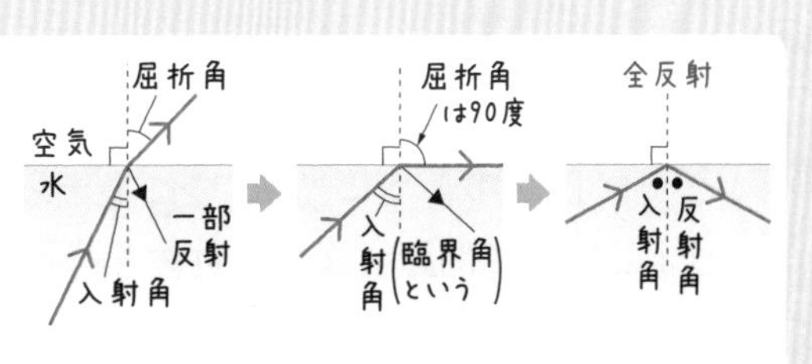

臨界角：水→空気の場合、約49度

大切な用語 ①光の反射 ②光の屈折 ③光の色 →142ページ

凸レンズの像と平面鏡の像

くらべてわかる！

凸レンズでは物体の位置により実像や虚像ができ、平面鏡では虚像ができる！

凸レンズの像の作図

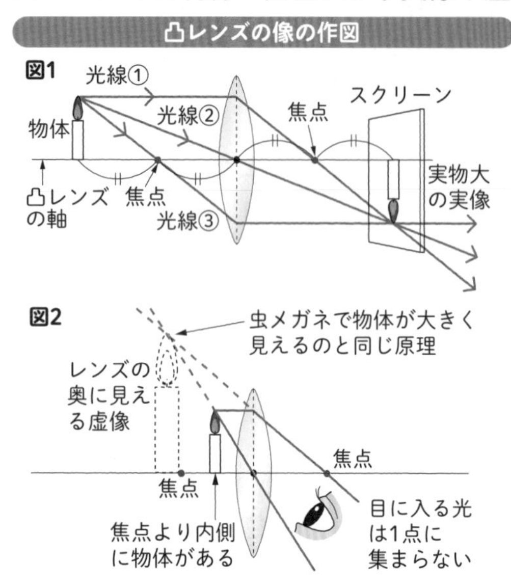

平面鏡に反射する光の経路の作図

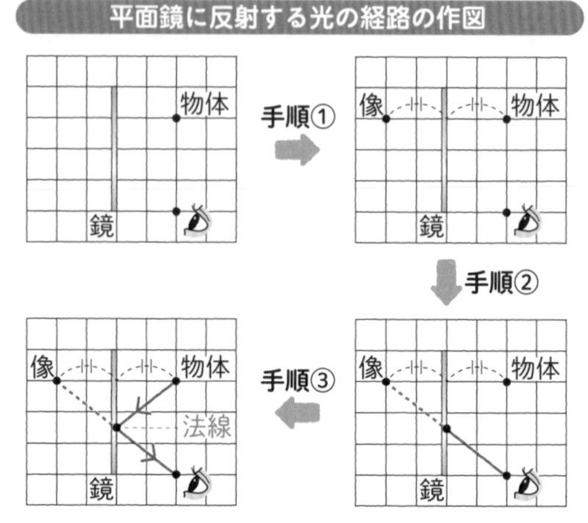

手順① 鏡の面に対し物体と対称な像をとる
手順② 像と目を結んで鏡と交わる点をとる
手順③ 物体と手順②でとった点を結ぶ

今回は、鏡やスクリーンなどに映って見える物体のすがた「像」についてだよ。凸レンズを通る光の進み方で特に大切なのは３つ。図１のように、**凸レンズの軸に平行に入る光線①は焦点を通り、レンズの中心を通る光線②は直進、焦点を通ってレンズに入る光線③は凸レンズの軸に平行に進む**よ。

スクリーンに映し出された像は、物体とは上下左右が逆に見えるんだ。

凸レンズを通った光が１つに集まってできる上下左右が逆の像が「実像」。これは、実際にスクリーンに映せる像で、大切な３つの光線のうち２つ使えば作図できるよ。「焦点」については、142ページの大切な用語で確認しよう。

スクリーンに映せない像もあるということですか？

そう！ 図２のように**光が1つに集まらず、スクリーンに映せない像を「虚像」**というよ。ここで問題。図１で物体を今より左にずらすと像の大きさはどう変わる？

像は小さくなると思います。

正解！ 図１のように、**物体がレンズの中心から焦点までの距離「焦点距離」の２倍の位置にあると、像は同じ大きさで、その外側では小さくなる**よ。

実像の大きさは焦点距離の2倍が境！

右の図の②のように、焦点距離の２倍の位置に物体があるとき、凸レンズをはさんで反対側の焦点距離の２倍の位置に、同じ大きさの実像ができます。一方、物体が②の外側の①にあると、像は実物より小さく、内側の③にあると、像は実物より大きくなります（物体が焦点上にあると像はできません）。

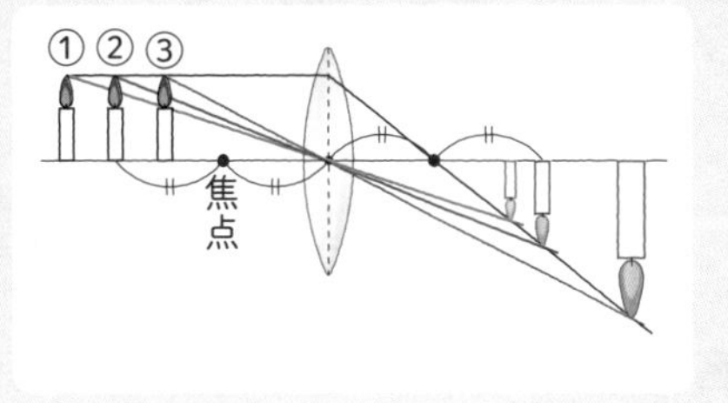

確認問題

① 物体を凸レンズの焦点距離の２倍の位置より外側に置いたとき、スクリーン上にできる像の大きさは、実物とくらべてどうなりますか。

② 物体が鏡（平面鏡）に映ってできる像は何という像ですか。

答 ① 光線②と凸レンズの軸がつくる角が小さくなるので、**実物よりも小さい像**となります。

② 物体からは四方八方へ光が出ており、平面鏡の表面で、光の反射の法則にしたがって四方八方に反射します。そのため光は１つに集まらず、映ってできる像は**虚像**となります。

練習問題

右の図のように光学台に凸レンズを固定して、物体Ａとスクリーンを動かせるようにしておきます。

a ＝20㎝、凸レンズとスクリーンの間の距離も20㎝のとき、スクリーンにはっきりとした像ができました。この凸レンズの焦点距離は何㎝ですか。

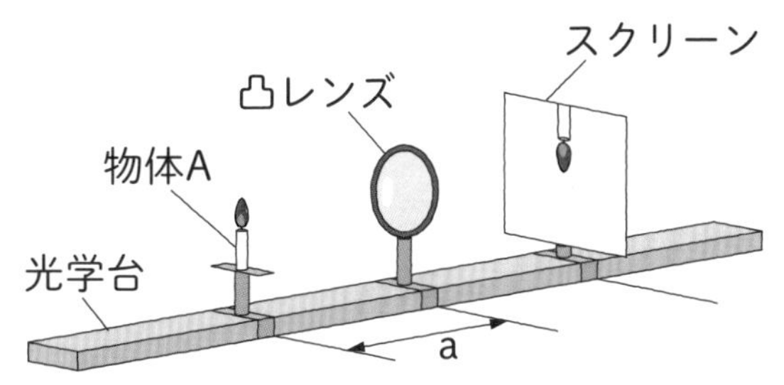

解答・解説

凸レンズから物体Ａまでの距離と、凸レンズからスクリーンまでの距離が等しいとき、スクリーンには物体Ａと同じ大きさの像ができます。そしてこのとき、物体Ａは焦点距離の2倍の位置にあります。よって、この凸レンズの焦点距離は、20÷2＝**10cm** と求められます。

発展知識

物体からは直接光や反射光の無数の光が出ています。私たちが物体を見ることができるのは、目のレンズによって無数の光を1点に集め、集められた光によって目の網膜に上下左右逆の実像ができ、その情報が脳に送られ、脳が上下左右を反転して画像処理しているからです。

大切な用語　①凸レンズ　②焦点　→142ページ

音の大きさと高さ

くらべてわかる！

音の大きさは振幅（しんぷく）で決まり、音の高さは振動数（しんどうすう）で決まる！

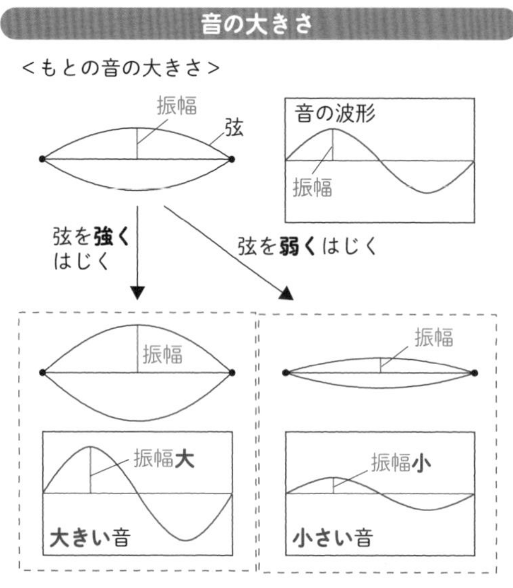

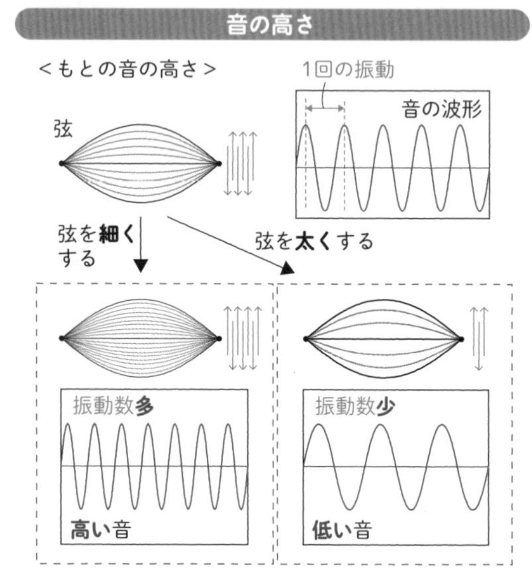

まずは質問だよ。先生の声はどうやってみんなに伝わっているのかわかるかな？

声が空気の中を伝わってくるのだと思います。

惜しい！ 実は声ではなく「振動」なんだ。音を出すものを「音源（おんげん）（発音体）」といい、音源が振動し、それが次々と空気で伝わるんだ。この現象を「波」というよ。

え！ 先生は振動しながら声を出しているの？

いえいえ。先生ではなく、のどの奥の声帯（せいたい）が振動しているんだよ。

先生！ 振動数が多いって、音の波形の図で山がたくさんあるということですか？

その通り！「振動数」とは音源が1秒間に振動する回数のことで、単位はヘルツ〔Hz〕で表すんだ。音の波形の図では横軸が時間を表すので、山がたくさんあるほど短い時間でたくさん振動する、つまり振動数も多くなるわけだね。じゃあ、弦の太さを変えずに音を高くする方法はわかるかな？

弦を短くすればいい！

正解！ 音の高さは「モノコード」で変えられるよ。143ページの大切な用語で確認だ。

ひとことポイント！ **弦をはじく強さは音の大きさに、弦の太さ・長さ・張りは音の高さに関係！**

弦を強くはじくと振幅が大きくなるので大きな音が出ますが、振動数は変わらないため、同じ弦なら音の高さは変わりません。一方、弦を細くしたり、短くしたり、張りを強くしたりすると、振動数が多くなるので音は高くなりますが、はじく強さが同じなら音の大きさは変わりません。

確認問題

① 音を出す物体のことを何といいますか。

② 真空中でも音は伝わりますか。

③ 音の大きさおよび高さは、それぞれ音の何で決まりますか。

答

① 音を出す物体のことを**音源**（または**発音体**）といいます。

② 音は、音源が振動し、その振動を空気や水、コンクリートなどが次々と伝え、耳の鼓膜（こまく）が振動することで聞こえます。振動を伝える空気がない真空中では、**音は伝わりません**。

③ 音の大きさは**振幅**で、音の高さは**振動数**でそれぞれ決まります。

練習問題

右の図は、3種類の音さの音をオシロスコープ（音を波で表す装置）を用いてグラフにしたものです。次の問いに答えましょう。

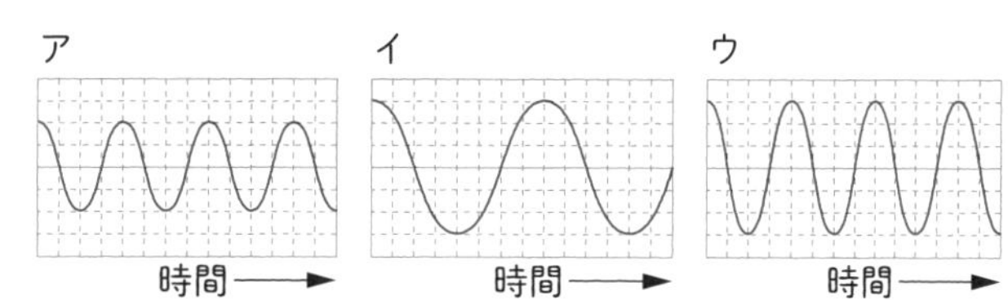

(1) 同じ大きさの音はどれとどれですか。記号で答えましょう。

(2) 同じ高さの音はどれとどれですか。記号で答えましょう。

解答・解説

(1) 音の大きさは振幅（山の高さ）で決まるので、**イとウ**が同じ大きさの音とわかります。

(2) 音の高さは振動数で決まるので、振動数が同じ**アとウ**が同じ高さの音とわかります。

発展知識

雷の稲妻が光ったあと、しばらくしてから音が聞こえることがあります。落雷すると光と音は同時に発生しますが、光と音では進む速さがまったく違うため、このような現象が起こります。光は、空気中を1秒で約30万kmと一瞬で進むのに対し、音は1秒で約340mしか進めません。

大切な用語 ①振幅 ②モノコード ③音さ ④オシロスコープ →143ページ

重さと質量

くらべてわかる！

質量は、どこではかっても同じだが、重さは、はかる場所で変わる！

重さ

定義：物体にはたらく重力の大きさ
単位：ニュートン〔N〕
はかる道具：ばねばかり、台はかり

質量

定義：物体そのものの量
単位：グラム〔g〕、キログラム〔kg〕など
はかる道具：上皿てんびん、電子てんびん

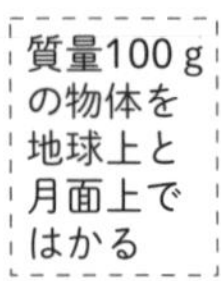

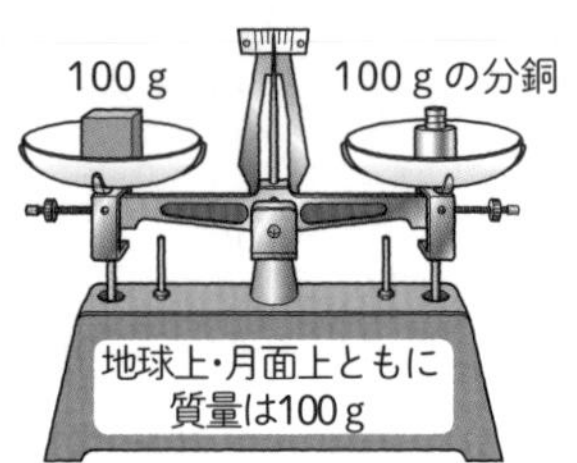

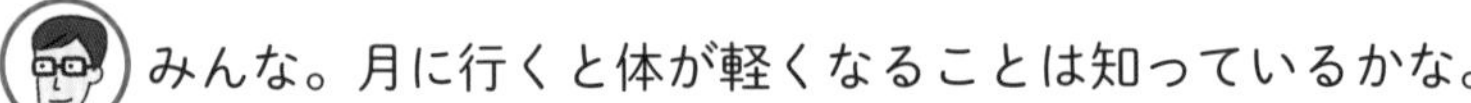

みんな。月に行くと体が軽くなることは知っているかな。

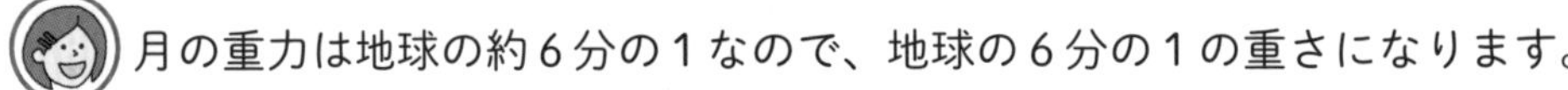

月の重力は地球の約６分の１なので、地球の６分の１の重さになります。

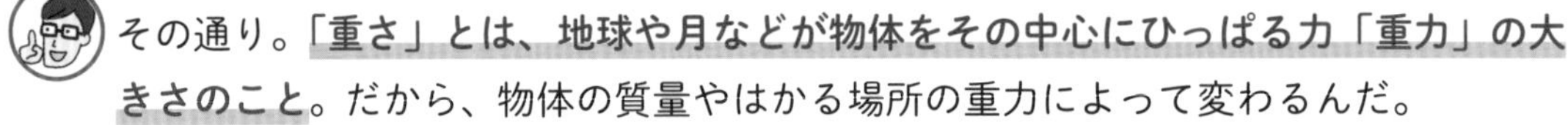

その通り。**「重さ」とは、地球や月などが物体をその中心にひっぱる力「重力」の大きさのこと**。だから、物体の質量やはかる場所の重力によって変わるんだ。

先生、重さの単位のニュートンって、歴史上の人物と関係あるの？

うん。力の研究をしたニュートンにちなんだ単位で、「１N」は100gの物体にはたらく重力の大きさにほぼ等しいんだ。だから、質量100gの物体の重さをはかると、**地球上では１N、地球の約６分の１の重力の月面上では$\frac{1}{6}$N**になるんだよ。

１Nは100gの物体にはたらく重力とほぼ等しいってことは、正確には違うんだ。

例えば同じ地球上でも場所によって重力が違う。右ページの**発展知識**で確認しよう。

重さは場所で変わるのに、質量はなぜ変わらないんでしょうか？

質量は物体そのものの量。月に行っても体そのものは６分の１にならないよね。

ひとことポイント！　物体の重さは物体にはたらく重力の大きさで、質量に比例する！

地球上では、物体の質量をxg、重さをyNとすると、$y=\frac{1}{100}x$という関係が成り立ちます。

確認問題

① 物体の重さと質量のうち、場所によって大きさが変わるのはどちらでしょうか。

② 地球上で、質量50kg の物体にはたらく重力の大きさは何 N になりますか。ただし、質量100g の物体にはたらく重力の大きさを 1 N とします。

答 ① 重さとは、物体にはたらく重力の大きさです。重力は、はかる場所によって変わるため、場所によって大きさが変わるのは重さです。

② 50kg ＝50000g となるので、50000÷100＝500〔N〕と求められます。

よくある誤答例

上の②で、答えを、50÷100＝0.5N としたり、5000÷100＝50N としたりする誤答が見られます。1N とは質量100g の物体にはたらく重力のため、与えられた質量が kg で表されているときは、1kg ＝1000g を利用し、kg を g に直す必要があります。なお、物体の質量を $x$kg、重さを yN とすると、y ＝10x という関係が成り立ちます。

練習問題

右の図のように、地球上で人が600g の物体を手にもっています。地球上で100g の物体にはたらく重力の大きさを1N、月面上の重力は地球上の 6 分の 1 になるものとし、次の問いに単位をつけて答えましょう。

（1） この物体を月面上でもつと、手にかかる重さはいくらですか。

（2） この物体を月面上で上皿てんびんにのせると、つり合う分銅はいくらですか。

解答・解説

（1） この物体の地球上での重さは600÷100＝6〔N〕です。一方、月面上の重力は地球上の6分の1なので、月面上での重さは6N ÷6＝1〔N〕になります。よって、手にかかる重さは1N です。

（2） 上皿てんびんは質量をはかる道具。質量は場所で変わらないため、つり合う分銅は600g です。

発展知識 ふつう、学校のテストや入試問題では、地球上で質量100g の物体にはたらく重力の大きさを1N として答えを考えさせますが、より正確には0.98N となります。また、重力は、同じ地球上であっても場所によって多少異なり、赤道付近では重力は小さくなり、極付近では大きくなります。つまり0.98N という数値は、地球上の平均値ということになります。

大切な用語 ①ばねばかり ②上皿てんびん ③電子てんびん →143ページ

ばねにはたらく力と圧力

くらべてわかる！

力と圧力は違うもので、圧力〔Pa〕は、力〔N〕を面積〔㎡〕で割った量！

ばねにはたらく力

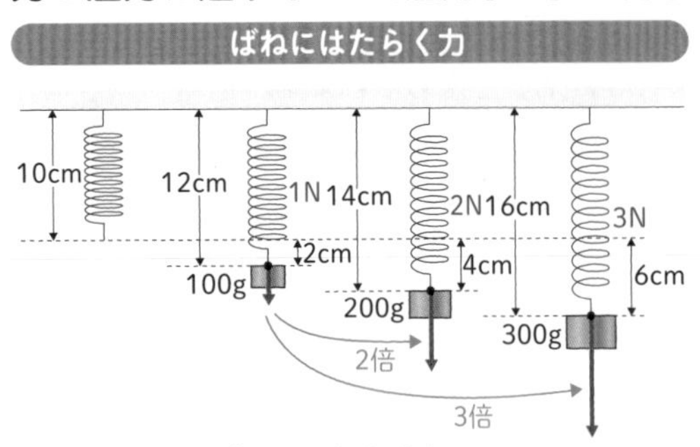

ばねののびは、ばねにはたらく力の大きさに比例する（フックの法則）

圧力

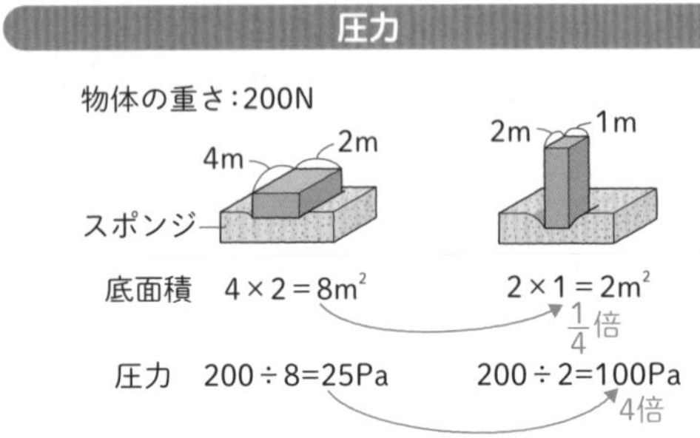

圧力〔Pa〕＝$\dfrac{\text{面を垂直に押す力〔N〕}}{\text{力がはたらく面積〔㎡〕}}$

まずは復習。質量100g のおもりにはたらく重力の大きさは何 N でしたか？

100g の物体にはたらく重力の大きさが確か 1 N だったので、 1 N かな。

正解！ つまり、ばねに100g のおもりをつるすと、ばねは 1 N の力で引かれるんだ。図を見るとわかるように、**ばねののびは、ばねにはたらく力の大きさに比例**するよ。

おもりをつるしているところから出ている赤い矢印は何？

それは「力の矢印」だよ。くわしくは144ページの大切な用語で確認しよう。

先生、圧力は同じ「力」という言葉を使っているのに、単位は N ではないんですか？

いいところに気がついたね。**「圧力」は、物体が1㎡あたりの面を垂直に押す力なので、力の単位 N を、面積の単位㎡で割った N/㎡が圧力の単位になる**んだ。

上の圧力の式の、Pa って何ですか？

1 N/㎡は1パスカル〔Pa〕ともいって、圧力の単位には Pa のほうがよく使われるんだ。**面を垂直に押す力が同じなら、力がはたらく面積と圧力は反比例する**よ。

ひとことポイント！ 圧力は公式を暗記するのではなく、単位から公式を考える！

圧力の単位 N/㎡の、「/」を分数の線と考えると、圧力＝$\dfrac{\text{力}}{\text{面積}}$とすぐにわかります。

確認問題

① ばねののびは、ばねにはたらく力の大きさとどのような関係にありますか。

② ばねに質量200g のおもりをつるしたところ、10㎝のびました。このとき、ばねにはたらく力の大きさを答えましょう。ただし、質量100g の物体にはたらく重力の大きさを１N とします。

③ 物体の重さが同じ場合、力がはたらく面積が$\frac{1}{2}$倍、$\frac{1}{3}$倍と小さくなるにつれ、圧力はどうなりますか。

答 ① ばねののびは、ばねにはたらく力の大きさと**比例の関係**にあります。

② 質量200g の物体にはたらく重力は２N ですので、ばねには２N の力がはたらきます。

③ 面にはたらく力が同じなら、力がはたらく面積と圧力は反比例します。そのため、力がはたらく面積が$\frac{1}{2}$倍、$\frac{1}{3}$倍 と小さくなるにつれ、圧力は**２倍、３倍と大きくなります。**

よくある誤答例

圧力の単位を力や重さの単位と同じ〔N〕にしてしまう答案が非常に多く見られます。

入試では、単位をつけて答えなければいけない問題も多いため、注意しましょう。

練習問題

ばねにおもりをつるして、ばねにはたらく力の大きさと、ばねののびの関係を調べたところ、右のグラフのような関係になりました。ただし、100g の物体にはたらく重力の大きさを１N とします。次の問いに答えましょう。

（1） このばねを2.5㎝のばすには、何 N の力が必要ですか。

（2） 30g のおもりをつるすと、何㎝のびるでしょうか。

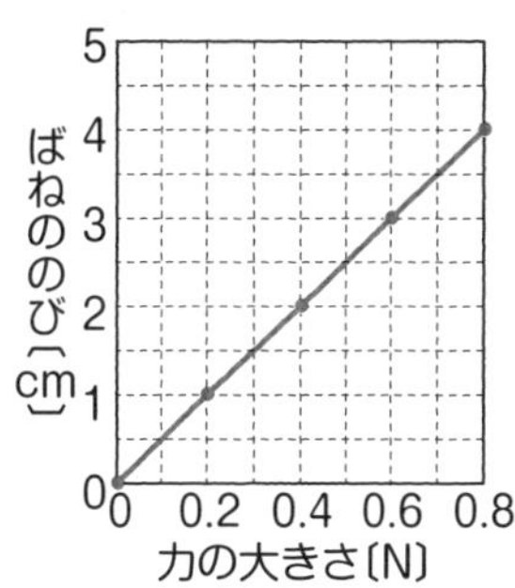

解答・解説

（1） グラフより、0.5N と求められます。

（2） 質量30g のおもりにはたらく重力は0.3N で、グラフからばねののびは1.5㎝とわかります。

圧力と混同しやすいものに、垂直抗力（すいちょくこうりょく）（次のページで確認しましょう）があります。水平面上の物体にはたらく垂直抗力は、力がはたらく面積にかかわらず、物体の重力と等しくなります。

大切な用語 ①フックの法則 ②力の矢印 →144ページ

6 力のつり合いと作用・反作用

くらべてわかる！

作用・反作用の２力は、２つの物体に別々にはたらく力で、つり合わない！

力のつり合い

１つの物体に２つ以上の力がはたらき、その物体が静止しているとき、物体にはたらく力はつり合っているという。右の図では、**垂直抗力と重力がつり合っている。**

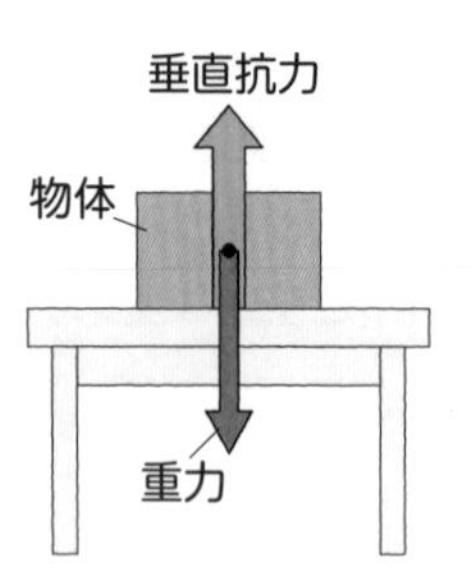

作用・反作用

右の図で、机が物体を押す力（**垂直抗力**）と、物体が机を押す力の２力（**作用・反作用**）はつり合っていない。

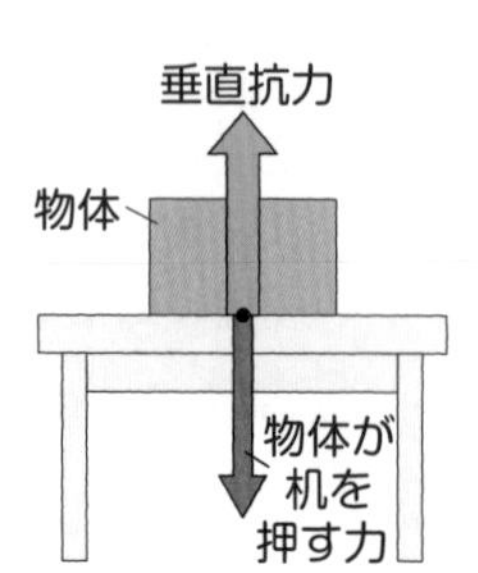

まずは上の力のつり合いの図から、２力がつり合うための条件を考えてみよう。

力の矢印の長さが同じなので、２力の大きさが等しくなっています。

２力の向きが反対だ！

あと、２力の矢印が一直線上にあります。

あれ？ いまの３つの条件は、作用・反作用の図でもいえるのに、何で作用・反作用の図の２力はつり合っていないんだ？

そこが難しいところ。つり合っている２力は１つの物体にはたらく力で、作用・反作用の２力は２つの物体の間で対になってはたらく力なんだ。

力のつり合いの図では、垂直抗力も重力も１つの物体にはたらいている力。それに対して作用・反作用の図では、垂直抗力は物体にはたらいて、物体が机を押す力は机にはたらいている力なので、つり合っていないわけですね。

その通り！ 同じ「２力」でも関係がまったく違うんだよ。ちなみに、ばねがのびるときも力のつり合いが大きく関係する。くわしくは右ページの**発展知識**で確認しよう。

ひとことポイント！ つり合っている２力と作用・反作用の２力は、まったく違う関係！

力のつり合いは１つの物体にはたらく２力、作用・反作用は２つの物体間ではたらく２力です。

確認問題

① ある面の上に物体を置いたとき、その面から物体に垂直にはたらく力を何といいますか。
② 2力がつり合うための3つの条件は何ですか。
③ つり合う2力と作用・反作用の2力のうち、同じ物体にはたらく力はどちらですか。

答 ① 面が物体を垂直に押し返す力で、**垂直抗力**といいます。
② **2力の大きさが等しいこと、2力の向きが反対であること、2力の矢印が一直線上にあること**の3つです。
③ 同じ物体にはたらく力は**つり合う2力**です。

練習問題

右の図で、力A〜Cは机に置いた物体や、机の面にはたらく力です。次の問いに答えましょう。

(1) 地球が物体を引く力は、A〜Cのうちどれですか。
(2) A〜Cのうち、つり合っている2力はどれとどれですか。
(3) A〜Cのうち、作用・反作用の2力はどれとどれですか。

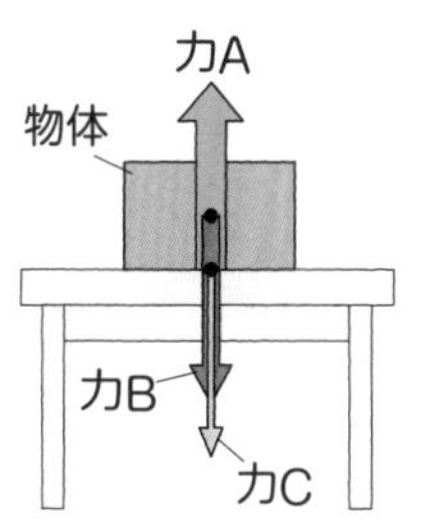

解答・解説

(1) 地球が物体を引く力である重力は**力B**です。重力のように、物体全体にはたらく力の作用点は、物体の中心にします。
(2) つり合っている2力は、**力Aと力B**です。力Aは机が物体を押す力で、垂直抗力といいます。力Aと力Bはともに1つの物体にはたらいている力です。
(3) 作用・反作用の2力は、**力Aと力C**です。力Aは物体にはたらき、力Cは物体が机の面を押す力で、机の面にはたらきます。力Aと力Cは、物体と机の面に対になってはたらく力です。

発展知識

例えば、ばねを机の上に置いておもりをつけても、ばねはのびません。ばねをのばすには、ばねを天井などに固定する必要があります。右の図1で、力Aはおもりがばねを引く力、力Bは、天井がばねを引く力を表しています。力Aと力Bがつり合うことで、ばねはのび、静止した状態になるのです。一方、図2で、力Cはおもりにはたらく重力で、これとつり合う力は、ばねがおもりを引く力Dです。
ちなみに、力Aと力Dの関係が、作用・反作用の2力です。

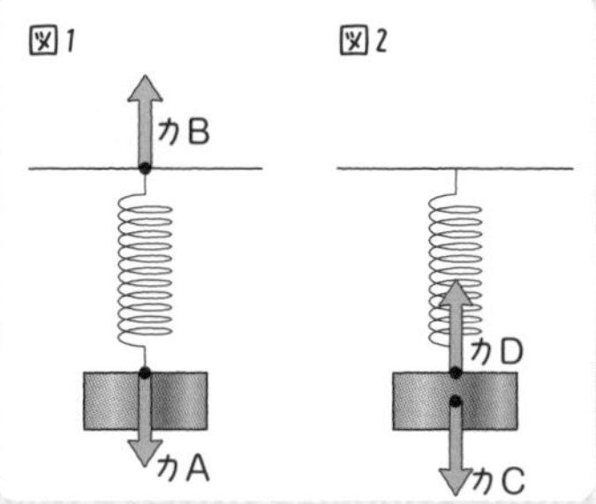

図1 力B 力A
図2 力D 力C

大切な用語 ①垂直抗力 ②作用・反作用 →144ページ

有機物と無機物

くらべてわかる！

有機物は炭素を含む物質で、無機物は炭素を含まない物質！

有機物

性質：炭素を含む物質で、**燃えると二酸化炭素が発生し、石灰水が白くにごる**（多くは水素も含み、燃えると水も発生する）。

無機物

性質：有機物以外の物質で、**燃えても二酸化炭素が発生しない**。金属や、非金属のガラスや食塩などがある。

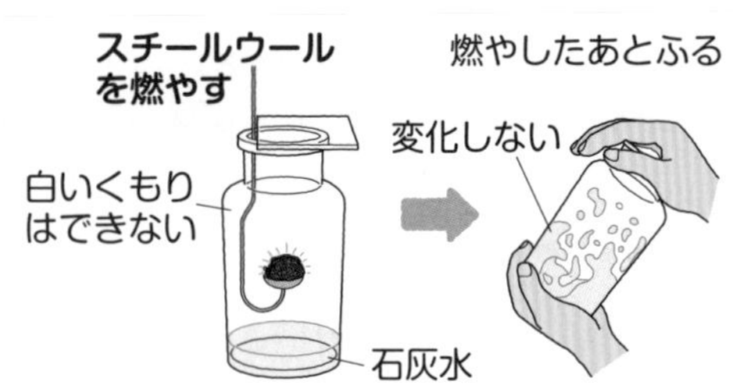

いきなりですが質問！ ここに見た目が同じ白い粉末があります。ひとつは砂糖、もうひとつは食塩です。さて、これをなめたりしないで見分ける方法は？

砂糖は加熱すると黒くこげますが、食塩はこげません。

そう！ こげの正体は炭素。砂糖は炭素を含む「有機物」だけど、食塩は炭素を含まない「無機物」だよ。ではプラスチックは有機物、無機物のうちどっちかな？

確か石油からできていたので、燃やすと二酸化炭素が発生するから有機物かな。

正解！ プラスチックについては145ページの大切な用語で確認しよう。

先生、炭素を含む物質が有機物ということは、二酸化炭素も有機物ですか？

有機物じゃないよ。炭素そのものや、一酸化炭素、二酸化炭素のような簡単なつくりをしているものは、炭素を含んでいても有機物とはいわないんだ。有機物は燃やすと二酸化炭素や水ができるけど、確認法を右ページの発展知識で確認しよう。

ひとことポイント！ 有機物に含まれる炭素は、燃やすと酸素と結びつき二酸化炭素になる！

有機物はおもに炭素と水素からできています。有機物を燃やすと炭素は酸素と結びついて二酸化炭素になり、水素は酸素と結びついて水になります。

確認問題

① 炭素を含み、燃やすと二酸化炭素が発生する物質を何といいますか。

② 石灰水を入れたビンの中でスチールウール（非常に細い、糸のようにからめた鉄）を燃やしたあと、ビンをふりました。石灰水の色はどうなりますか。

答 ① 炭素を含み、燃やすと二酸化炭素が発生する物質を、**有機物**といいます。
② 無機物のスチールウールは、燃えても二酸化炭素は発生せず、石灰水の色は**変化しません**。

よくある誤答例

金属はすべて無機物です。金属の性質を選ぶ問題で、「磁石につく」を選ぶ誤答が見られますが、**磁石につくことは金属に共通の性質ではありません**。例えば、鉄やコバルトなどは磁石につきますが、アルミニウムや銅、金や銀などは磁石につきません。**金属は「密度」を調べることで見分けることができます**。**大切な用語**で確認しましょう。

練習問題

次のA～Gの物質の性質について、次の問いに答えましょう。

A. ガラス　B. 砂糖　C. 食塩　D. ろう　E. 鉄　F. プラスチック　G. エタノール

(1) 燃やすと二酸化炭素が発生するものをすべて記号で答えましょう。

(2) 無機物をすべて記号で答えましょう。

解答・解説

(1) 有機物を選びます。Bの砂糖は植物のサトウキビなどからつくられる有機物、Dのろうはパラフィンという物質などからつくられる有機物、Fのプラスチックは石油などからつくられる有機物、Gのエタノールは炭素や水素を含む有機物なので、答えは、B、D、F、Gとなります。

(2) 有機物以外のものを選べばよいので、答えは、A、C、Eとなります。

発展知識

有機物を燃やすと二酸化炭素や水が発生します。水ができたことを確認するには、塩化コバルト紙を用います。塩化コバルト紙は青色ですが、水を吸うと赤色に変わります。
一方、二酸化炭素ができたことを確認するには、石灰水を用います。二酸化炭素が水にとけると弱酸性の炭酸水ができるため、アルカリ性の石灰水と中和（68ページ参照）が起こります。すると、水にとけにくい炭酸カルシウムの塩（えん）ができるので、石灰水が白くにごります。

大切な用語　①石灰水　②プラスチック　③金属　④非金属　⑤密度　→144～145ページ

酸素と二酸化炭素

くらべてわかる！

酸素は水上置換法で、二酸化炭素は水上置換法または下方置換法で集める！

酸素

性質：
① **無色・無しゅう**
② **空気より少し密度が大きい**
③ **水にとけにくい**
④ **ものを燃やすはたらきがある**

つくり方：二酸化マンガンに、うすい過酸化水素水を加える。

集め方：
酸素は水にとけにくいので、水上置換法で集める。酸素の発生は、火のついた線香を入れると、線香がはげしく燃えることで確認できる。

二酸化炭素

性質：
① **無色・無しゅう**
② **空気より密度が大きい**
③ **水に少しとけ、水溶液は酸性を示す**
④ **石灰水を白くにごらせる**

つくり方：石灰石（貝がらや卵のからでもよい）にうすい塩酸を加える。

集め方：
二酸化炭素は空気より密度が大きいので、下方置換法で集める（水に少しとけてしまうが、水上置換法でも集めることができる）。

みんな、酸素と二酸化炭素は聞いたことがあるよね。

酸素は燃える気体ですよね！

そこは注意！ **酸素はものが燃えるのを助けるだけで、酸素自身は燃えないんだ。**

二酸化炭素は炭酸水のシュワシュワと出る泡だよね。

そう。二酸化炭素を水にとかすと、弱い酸性の炭酸水ができるんだ。酸性については、66ページで学ぶよ。そして気体の集め方だけど、**「水上置換法」「上方置換法」「下方置換法」がある**。145ページの大切な用語で確認しよう。

先生、二酸化炭素は水上置換法でも集められるということだけど、違いは？

水上置換法は下方置換法よりも**純粋な二酸化炭素が集められ、発生しているようすも見てわかる**というメリットがあるんだよ。

発生の確認には、酸素は火のついた線香を、二酸化炭素は石灰水を用いる！

集気びんに集まった気体が酸素の場合、集気びんの中に火のついた線香を入れると、線香がはげしく燃えます。また、集気びんに集まった気体が二酸化炭素の場合、集気びんに石灰水を入れてふると、石灰水が白くにごります。

PART 2 身のまわりの物質

確認問題

① 二酸化マンガンにうすい過酸化水素水を加えたときに発生する気体と、その気体の集め方をそれぞれ答えましょう。

② 石灰石にうすい塩酸を加えたときに発生する気体と、集気びんに集めたその気体の確認方法をそれぞれ答えましょう。

答 ① 二酸化マンガンにうすい過酸化水素水を加えると、**酸素**が発生します。酸素は水にとけにくいため、**水上置換法**で集めます。

② 石灰石にうすい塩酸を加えると、**二酸化炭素**が発生します。気体の入った**集気びんに石灰水を入れてふったとき、石灰水が白くにごる**と、その気体が二酸化炭素と確認できます。

練習問題

右の図のような装置で二酸化炭素を発生させました。次の問いに答えましょう。

(1) 薬品 A は何でしょうか。

(2) 薬品 B は石灰石です。B のかわりとして使用できる物質を 1 つ答えましょう。

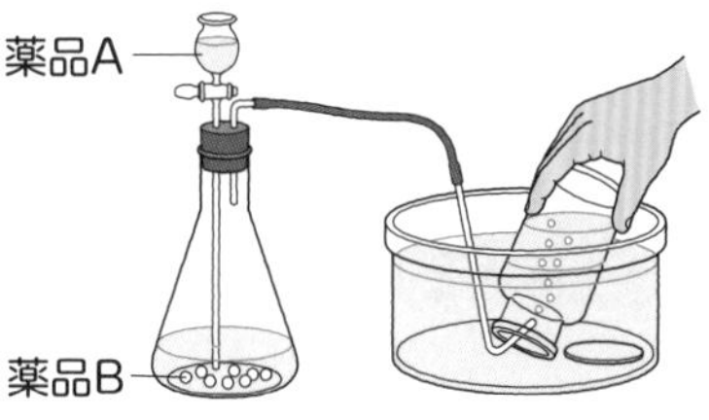

解答・解説

(1) 二酸化炭素は石灰石にうすい塩酸を加えて発生させます。よって、薬品 A は**うすい塩酸**です。

(2) 石灰石の主成分は炭酸カルシウムという物質です。そのため、炭酸カルシウムを含む**貝がら**、**卵のから**、**チョーク**などで代用できます。

発展知識

酸素の発生で用いる二酸化マンガンは、うすい過酸化水素水の分解を助けるだけで、自分自身はまったく変化しません。このような物質を触媒（しょくばい）といいます。二酸化マンガンは変化しないので、実験後、かわかすとくり返し使えます。

大切な用語 ①水上置換法・上方置換法・下方置換法 → 145ページ

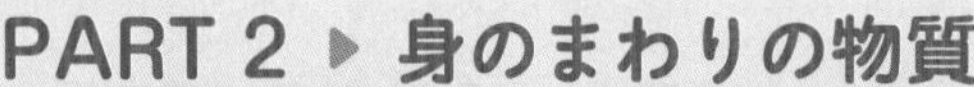

3 溶解度と再結晶

くらべてわかる！

再結晶は物質の溶解度の違いを利用して混合物を分ける方法！

溶解度

水100 g に物質がとける最大の質量を**溶解度**といい、溶解度と水の温度の関係のグラフを**溶解度曲線**という。

図1 溶解度曲線

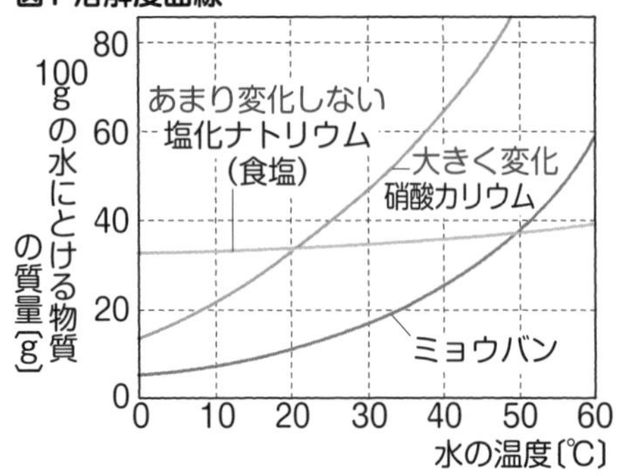

再結晶

物質を溶媒にとかしたあと、温度を下げたり溶媒を蒸発させたりして**再び結晶として取り出す操作**を**再結晶**という。

図2 硝酸カリウムの再結晶

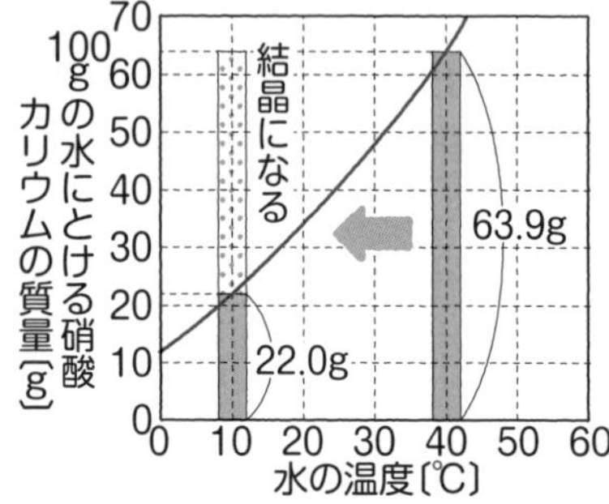

いくつかの物質が混じり合った「混合物」から純粋な物質を取り出す方法の１つが「再結晶」。**再結晶は水にとけた物質を再び固体として取り出す方法**なんだ。

再結晶のところで出てくる溶媒というのは何だろう？

液体にとけている物質「溶質」をとかしている液体が「溶媒」。例えば、水という溶媒に砂糖という溶質がとけた水溶液が、砂糖水というわけ。溶媒・溶質は、溶液の濃さを求める「質量パーセント濃度」でも登場する大切な用語だよ。

図１で、**溶解度は温度で大きく変化するものと、しないものがある**んですね。

その通り。例えば、溶解度の温度変化が大きい硝酸カリウムは、図２のように水溶液を冷やすことで、63.9－22.0＝41.9g（グラフの［点模様］部分）の結晶が取り出せるんだ。

溶解度が温度であまり変わらない食塩は、どうやって取り出すの？

溶媒を熱して蒸発させることで取り出すよ。再結晶には２つの方法があり、**溶解度の温度変化が大きいものは水溶液を冷やし、温度変化の小さいものは水溶液を熱する**んだ。取り出した結晶の形も大切。右ページの**発展知識**で確認しよう。

溶解度の温度変化が大きい物質は、水溶液を冷やして再結晶する！

例えば硝酸カリウムは、100ｇの水に60℃で約110ｇとけますが、20°Cでは約32ｇしかとけません。つまり、100ｇの水に60℃でとかしてつくった飽和水溶液（物質がもうそれ以上とけなくなった水溶液）を20℃に冷やすと、何と110－32＝78ｇも硝酸カリウムの結晶が出てくるのです。

確認問題

① 溶解度の違いを利用して、混合物を純粋な物質に分ける方法を何といいますか。

② 硝酸カリウムは、100ｇの水に40°Cで64ｇとけ、60°Cで110ｇとけます。60°Cの水100ｇに、80ｇの硝酸カリウムをとかした水溶液を40°Cに冷やすと、何ｇの結晶が出てきますか。

答 ① 溶解度の違いを利用して、混合物を純粋な物質に分ける方法を**再結晶**といいます。

② 60°Cの水100ｇに、80ｇの硝酸カリウムはすべてとけています。この水溶液を40°Cに冷やすと、80－64＝16〔ｇ〕の結晶が出てきます。

練習問題

右の表は、水100gにとける硝酸カリウムと塩化ナトリウム（食塩）の最大の質量です。次の問いに答えましょう。

水の温度〔℃〕	0	30	60
硝酸カリウム〔g〕	13.3	45.6	109.2
塩化ナトリウム〔g〕	35.7	36.1	37.1

（1）水の温度の変化とともに、とける質量の変化が小さいのはどちらですか。

（2）60°Cの水100gに、硝酸カリウムをできるだけとかしました。その水溶液を、30°Cまで下げたとき、硝酸カリウムの結晶は何ｇ出てきますか。

解答・解説

（1）表から、塩化ナトリウムとわかります。塩化ナトリウムのように、溶解度の温度による変化が小さい固体を再結晶するには、水溶液を冷やすのではなく、水を蒸発させて取り出します。

（2）表から、109.2－45.6＝63.6〔g〕と求められます。

発展知識 **再結晶の問題とともに、代表的な結晶の形や色に関してもよく出題が見られます。右の図の、代表的な結晶は覚えておきましょう！**

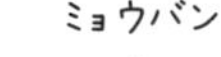

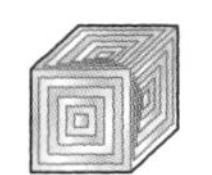
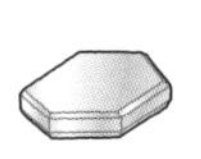

大切な用語 ①溶媒・溶質 ②溶液 ③質量パーセント濃度 → 146ページ

混合物の沸点と蒸留

くらべてわかる！

蒸留は物質の沸点の違いを利用して混合物を分ける方法！

混合物の沸点

図1 水とエタノールの沸点

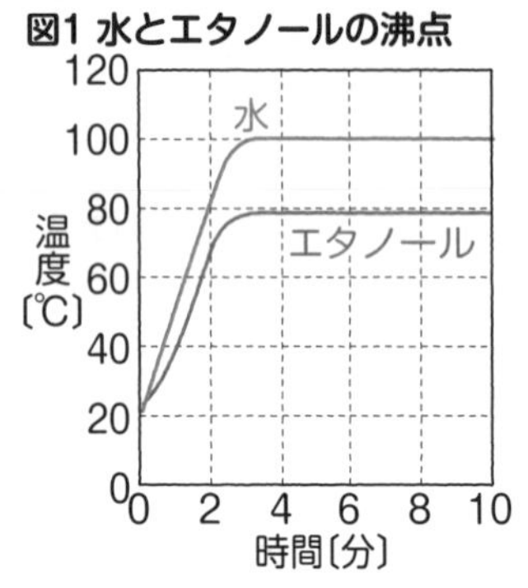

図2 混合物の沸点

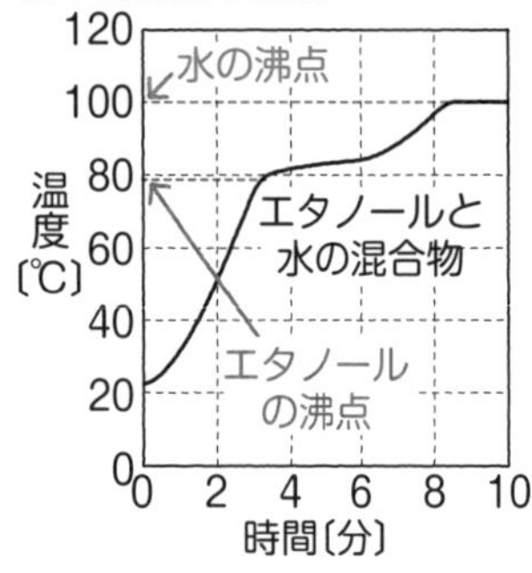

蒸留

図3 水とエタノールの混合物の沸点

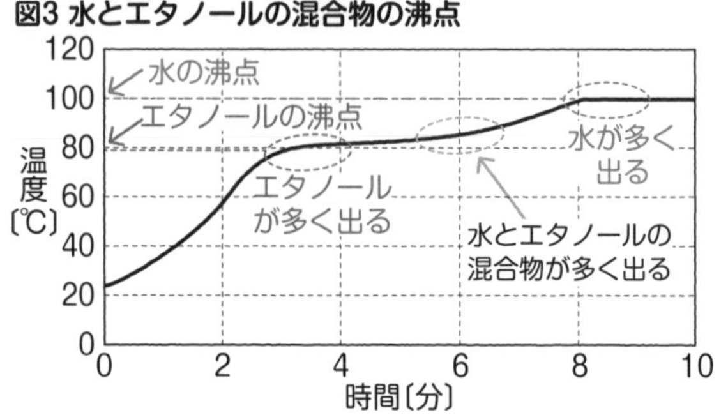

図4 蒸留装置

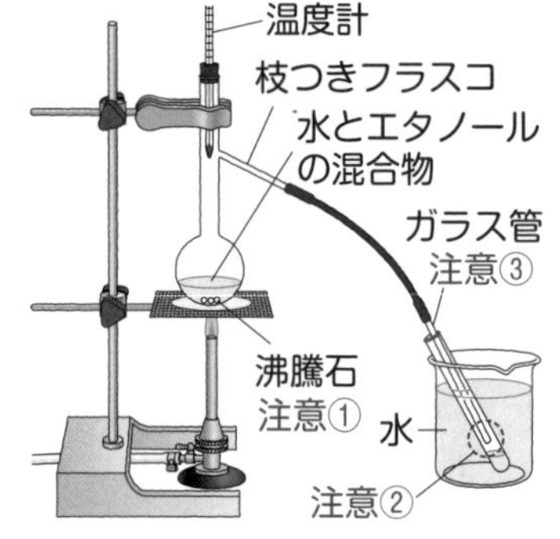

注意①
急な沸騰を防ぐために入れる

注意②
ガラス管の先をたまった液につけない

注意③
ガラス管は火を消す前に試験管から出す

まずは**物質が沸騰する温度「沸点」**からだよ。図1は純粋な水とエタノールそれぞれの沸点、図2は混合物の沸点、大きな違いは何かな？

純粋な物質は沸点がはっきりわかるけど、混合物はよくわからないや。

純粋な物質は沸点が決まっているけど、混合物は一定の沸点をもたないんだ。このことを利用して混合物を分ける方法が「蒸留」だよ。

混合物を分ける方法には再結晶もありましたが、違いは何ですか？

再結晶は物質の溶解度の違いを、蒸留は沸点の違いを利用して分ける方法だよ。例えば水の沸点は約100℃、エタノールの沸点は約78℃と違うので、それらの混合物を熱すると、図3のように温度によって出てくる気体が違うんだ。図4のような装置を使って出てきた気体を液体として取り出す方法が蒸留だよ。

再結晶は固体の混合物を、蒸留は液体の混合物を純粋な物質に分ける！

再結晶も蒸留も、混合物を純粋な物質に分ける方法ですが、2つの違いがあります。1つは、再結晶が物質の溶解度の違いを利用するのに対し、蒸留は沸点の違いを利用すること。もう1つは、再結晶が固体の混合物を分けるのに対し、蒸留は液体の混合物を分けることです。

確認問題

① 蒸留は、物質の何の違いを利用して、液体の混合物を分ける方法ですか。

② 水とエタノールの混合物を、蒸留を利用して分けました。混合物をあたためたとき、先に集めることができるのは、水とエタノールのどちらですか。

答　① 蒸留は、**物質の沸点の違い**を利用して、液体の混合物を分ける方法です。

② エタノールの沸点は約78℃、水の沸点は100℃ですので、78℃付近でエタノールが、100℃付近で水が集められます。よって、先に集めることができるのは、**エタノール**です。

練習問題

右の図1のような装置を用いて水とエタノールの混合物を加熱しました。図2は、加熱したときの温度変化を表したものです。次の問いに答えましょう

図1

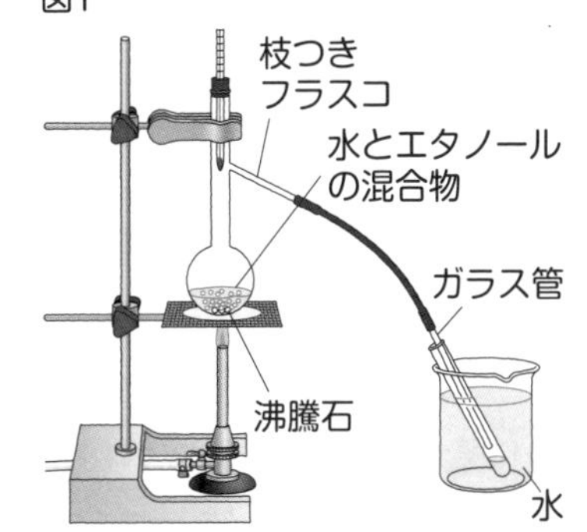

図2

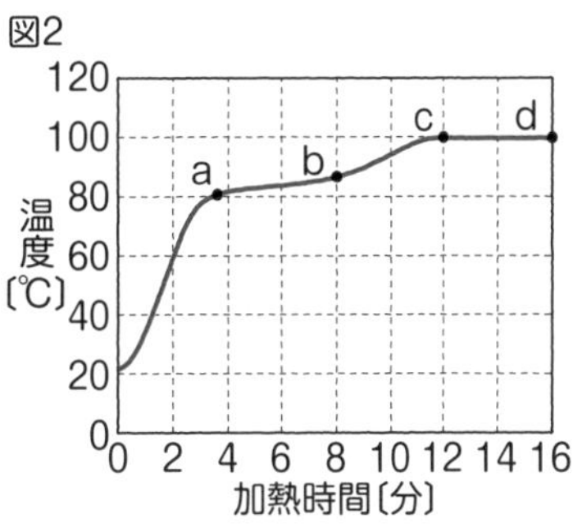

(1) 図1で、ガラス管の先はどのようにしなければいけませんか。

(2) 図2で、エタノールを最も多く含む気体が出てくる時間は、次のア～ウのうちのどれですか。

ア. a～b　　イ. b～c　　ウ. c～d

解答・解説

(1) **ガラス管の先がたまった液体の中に入らないように**します。これは、試験管内にたまった液体が、逆流しないようにするためです。

(2) エタノールの沸点は約78℃。**ア**の、a～bの時間がエタノールを最も多く含む気体が出ます。なお、b～cはエタノールと水のどちらも含む気体が、c～dは、水を最も多く含む気体が出ます。

大切な用語　①蒸留　→146ページ

PART 2 ▶ 身のまわりの物質　〈1年生・2年生〉

状態変化と化学変化

くらべてわかる！

変化の前とあとで、物質が変わらないのが状態変化、変わるのが化学変化！

状態変化

水は加熱すると、**固体**（氷）→**液体**（水）→**気体**（水蒸気）と**状態変化**する。**〈水を加熱したときの状態変化のようす〉**

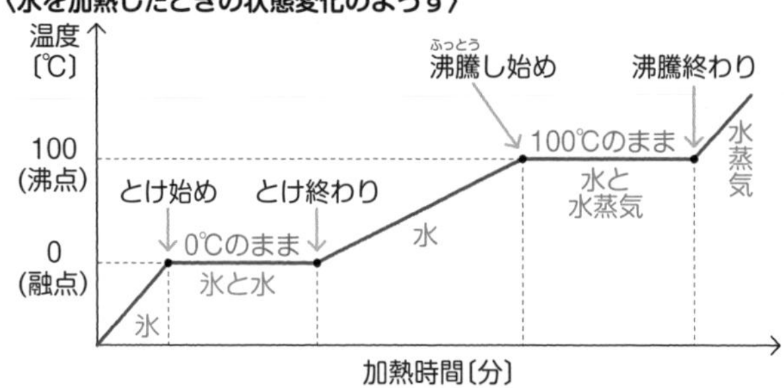

化学変化

下の装置で、水に電流を流すと、**水が水素と酸素に化学変化**する。

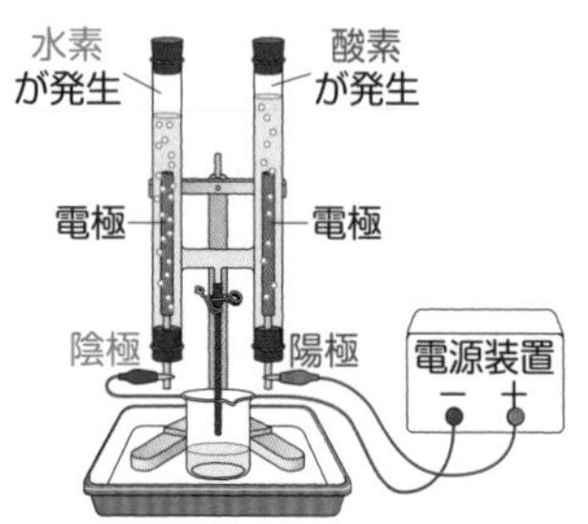

「状態変化」は、温度とともに物質の状態が変わる変化のことだよ。水を熱したり冷やしたりすると、固体 ⇄ 液体 ⇄ 気体と変化するよね。

固体から直接気体の二酸化炭素になるドライアイスの変化も状態変化ですか？

状態変化だよ。状態変化には、固体→気体や、気体→固体の変化もあるんだ。

先生、上のグラフの融点って何のこと？

「融点」は、固体がとけて液体に変化する温度。水の融点は０℃だよ。次に、化学変化を見て。「化学変化」は状態変化と違って物質そのものが変わる変化だよ。

上の化学変化の図、水素側の気体部分のほうが多いような？

鋭い！ 水が電流で化学変化すると、水素と酸素が２：１の体積比で発生する。だから、水素側の気体部分は酸素側より多くなるんだ。

酸素の確認法は学びましたが、水素はどうやって確認するんですか？

発生した気体にマッチを近づけ、「ポン」と音をたてて燃えたら水素だよ。

ひとことポイント！ **状態変化は物資をつくる粒子の動きが変わり、化学変化は構造が変わる！**

状態変化は物質をつくる粒子の動きが変わるだけです。右ページの**発展知識**で確認しましょう。

確認問題

① 物質が温度によって、固体 ⇄ 液体 ⇄ 気体と変化することを何といいますか。

② 水に電流を流したら、２つの気体が発生しました。２つの気体のうち、体積が多く発生する気体の名前を答えましょう。

答 ① 温度とともに物質の状態が変わる変化を、**状態変化**といいます。

② 水に電流を流すと化学変化が起こり、水は水素と酸素に変化します。水素と酸素の体積比は、水素：酸素＝２：１となるので、体積が多く発生する気体は**水素**です。

練習問題

右のグラフは、氷を加熱したときの温度の変化と、加熱時間の関係を表したものです。次の問いに答えましょう。

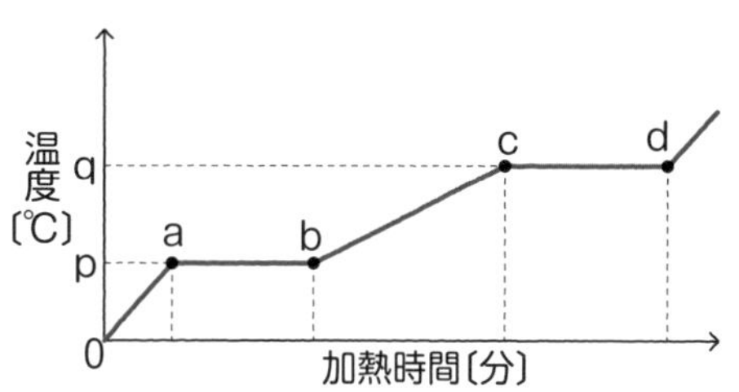

（1）p の温度のことを何といいますか。

（2）q の温度のことを何といいますか。

（3）すべて水蒸気に変わったのは、a 点～ d 点のうちのどの点ですか。

解答・解説

（1）p の温度は0℃で、固体の氷が液体の水に変わる**融点**といいます。

（2）q の温度は100℃で、液体の水が気体の水蒸気に変わる**沸点**といいます。

（3）水は c 点で沸騰し始め、温度が上がらなくなったあと、**d 点**ですべて水蒸気に変わります。温度が100℃のまま上がらなくなるのは、熱が水を水蒸気に変えるためだけに使われ、温度を上げるために使われないためです。

発展知識

物質をつくっている粒子は、固体のときはほとんど動きませんが、液体、気体へと変化するにつれて、右の図のように動きがだんだん激しくなっていきます。そのため、物質の体積も粒子の動きとともに大きくなります。このとき注意が必要なことは、物質の体積が大きくなっても、粒子の数は変わらないので、物質の質量は変わらないということです。また、多くの物質は、固体より液体のほうが体積は大きくなりますが、水は例外で、固体の氷より液体の水のほうが体積は小さくなります。

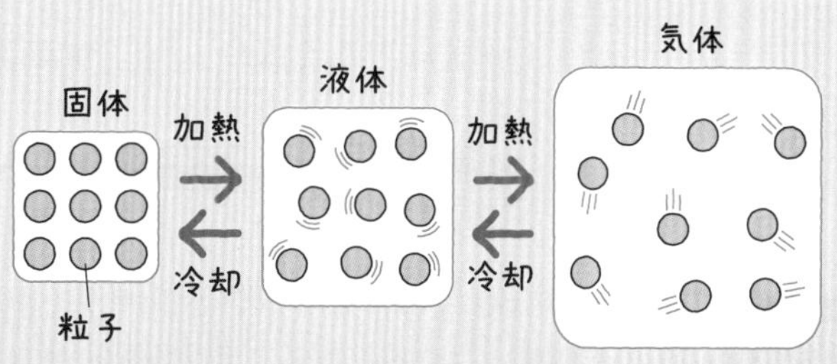

大切な用語 ①化学変化 ②陽極・陰極 → 146 ～ 147ページ

原子と分子

くらべてわかる！

原子(げんし)はそれ以上分けることができないが、分子(ぶんし)は原子に分けることができる！

原子

物質をつくる、**それ以上分けることができない非常に小さな粒子**。

性質①化学変化で、それ以上分けることができない。

性質②化学変化で、なくなったり、新しくできたり、他の原子に変わったりしない。

性質③種類によって、質量や大きさが決まっている。

分子

いくつかの原子が結びついてでき、その**物質の性質を表す最小の粒子**。

1円玉がアルミニウムでできているのは知っているかな？ たたいてうすく伸ばしたものを切っていくと、どんどん細かい粒になるけど、なくなりはしないよね。

細かくしていったとき、最後に残る粒がアルミニウム原子1個というわけですね。

その通り。「原子」は物質を細かく分けていったとき、最後に残る粒のことだよ。原子はドルトンが、分子はアボガドロが、その存在を初めて唱(とな)えたんだ。

酸素原子と酸素分子、違いがいまいちよくわからないや。

酸素には物を燃やすはたらきがあるけど、酸素原子にその性質はないんだ。空気中にある酸素は、酸素の性質を表す酸素分子が集まったものということだね。

同じように、1円玉はアルミニウム分子が集まったものですか？

少し難しいけど、金属のアルミニウムは分子をつくらないんだ。くわしくは、右ページの発展知識で確認しよう。あと、原子の構造も147ページの大切な用語で確認だ。

ひとことポイント！ 単に「酸素」といったら、酸素分子が集まった気体の酸素を指す！

酸素分子の酸素は、気体の酸素という「物質」の名前を表しています。これに対して酸素原子の酸素は、気体の酸素という物質を構成している原子の種類「元素」の名前を表しています。

確認問題

① 物質をつくっている、それ以上分けることのできない最小の粒を何といいますか。

② 物質の性質を示す最小の粒を何といいますか。

答 ① 物質を分割していくと、それ以上分けることのできない最小の粒、**原子**になります。
② 物質の性質を示す最小の粒を**分子**といいます。分子は原子が集まってできます。

よくある誤答例

与えられた物質の中から分子をつくる物質を選ぶ問題で、食塩（塩化ナトリウム）を選ぶ誤答が見られます。**食塩は分子をつくりません**。下の**発展知識**で確認しましょう。

練習問題

原子や分子について正しいものを、次のア～カの中からすべて選びましょう。

ア．原子は、さらに分けることができる。

イ．銀の原子を金の原子に変えることができる。

ウ．原子は、化学変化でなくなったりしない。

エ．原子の中には、同じ大きさや質量のものがある。

オ．気体の酸素は分子の集まりで、それ以上細かい粒にはできない。

カ．アルミニウムは分子をつくらない。

解答・解説

原子はそれ以上分けることができない小さな粒のため、アは正しくありません。原子は化学変化で、他の原子に変わったりしないため、イは正しくありません。原子は種類によって、質量や大きさが決まっているため、エは正しくありません。気体の酸素は酸素分子の集まりですが、さらに酸素原子に分けられるため、オは正しくありません。以上から、正しいのは、**ウ・カ**となります。

発展知識 常温で液体や気体になっている物質は、分子をつくるものが多いです。一方、常温で固体となっている食塩（塩化ナトリウム）などの無機物や、金属の原子を含む化合物は、分子をつくらないものが多いです。そして、アルミニウムなど金属はすべて分子をつくりません。分子をつくらない物質は、右の図のように原子が前後左右に重なり合ってできているので、物質を表すときは、その一番簡単な組み合わせで表します。

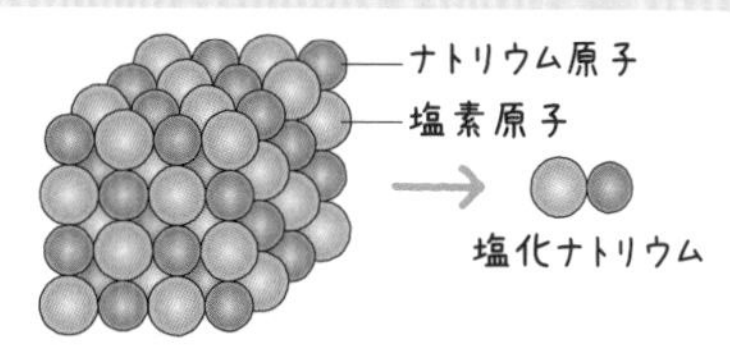

大切な用語 ①原子 ②分子 ③ドルトン ④アボガドロ ⑤元素 →147ページ

元素記号と化学式

くらべてわかる！

原子の種類は元素記号(げんそきごう)で、化学式は元素記号と小さな数字で表す！

元素記号

原子の種類を**元素**(げんそ)といい、アルファベットの大文字１文字または２文字（１文字目は大文字で２文字目は小文字）で表される。

右の元素記号は必ず覚える。

非金属元素		金属元素	
水素	H	ナトリウム	Na
酸素	O	マグネシウム	Mg
炭素	C	カルシウム	Ca
窒素	N	鉄	Fe
硫黄	S	銅	Cu
塩素	Cl	銀	Ag

化学式

単体の化学式

粒を原子の名前で表す

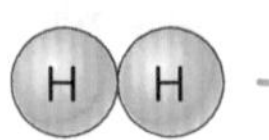

粒を元素記号で表す

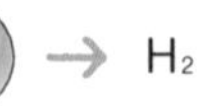

同じ元素の原子は右下に小さな数字でまとめる

化合物の化学式

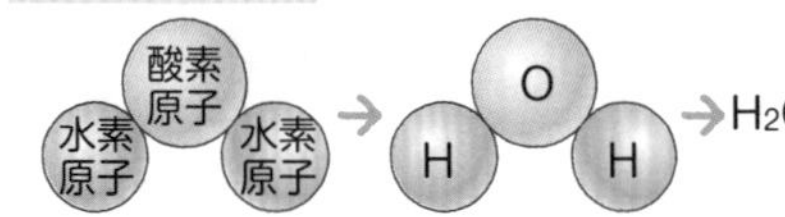

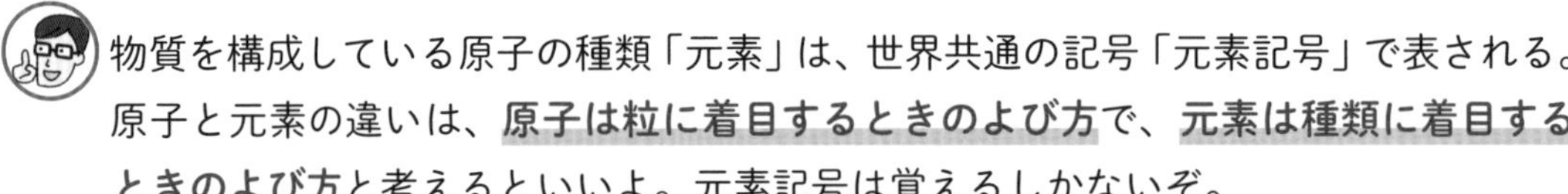

物質を構成している原子の種類「元素」は、世界共通の記号「元素記号」で表される。原子と元素の違いは、**原子は粒に着目するときのよび方**で、**元素は種類に着目するときのよび方**と考えるといいよ。元素記号は覚えるしかないぞ。

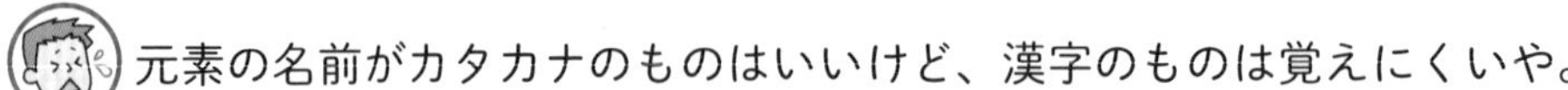

元素の名前がカタカナのものはいいけど、漢字のものは覚えにくいや。

鉄のふえ（Fe）、銀いろのあじ（Ag）など自分でゴロ合わせをつくるのもいいよ。次に化学式だけど、**「化学式」は物質のつくりを元素記号と数字で表したもの**だよ。

化学式のところにある単体と化合物というのはどんな違いがあるんですか？

単体は１種類の元素で、化合物は２種類以上の元素でできた物質のことだよ。くわしくは、右ページの**発展知識**で確認しよう。

化学式では小さな数字を使っているけど、小さな数字がつかないものもあるの？

あるよ。例えば**分子をつくらない金属の場合、代表する原子１個がそのまま化学式になる**んだ。よく出る化学式を148ページの**大切な用語**にまとめたので確認しよう。

ひとことポイント！ **化学式では物質をつくっている原子の個数は小さな数字で表す！（1は省略）**

H_2O を１を省略しないで H_2O_1 とかくと、水素原子が２個と酸素原子が１個結びついていることがよくわかります。また、$2H_2O$ とかいてあったときは、水分子が２個あることを表します。

確認問題

① 炭素と銅の元素記号をそれぞれ答えましょう。
② 水（H_2O）は、単体と化合物のどちらになりますか。
③化学式が CO_2 で表される物質は、何の原子が何個ずつ結びついたものですか。

答 ① 炭素の元素記号はC、銅の元素記号はCuです。なお、炭素も銅も分子をつくらないので、化学式も原子の記号と同じ C および Cu となります。
② 水（H_2O）は、水素元素と酸素元素の2種類の元素からできているので、化合物です。
③ CO_2 で表される物質は二酸化炭素で、炭素原子1個と酸素原子2個が結びついたものです。

練習問題

次の①～⑥の物質について、あとの（1）～（3）の問いに答えましょう。

①水　②水素　③食塩　④酸素　⑤鉄　⑥銀

（1）①～⑥の化学式をそれぞれ答えましょう。
（2）単体で分子をつくるものをすべて選び、番号で答えましょう。
（3）化合物で分子をつくらないものを選び、番号で答えましょう。

解答・解説

（1）①の化学式は H_2O、②の化学式は H_2、③の化学式は NaCl、④の化学式は O_2、⑤の化学式は Fe、⑥の化学式は Ag となります。
（2）単体は、②、④、⑤、⑥で、分子をつくるものは気体の②と④です。
（3）化合物は①と③で、分子をつくらないものは金属原子を含む無機物の③です。

発展知識

水のように、1種類の物質だけからできているものを「純物質（じゅんぶっしつ）」といいます。純物質はさらに単体と化合物に分かれ、酸素（O_2）や鉄（Fe）など1種類の元素からできている物質を「単体」、水（H_2O）や塩化ナトリウム（NaCl）など2種類以上の元素からできている物質を「化合物」といいます。また、純物質に対して、2種類以上の純物質が混じり合ったものを「混合物」といいます。例えば、食塩水は水と食塩という2種類の純物質が混じった混合物です。

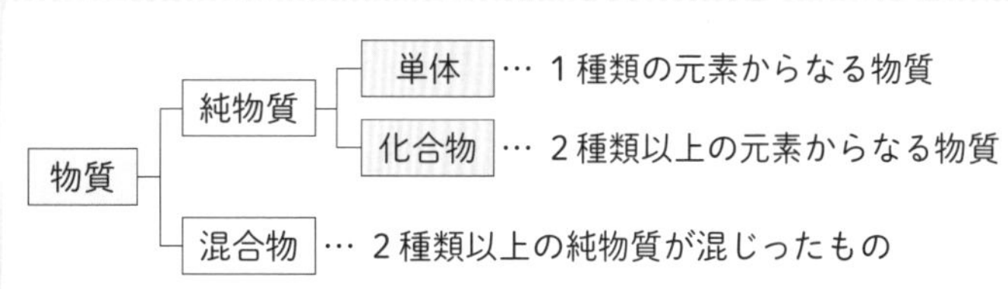

大切な用語　①元素記号　②化学式　→148ページ

結びつく化学変化と分解

くらべてわかる！

結びつく化学変化では化合物ができ、分解では単体や化合物ができる！

結びつく化学変化

2種類以上の物質どうしが結びつき、**別の1種類の物質ができる化学変化**。

例 鉄と硫黄の化学変化

鉄 ＋ 硫黄 $\xrightarrow{加熱}$ 硫化鉄

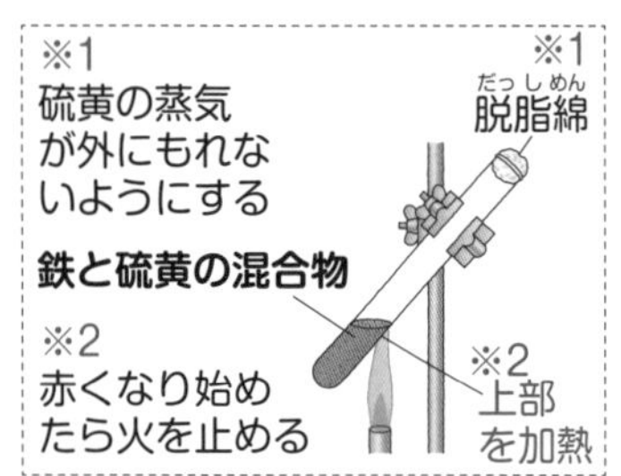

分解

1種類の物質が**2種類以上の別の物質に分かれる化学変化**。

例 炭酸水素ナトリウムの熱分解

炭酸水素ナトリウム $\xrightarrow{加熱}$ 炭酸ナトリウム ＋ 二酸化炭素 ＋ 水

確認法	フェノールフタレイン溶液	フェノールフタレイン溶液	石灰水
	▼	▼	▼
	うすい赤色に変化	こい赤色に変化	白くにごる

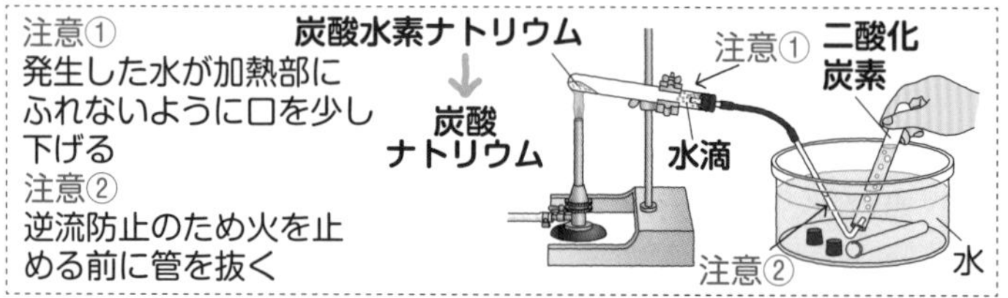

物質どうしがが結びつく化学変化でよく出題されるのは、**鉄と硫黄が結びついて、黒色の硫化鉄ができる反応**だよ。鉄と硫化鉄、それぞれの確認法はわかるかな？

鉄は磁石につくけど、硫化鉄は磁石につかない！

その通り。もう一つの確認法が、塩酸を加えたときの反応。**鉄に塩酸を加えると、火のついたマッチを近づけると「ポン」と音をたてて燃える気体が発生する**よ。

あ、28ページの化学変化のところで出た水素ですね。

一方、**硫化鉄では、塩酸を加えると硫化水素という有毒なくさい気体が発生する**よ。

実験装置の図で、上部を加熱するのはなぜですか？

実はここも重要！ くわしくは、右ページの**発展知識**で確認しよう。

分解は、炭酸水素ナトリウムの熱分解だけ覚えれば大丈夫かな？

分解には、「状態変化と化学変化」のところで学んだ電気分解と、今回の熱分解があるよ。熱分解では酸化銀の分解も大事。148ページの**大切な用語**で確認しよう。

ひとことポイント！ **フェノールフタレイン溶液は、水溶液のアルカリ性の強さで色が変わる！**

炭酸水素ナトリウムの水溶液は弱いアルカリ性で、炭酸ナトリウムの水溶液は強いアルカリ性です。弱いアルカリ性の水溶液にフェノールフタレイン溶液を加えるとうすい赤色に、強いアルカリ性の水溶液にフェノールフタレイン溶液を加えるとこい赤色に変化します。

確認問題

① 鉄と硫黄の混合物にうすい塩酸を加えると、何という気体が発生しますか。

② 炭酸水素ナトリウムを加熱したときにできる物質名をすべて答えましょう。

答 ① 熱を加えないと結びつく反応は起こらないので、鉄が塩酸と反応して**水素**が発生します。
② 炭酸水素ナトリウムを加熱すると、白い固体の**炭酸ナトリウム**、**水**、**二酸化炭素**の３種類の物質に分解します。

練習問題

右の図のような装置を用いて、鉄粉と硫黄の粉末をよく混ぜ合わせたものを熱しました。次の問いに答えましょう。

(1) 反応後、試験管Ａに残った黒色の物質名を答えましょう。

(2) 試験管Ａを熱したあと、うすい塩酸を加えたときに発生する気体の名称を答えましょう。

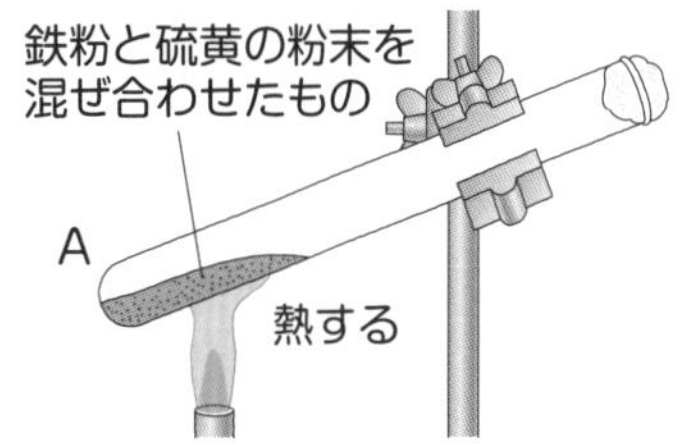

解答・解説

(1) 鉄粉と硫黄が結びついて、黒色の物質の**硫化鉄**ができます。

(2) 結びつく化学変化によってできた硫化鉄にうすい塩酸を加えると、硫化鉄がとけ、有毒なたまごがくさったようなにおいのする気体、**硫化水素**が発生します。

発展知識

数多くある化学変化には、熱の出入りがともないます。化学変化のとき熱が発生する反応を発熱反応（はつねつはんのう）、熱を吸収する反応を吸熱反応（きゅうねつはんのう）といいます。
例えば、鉄と硫黄が結びつく化学変化は発熱反応で、反応の始めに混合物の上部を加熱したあとは、加熱をやめても反応によって生じた熱で、次々と反応が下へ向かって進んでいきます。上部を加熱する理由は、底のほうを加熱すると、上へ向かって反応が進み、混合物が飛び散る危険があるからです。
これに対して、炭酸水素ナトリウムの熱分解は吸熱反応で、外部から熱を与え続けなければ反応が進みません。

大切な用語　①炭酸水素ナトリウム　②酸化銀　→148ページ

PART 3 ▶ 化学変化と原子・分子 〈2年生〉

結合の手の数と化学反応式

くらべてわかる！

化学変化は、変化の前後で手を結ぶ相手が変わるだけで原子の種類・数は同じ！

結合の手の数

原子どうしが結びつくとき、それぞれの**原子は結合の手の数が決まっている。**

代表的な原子の結合の手の数

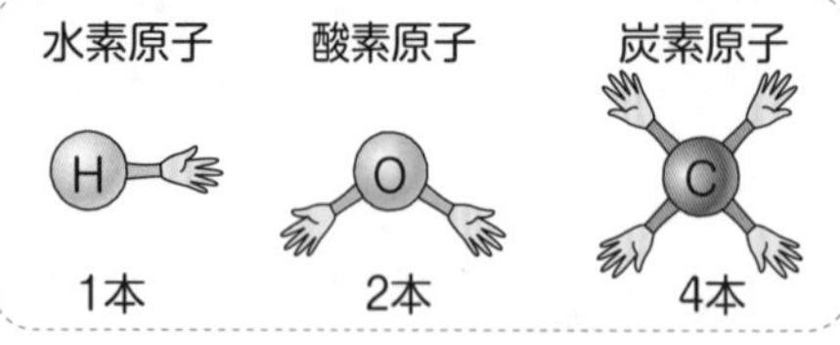

例 H_2O 分子

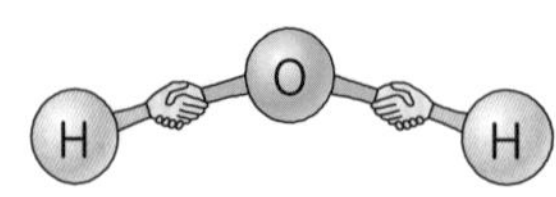

化学反応式

化学反応式(かがくはんのうしき)**は化学式と矢印を使って化学変化を表した式**で、矢印の左側が反応前の物質、右側が反応後の物質を表す。化学反応式では、矢印の左側にある原子の数と、右側にある原子の数が等しくなる。

化学反応式のつくり方の手順

手順① 化学変化を言葉と矢印でかく

手順② 物質名を化学式にかき直す
(気体は分子の化学式でかく)

手順③ 係数を何倍かして、矢印の左側と右側の原子の数をそろえる

原子は他の原子と結びつくとき、結びつくために必要な「結合の手」の数が決まっているよ。例えば酸素原子は結合の手の数が2本あるから、手の数が1本の水素原子が2個くっついて H_2O ができるんだ。

上の3つ以外で、結合の手の数を覚えたほうがよいものはありますか？

149ページの大切な用語にまとめたので確認しよう。では続いて、水素と酸素が結びついて水ができる化学反応式を、上の手順でつくってみよう。

手順①は、水素 ＋ 酸素 → 水 だよね。

手順②は、$H_2 + O_2 \rightarrow H_2O$ です。

最後に手順③。矢印の左側にOは2個あるけど右側は1個なので、右を2倍だね。

そうすると、$H_2 + O_2 \rightarrow 2H_2O$ ？

今度はHの数が、左側は2個で右側は4個だから、左の H_2 を2倍だよ。

$2H_2 + O_2 \rightarrow 2H_2O$ か！でも、大きい2と小さい2……。混乱する。

大きい2を係数(けいすう)というよ。右ページの発展知識で説明しているので確認しよう。

化学反応式では、矢印の左側と右側で、原子の種類と数が同じ！

「原子と分子」のところで学びましたが、原子は化学変化でなくなったり、新しくできたり、種類が変わったりしません。そのため、化学変化の前とあとで、原子の種類と数は同じになるわけです。

確認問題

① 水素と酸素の結合の手の数はそれぞれ何本か、答えましょう。

② 水素と酸素が結びついて水ができるときの化学反応式をかきましょう。

答 ① 水素は１本、酸素は２本です。 ② $2H_2 + O_2 \rightarrow 2H_2O$ となります。

よくある誤答例

化学反応式をかくとき、「→」ではなく数学の方程式のように「＝」でかいてしまう誤答が見られます。化学反応式は反応の進行方向も表すので、「→」を使います。

練習問題

化学式および化学反応式について、次の問いに答えましょう。

（1）右の図は、水の化学式を表したものです。図の①および②の数字は、それぞれ何を表していますか。

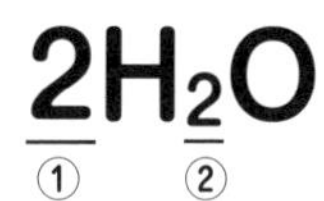

（2）次の化学反応式は正しくありません。正しくない理由を2つあげましょう。

$2H_2 + O = 2H_2O$

解答・解説

（1）化学式の前にある①の数字は係数といいます。①は水分子が２個あること、②は水分子１個の中に水素原子が２個含まれていることを、それぞれ表しています（発展知識の図を参照）。

（2）酸素は分子の形で存在するので、OではなくO_2です。化学反応式は「＝」ではなく「→」で表します（他にも、矢印の左側と右側で、酸素原子の個数が同じになっていません）。

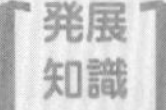

発展知識

右の図で、H_2やH_2Oの前にある大きい数字（係数）は、分子の数を表します。例えば$2H_2$は、水素分子が２個あるということです。また、Oは１個ありますが、係数の１は省略します。

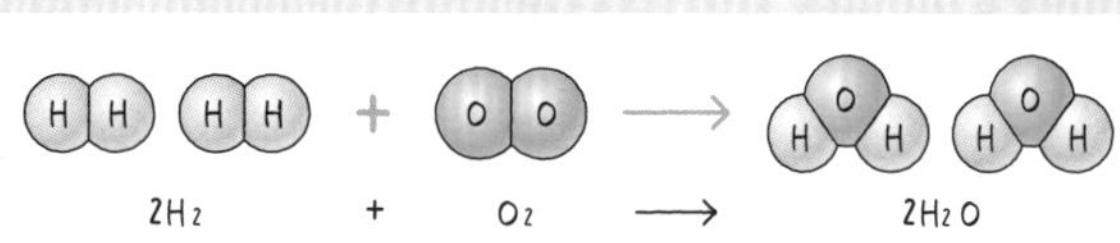

大切な用語　①結合の手の数　②化学反応式　→149ページ

5 酸化銅と酸化マグネシウム

くらべてわかる！

酸化銅は黒色、酸化マグネシウムは白色！

酸化銅

銅 ＋ 酸素 →(加熱) 酸化銅
赤色　　　　　　　黒色

$2Cu + O_2 \rightarrow 2CuO$

結びつくときの質量比
銅：酸素：酸化銅＝**4：1：5**

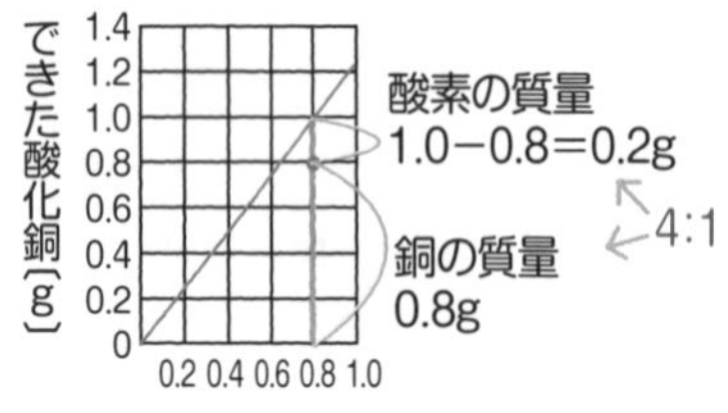

酸化マグネシウム

マグネシウム ＋ 酸素 →(加熱) 酸化マグネシウム
銀白色　　　　　　　　白色

$2Mg + O_2 \rightarrow 2MgO$

結びつくときの質量比
マグネシウム：酸素：酸化マグネシウム＝**3：2：5**

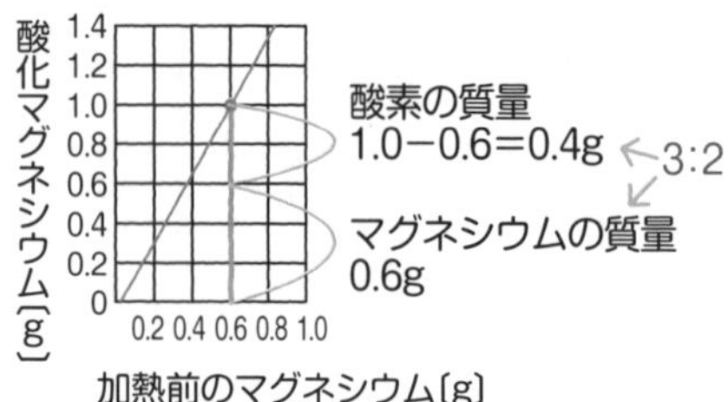

物質が、酸素と結びつく反応を「酸化」というよ。特に上の２つは重要。化学反応式に色の変化、結びつくときの質量比の計算問題など押さえることが大切だ。では問題。2.0g の銅が完全に酸化するとき、何 g の酸素と結びつくかな？

銅と酸素は４：１で結びつくから、4.0g の銅は1.0g の酸素と結びつきます。銅が半分の2.0g だったら、酸素も半分の0.5g です。

正解！ では、銅が3.0g だったら結びつく酸素は何 g ？

3.0g は4.0g の……、あれ？何倍だ？？

この手の問題は求めたい質量を x として比例式をつくろう。ここでは、$3.0 : x = 4 : 1$ から、$4x = 3.0$ となり、$x = 3.0 \div 4 = 0.75$〔g〕。ちなみに、酸化銅のほうの質量比は「4（よ）：1（い）：5（こ）」、酸化マグネシウムのほうは「3（み）：2（つ）：5（ご）」と覚えるといいよ。

ひとことポイント！ 物質どうしが結びつく反応では、結びつく物質の質量は比例式で求める！

比例式は、「○：□＝△：◇」の内側にある項（□と△を内項（ないこう）といって、上の例では x と４）どうしの積と、「○：□＝△：◇」の外側にある項（○と◇を外項（がいこう）といって、上の例では3.0と１）どうしの積が等しくなります。

確認問題

① 銅粉を空気中で熱すると、何色の何という物質ができるでしょうか。

② マグネシウムを空気中で熱すると、何色の何という物質ができるでしょうか。

答 ① 銅粉を空気中で熱すると、**黒色の酸化銅**ができます。

② マグネシウムを空気中で熱すると、**白色の酸化マグネシウム**ができます。

よくある誤答例

酸化マグネシウムの色がテストで問われると、実に3、4人に1人は「黒色」と答えます。**正解は、白色ですね**。代表的な**黒色の酸化物は、酸化銅と酸化銀**です。また、酸化銅の化学式を CuO_2 や、酸化マグネシウムの化学式を MgO_2 としてしまう誤答も多く見られます。Cu原子とO原子、Mg原子とO原子は、たがいに結合の手の数は2本と同じため、ともに1個ずつの原子が結びつき、CuOやMgOとなります。

練習問題

銅の粉末をステンレス皿に入れ、十分に加熱する実験を行いました。右のグラフは、銅の粉末の質量と、できた酸化銅の質量の関係を表したものです。次の問いに答えましょう。

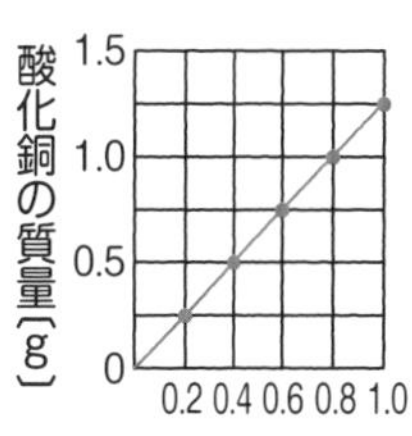

(1) 加熱すると、銅は何色から何色に変化したでしょうか。

(2) 銅粉0.8 g と結びついた酸素の質量は何 g でしょうか。

(3) 銅粉7.6 g と結びつく酸素の質量は何 g になるでしょうか。

解答・解説

(1) 銅の色は赤色で、酸化銅の色は黒色のため、**赤色から黒色**に変化します。

(2) グラフから、銅の粉末が0.8 g のとき1.0 g の酸化銅ができていることから、1.0 − 0.8 = **0.2〔g〕** の酸素が結びついたことがわかります。

(3) (2) から、銅と酸素は、0.8：0.2＝4：1の質量比で結びつくことがわかります。求める酸素の質量を x とすると、7.6: x = 4: 1となり、4x = 7.6から、x = 7.6 ÷ 4 = **1.9〔g〕** と求められます。

発展知識 **酸化には、鉄がさびるときのようなゆるやかな酸化と、マグネシウムが酸化するときのような、熱や光をともなう激しい酸化があります。激しい酸化のことを、燃焼といいます。**

大切な用語 ①酸化銅 ②酸化マグネシウム →150ページ

炭素による還元と水素による還元

くらべてわかる！

還元（かんげん）が起こると同時に酸化（さんか）も起こる！

炭素による還元

酸化銅 + 炭素 → 銅 + 二酸化炭素

$$2CuO + C \rightarrow 2Cu + CO_2$$

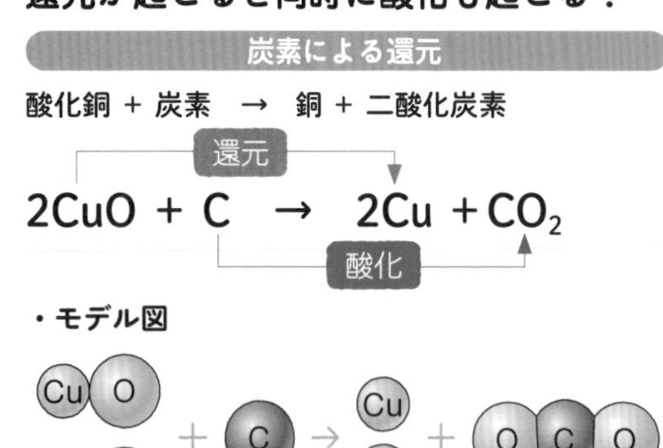

水素による還元

酸化銅 + 水素 → 銅 + 水

$$CuO + H_2 \rightarrow Cu + H_2O$$

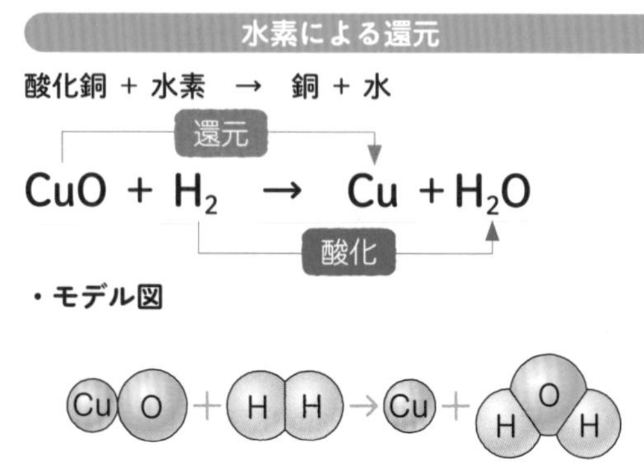

物質が酸素と結びつく化学変化が酸化だったけど、反対に、**物質から酸素がうばわれる化学変化が「還元」**だよ。上の２つの反応は、ともに酸化銅が酸素をうばわれて銅に還元されているよね。

還元と酸化は同時に起こるんですね。

そこがポイント。ある**物質が酸素をうばわれるということは、うばった物質は酸素と結びつくことになる**。上の２つの反応では、炭素と水素が酸化しているね。

炭素や水素はなぜ酸素をうばえるんだろ？

その理由は、右ページの**発展知識**で確認しよう。ここで問題。酸化銅が還元されて銅になるとき、何色から何色に変化する？

酸化銅は黒色で、銅は赤色だから、黒色から赤色かな。

正解！ 色の変化はとても大切。忘れていたら、ここで完璧にしよう。

ひとことポイント！ 酸化銅の炭素による還元では、銅原子をもつ物質の係数が２となる！

酸化銅の炭素による還元と、水素による還元との大きな違いに、化学反応式があります。水素による還元では、化学反応式の係数はすべて１となりますが、炭素による還元では、銅原子をもつ酸化銅と、銅の係数がともに２となります。

確認問題

① 酸素と結びついた物質（酸化物）が、酸素をうばわれる化学変化を何といいますか。

② 酸化銅と炭素の粉末を混ぜ合わせて加熱するとき、還元される物質は何ですか。化学式で答えましょう。

③ 酸化銅に水素を送りながら加熱するとき、酸化される物質は何ですか。化学式で答えましょう。

答 ① 酸化物が酸素をうばわれる化学変化を、還元といいます。

② 酸素原子をもつ酸化銅は、炭素に酸素をうばわれ、銅に還元されます。還元される物質である酸化銅の化学式は、CuO です。

③ 水素は酸化銅から酸素をうばい、うばった酸素と結びつく酸化によって水に変化します。酸化される物質である水素の化学式は、H_2です。

練習問題

右の図のように、酸化銅と炭素の混合物を加熱しました。次の問いに答えましょう。

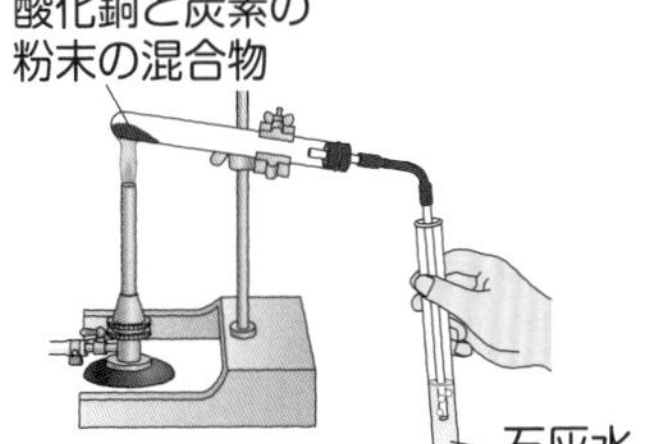

(1) 加熱後、何色の何という物質が残りますか。

(2) 石灰水はどのように変化しますか。

(3) この実験で酸化銅に起こった化学変化を何といいますか。また、このときの化学反応式をかきましょう。

解答・解説

(1) 酸化銅と炭素の混合物を加熱すると、赤色の銅が残ります。

(2) この化学変化では、炭素が酸化されて二酸化炭素が発生します。二酸化炭素を石灰水に通すと、石灰水が白くにごります。

(3) 酸化銅から酸素がうばわれる反応を還元といいます。化学反応式をつくるために、まず、化学変化を物質名と矢印を使って表し、酸化銅＋炭素 → 銅＋二酸化炭素とします。次に、化学式に直して、$CuO + C \rightarrow Cu + CO_2$とします。左辺と右辺の O 原子の数を合わせるために、$2CuO + C \rightarrow Cu + CO_2$とし、最後に、Cu 原子の数を合わせるために、$2CuO + C \rightarrow 2Cu + CO_2$にして完成です。

発展知識

炭素や水素は酸化銅から酸素をうばいとり、酸化銅を還元します。これは、物質により酸素と結びつく力が違うために起こります。銅と酸素が結びつく力と、炭素や水素が酸素と結びつく力では、炭素や水素が酸素と結びつく力のほうが大きいため、銅から酸素をうばうのです。

大切な用語 ①還元 →150ページ

質量保存の法則と定比例の法則

くらべてわかる！

化学変化の前後で物質の質量は変わらず、反応する物質の質量比は一定！

質量保存の法則

化学変化では、**反応前の物質全体の質量と、反応後の物質全体の質量は変わらない。**

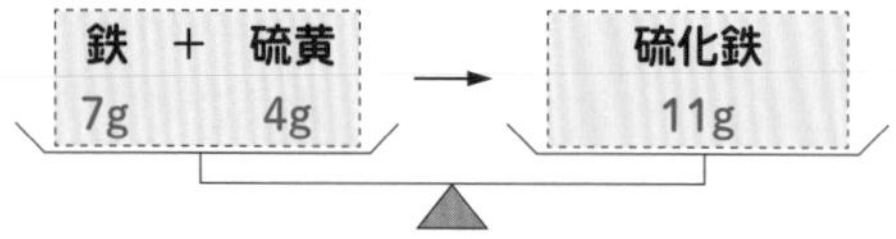

定比例の法則

化合物をつくる**物質の質量の割合は、化合物の質量にかかわらず一定**である。

鉄(Fe)	＋	硫黄(S)	→	硫化鉄(FeS)
14g		8g		22g
7	:	4	:	11

化学変化では、反応の前とあとでまったく別の物質になるけど、質量は変わらない。質量保存(しつりょうほぞん)の法則はなぜ成り立つのだろう？ ヒントは原子の性質だよ。

原子は化学変化で、なくなったり、新しくできたりしないからですか。

そう。**化学変化では、原子が結びつく相手が変わるだけで、反応の前とあとで原子の種類や数は変わらない**よね。だから質量も変わらないんだ。

定比例(ていひれい)の法則はなぜ成り立つんですか。

それについては、右ページの**発展知識**で確認しよう。実は、すでに定比例の法則を利用したことを学んでいるけど、何かわかるかな？

あ、もしかして、38ページの「よ・い・こ」と「み・つ・ご」。

正解！ 酸化銅は、銅と酸素が質量比４：１で結びついたね。言いかえると、**酸化銅をつくっている銅と酸素の質量比はつねに４：１と一定になっている**というわけだ。定比例の法則は、まだ原子の存在も知られていなかった時代に、フランスの化学者プルーストが発見したんだよ。

ひとことポイント！ 気体が発生する化学変化では、密閉容器内でなければ質量は減る！

炭酸水素ナトリウムや石灰石にうすい塩酸を加えると、二酸化炭素が発生します。この反応を、密閉容器内で行わなければ、反応後の質量は、反応前の質量よりも減ってしまいます。これは、質量保存の法則が成り立たないということではなく、発生した二酸化炭素が空気中に出ていってしまい、その分だけ質量が減るためです。

確認問題

① 化学変化の前後で、物質全体の質量は変わらないという法則を何といいますか。

② 7gの鉄と、5gの硫黄の混合物を加熱すると、何gの硫化鉄ができますか。ただし、鉄と硫黄は7：4の質量の比で反応するものとします。

答 ① フランスの科学者ラボアジエによって発見された法則で、**質量保存の法則**といいます。

② 定比例の法則から、硫化鉄をつくる鉄と硫黄の質量比はつねに7：4になるので、7gの鉄には4gの硫黄が結びつき、**11g**の硫化鉄ができます。（その結果、1gの硫黄が残ります）

よくある誤答例

物質どうしは決まった質量の比で結びつきますが、この比を、化学反応式の係数の比と混同してしまう生徒がいます。**化学反応式の係数の比は質量の比とは無関係です。**

練習問題

右の図のような装置で、ふたをしたまま容器をかたむけ、塩酸と炭酸水素ナトリウムを反応させました。次の問いに答えましょう。

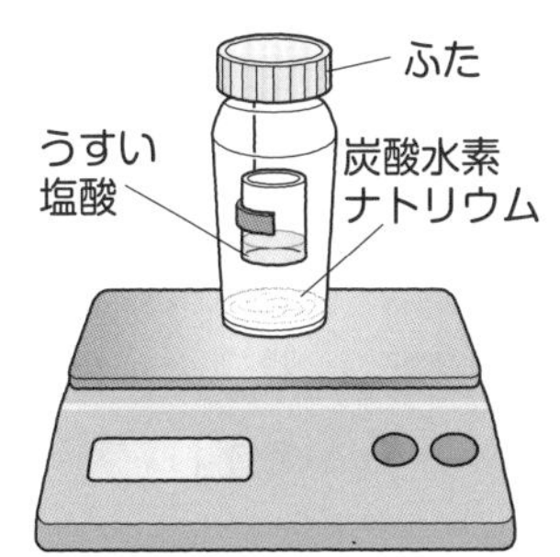

(1) この実験で発生する気体の化学式を答えましょう。

(2) 反応後の容器全体の質量は、反応前の全体の質量にくらべてどうなりましたか。

(3) 反応後、容器のふたをあけてから容器全体の質量をはかると、反応前の全体の質量にくらべてどうなりますか。

解答・解説

(1) 炭酸水素ナトリウムにうすい塩酸を加えると、二酸化炭素が発生します。化学式は**CO_2**です。

(2) 質量保存の法則より、反応後の容器全体の質量は、反応前の全体の質量にくらべて**変化しません**。

(3) 発生した二酸化炭素が空気中に出ていってしまうため、反応前の全体の質量にくらべて**減ります**。

発展知識 **物質の質量は、物質を構成する原子の質量で決まり、原子の質量は、炭素原子の質量を「12」として、これに対する質量比で決められています。例えば、水素原子の質量は「1」、酸素原子は「16」、銅原子は「64」、マグネシウム原子は「24」、鉄原子は「56」、硫黄原子は「32」となります。これらをもとに鉄と硫黄が結びつく反応における物質の質量比を考えると、鉄：硫黄：硫化鉄＝56：32：(56＋32)＝56：32：88＝7：4：11と決まった割合となるわけです。**

大切な用語 ①質量保存の法則 ②定比例の法則 →151ページ

直列回路と並列回路

くらべてわかる！

直列回路は電源の＋極から－極まで一筆でかけ、並列回路は一筆でかけない！

直列回路

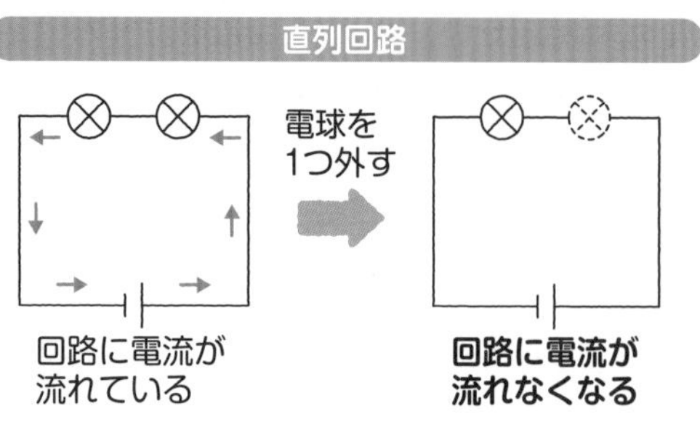

並列回路

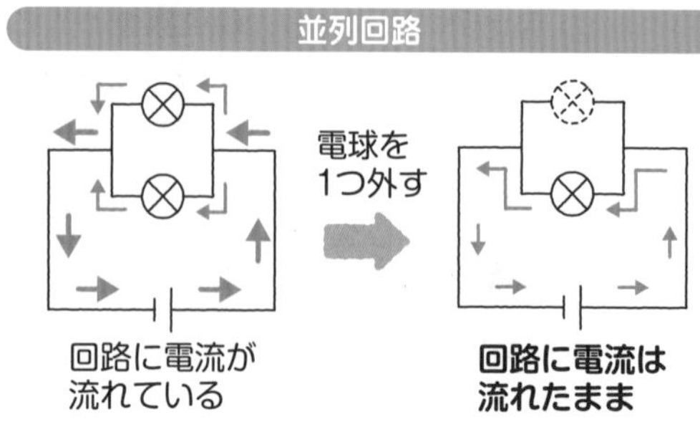

さあ、ここからは電気の流れ「電流」の分野だよ。まずは電流が流れる道すじ「回路」から見ていこう。

上の図の、○の中に×が入っているのは何だろ？

それは豆電球の「電気用図記号」。回路を電気用図記号を使ってかいたものを「回路図」というんだ。たてに並んだ２本の線は電池の記号で、長いほうが＋極、短いほうが－極を表すよ。よく使う電気用図記号は151ページの大切な用語で確認しよう。

電流は電源の＋極から－極に向かって流れるから、赤の矢印は電流の流れを表しているんですね。

そう。電流が電池の＋極から出てそのまま－極にもどってくるのが「直列回路」、途中で枝分かれしてもどってくるのが「並列回路」だよ。直列回路は一筆でかけるので、電球を1つ外すと回路に電流が流れなくなるんだ。

直列回路では矢印の太さがどこも同じなのに、並列回路ではなぜ違うの？

矢の太さで電流の大きさを表してみたよ。枝分かれしない直列回路では、電流の大きさはどこも同じ。並列回路では、枝分かれする前の回路を流れる電流は、枝分かれしたあとの電流より大きく、その和に等しくなるんだよ。

ひとことポイント！ 直列回路は流れる電流の大きさがすべて同じだけれど、並列回路は違う！

並列回路は枝分かれしているので、並列でつながれている部分の電流の合計が、回路全体に流れる電流の大きさになります。

確認問題

① 電流が流れるようすを、記号を使って表した図を何といいますか。

② 図１で、豆電球ａを流れる電流と、豆電球ｂを流れる電流の大きさをくらべるとどうなりますか。

③ 図２で、導線のｃを流れる電流と、豆電球ｄを流れる電流の大きさは、どちらが大きいですか。

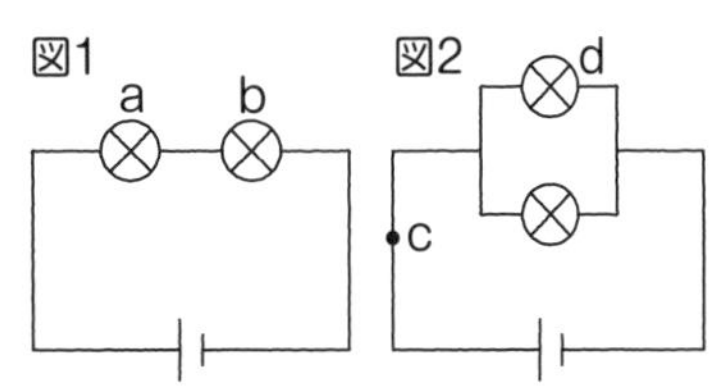

答 ① **回路図**といいます。回路図は、電気用図記号を使って表します。

② 図１は枝分かれのない直列回路なので、豆電球ａを流れる電流と、豆電球ｂを流れる電流は**同じ大きさ**になります。

③ 図２は枝分かれのある並列回路です。導線のｃを流れる電流が、２つの豆電球に分かれて流れるため、**導線のｃを流れる電流のほうが大きく**なります。

よくある誤答例

よく、回路と回路図を混同している生徒がいます。「回路」は電流が流れる道すじのことで、「回路図」はその道すじを電気用図記号を使って表した図のことです。

練習問題

右の図は、１個の乾電池と２個の豆電球をつないだものです。次の問いに答えましょう。

（1） 図１および図２の回路図をそれぞれかいてください。ただし、ア、イの記号はかかなくてもよいです。

（2） 図１と図２で、アの豆電球が切れてもイの豆電球のあかりがついたままなのはどちらの図ですか。

解答・解説

（1） 乾電池の右側が＋極、左側が－極となるので、回路図はそれぞれ右の図のようになります。

（2） アの豆電球が切れても、イに電流が流れてあかりがついたままなのは、並列回路の**図２**です。

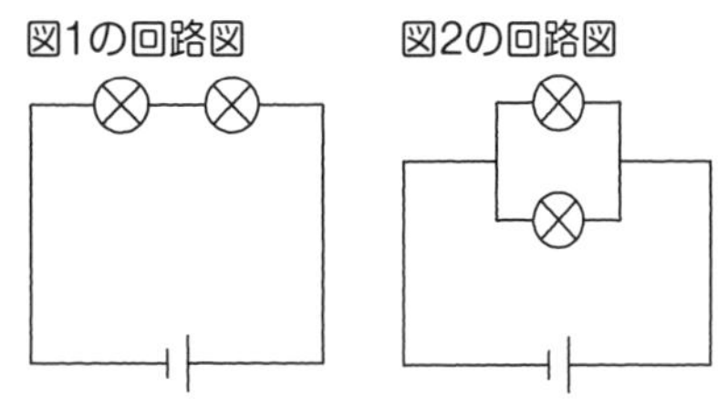

大切な用語　①電気用図記号　→151ページ

電流と電圧

くらべてわかる！

測定部分に対し、電流計は直列に、電圧計は並列につなぐ！

電流

電源の＋極から出て－極へもどる電気の流れ。
単位：アンペア〔A〕、ミリアンペア〔mA〕
はかり方：回路に直列につないではかる

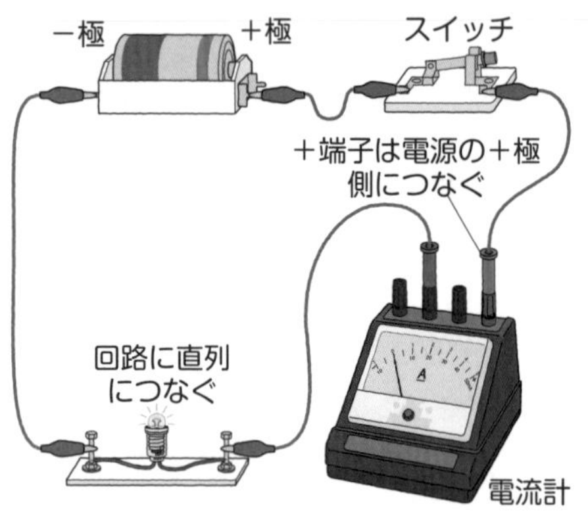

電圧

回路に電流を流そうとするはたらき。
単位：ボルト〔V〕
はかり方：はかりたい部分に並列につないではかる

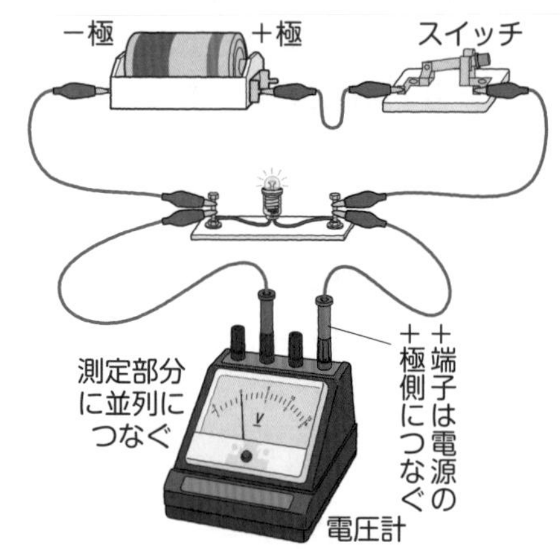

電流と電圧を考えるときは、水の流れを考えるといいよ。**回路に流れる電流が大きいほど、川に流れる水の量が多い**というわけ。さて、水を流すのに必要なことは？

水は高いところから低いところに流れるので、水をくみ上げる必要があります。

それが電圧！ **電圧は回路に電流を流そうとする、いわばポンプのような役割**をするんだ。ポンプの力が強いほど、水、つまり電流の流れは大きくなるわけだ。

電流計も電圧計も、**電池の＋極へつながっている一番右の端子が＋端子**？

その通り。そして残り3つの端子が－端子だよ。電流計と電圧計の－端子のつなぎ方は右ページの**発展知識**で確認しよう。

ひとことポイント！ 電流は「電気の流れ」のため、電流計は回路に直列につなぐ！

電流計を直列につなぐのは、並列につないでしまうと、電気の流れである電流が、測定したい部分と電流計の２か所に枝分かれしてしまい、測定部を流れる電流が正確にはかれなくなるなどの理由からです。

確認問題

① 電流の大きさの単位の記号を２つかいてください。

② 電流を測定するとき、電流の大きさが予想できない場合、電流計のどの－端子につなげばよいですか。

答 ① 電流の単位の記号には、A〔アンペア〕とmA〔ミリアンペア〕の２つがあります。大きさの関係は、１A＝1000mAとなります。

② －端子には、５A、500mA、50mAの3つがありますが、電流の大きさが予想できないときは、まず５Aの－端子につなぎ、針のふれが小さいときには500mA、50mAの－端子につなぎかえます。

練習問題

右の図は、豆電球に流れる電流の大きさと、豆電球に加わる電圧の大きさをはかる回路です。次の問いに答えましょう。

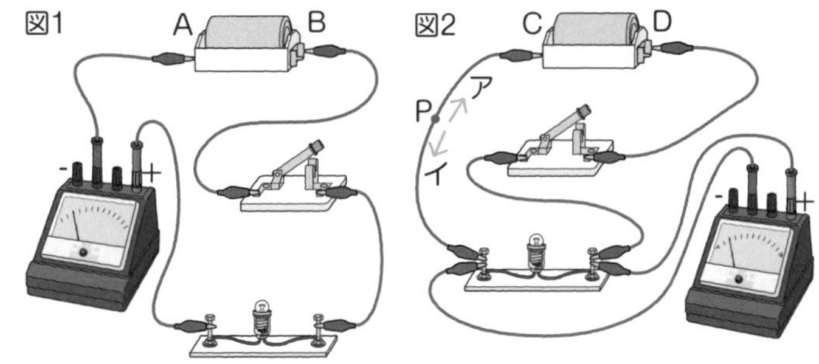

（1）電圧の大きさをはかっている回路は、図１、図２のどちらですか。

（2）乾電池の＋極を、A～Dから２つ選びましょう。

（3）図２のP点を流れる電流の向きは、ア、イのうちどちらですか。

解答・解説

（1）電圧計は測定したい部分に並列につなぎます。電圧計が豆電球に並列につながれている図２が、電圧の大きさをはかっている回路です。なお図１は、電流の大きさをはかっている回路です。

（2）電流計も電圧計も、＋端子を電源の＋極側につながるようにするため、乾電池の＋極は、BとDです。

（3）電流は、電池の＋極Dから出て、－極Cに向かって流れるので、アとわかります。

発展知識

電流計の－端子には、５A、500mA、50mAがありますが、流れる電流の大きさが予想できないときは、５Aまではかれる－端子につなぎます。１Aは1000mAなので、例えば50mAの－端子でその100倍の５Aの電流をはかったら、針がふり切れて電流計が故障してしまうおそれがあるからです。電圧計も同様で、電圧の大きさが予想できないときは最大の300Vの－端子につなぎます。

大切な用語 ①電圧 ②電流計 ③電圧計 →152ページ

直列回路と並列回路の電流・電圧

くらべてわかる！

直列回路は各点を流れる電流が、並列回路は各部分に加わる電圧がどこも同じ！

直列回路の電流・電圧

直列回路の電流
回路の各点を流れる電流の大きさはどこも等しい。
$I = I_1 = I_2 = I_3$

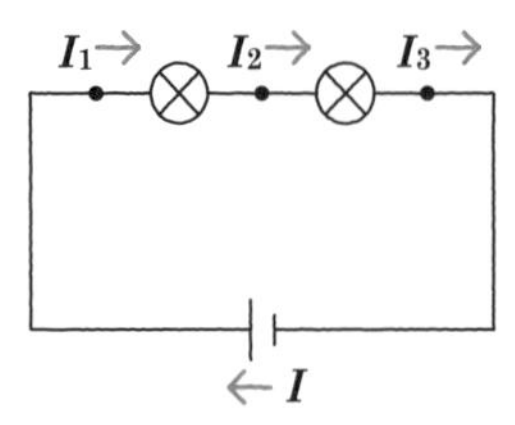

直列回路の電圧
電源に加わる電圧は、回路の各部分に加わる電圧の和に等しい。
$V = V_1 + V_2$

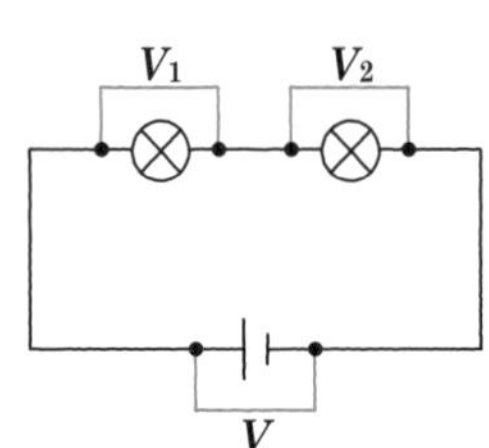

並列回路の電流・電圧

並列回路の電流
枝分かれする前の電流は、枝分かれしたあとの電流の和に等しい。
$I = I_1 + I_2$

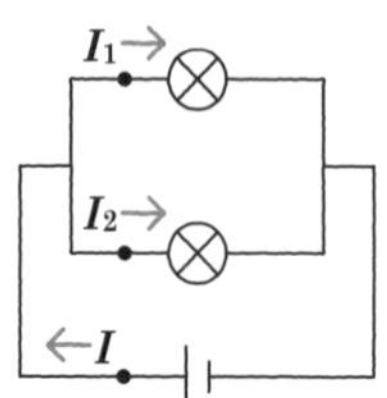

並列回路の電圧
電源に加わる電圧は、回路の各部分に加わる電圧と等しい。
$V = V_1 = V_2$

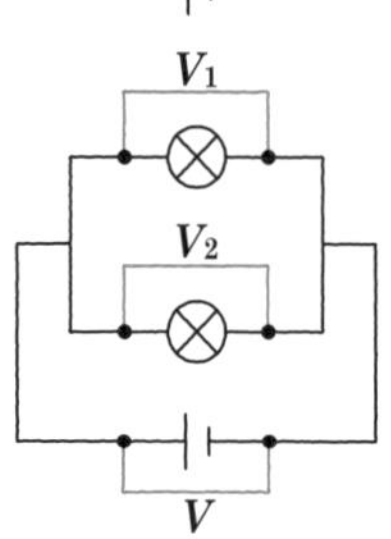

電流の大きさについては、直列回路と並列回路のところですでに学んでいるよ。

電気の流れが枝分かれしない直列回路ではどこも同じで、並列回路では、枝分かれする前の回路を流れる電流は、枝分かれしたあとの電流の和に等しい！

電流は、直列回路ではどこも同じなのに対して、電圧は、並列回路のほうがどこも同じになるんですね。

その通り。電流や電圧の大きさを求める問題ではこのことをよく使うよ。直列回路なら電流の大きさが、並列回路なら電圧の大きさが1か所でもわかったら、その値を他のすべての部分にかきこんでしまうのがポイントだ。

電流は、直列回路ではどこも同じなのはわかるけど、電圧はよくわからないな……。

電圧は、いわばポンプの役割をするんだったよね。ポンプのモデルを使った右ページの発展知識の図で理由を確認しよう。

直列回路では電流を、並列回路では電圧を回路図（かいろず）にかきこむ！

例えば並列回路で電源電圧が3.0V なら、並列部分の豆電球にも3.0V とかけばよいわけです。

確認問題

① 直列回路の各点を流れる電流の大きさの関係を答えましょう。

② 並列回路の電源に加わる電圧と、各部分に加わる電圧の大きさの関係を答えましょう。

答 ① 直列回路の各点を流れる電流の大きさは、どこも等しい（同じ）です。
② 並列回路の電源に加わる電圧と、各部分に加わる電圧の大きさは等しい（同じ）です。

練習問題

右の図１、図２の回路について、次の問いに答えましょう。

（1）図１で、V_2の測定値が2.5Vのとき、V_1とV_3の測定値はそれぞれ何Vになりますか。

（2）図２で、I_1の測定値が3.5A、I_3の測定値が1.2Aのとき、I_2の測定値は何Aになりますか。

（3）図２で、電源の電圧を大きくすると、I_1の大きさはどうなりますか。

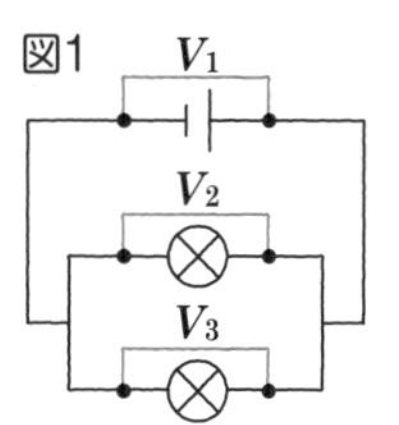

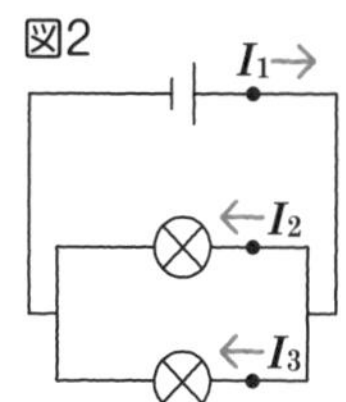

解答・解説

（1）図１は並列回路です。電圧はどこも同じなので、V_1は2.5V、V_3も2.5Vとなります。

（2）図２も並列回路です。枝分かれする前の電流は、枝分かれしたあとの電流の和に等しくなるので、$I_1 = I_2 + I_3$が成り立ちます。よって、$I_2 = I_1 - I_3 = 3.5 - 1.2 = 2.3$〔A〕となります。

（3）ポンプのはたらきが強くなるため、I_1の大きさは大きくなります。

発展知識

水が高い所から低い所へ向かって流れるのと同じで、電流も高い位置（高電位）から低い位置（低電位）に向かって流れます。この電位の差を電圧といいます。低い所に流れた水は、ポンプによって高い所へもち上げることで水の流れを絶えず起こすことができますが、電流も同じで、圧力（電圧）をかけることによって、電流を高電位に押し上げ、電流の流れを絶えず起こします。

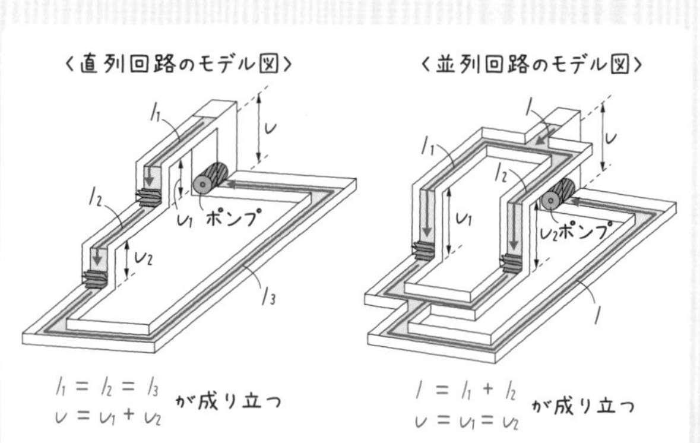

直列回路のモデル図では、水の落差、つまり電圧は、V_1とV_2をたすとポンプのもつ電圧Vに等しくなることがわかります。これに対して並列回路のモデル図では、水の落差、つまり電圧はどこも等しくなることがわかります。

大切な用語　①電位　→152ページ

4 抵抗とオームの法則

くらべてわかる！

抵抗(ていこう)は物質で違い、同じ電圧では抵抗が大きいほど流れる電流は小さい！

抵抗（電気抵抗）

電流の流れにくさのことを**抵抗**（電気抵抗）という。

単位：オーム〔Ω〕

電気用図記号：

抵抗器（電熱線）

導体(どうたい)：金属のように抵抗が小さく、電流を通しやすい物質のこと。

不導体(ふどうたい)：ガラスやゴムなどのように抵抗が極めて大きく、電流をほとんど通さない物質のこと。

オームの法則

電熱線や抵抗器を流れる**電流の大きさ**は、**電圧の大きさに比例**するという法則。

式：電圧 V〔V〕＝電流 I〔A〕×抵抗 R〔Ω〕

グラフ：原点を通る直線（比例のグラフ）

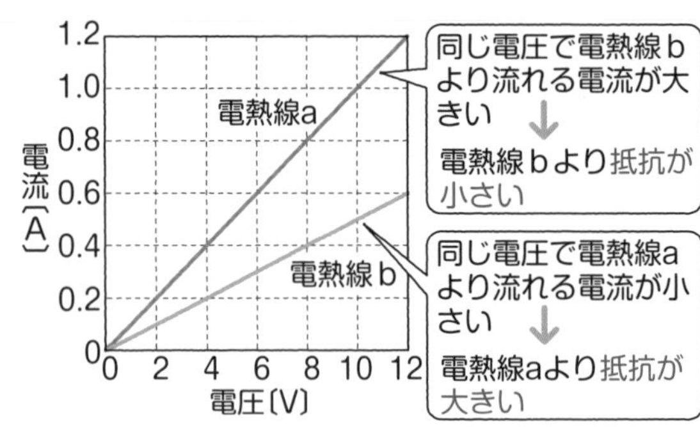

電流を流れにくくするのが「抵抗」。実は今までの回路にも抵抗はあったんだ。

あ！ もしかして、豆電球ですか？

その通り。豆電球には電流を流れにくくするタングステンという金属が使われているんだ。回路にはよく抵抗として抵抗器が使われるけれど、これは回路に一気に大きな電流が流れて、回路がショートしないようにするためのものだよ。

オームの法則の式は、いつもこんがらがって、わからなくなるからきらい。

バレンタイン（V）には愛（I）がある（R）と覚えれば一発！この式の両辺を抵抗 R で割れば電流 I が、電流 I で割れば抵抗 R を求めることができるぞ。

電流や電圧のように、抵抗の大きさも直列回路と並列回路で違いがありますか？

あるよ。合成抵抗という考えを、右ページの**発展知識**で確認しよう。

ひとことポイント！ **抵抗が一定なら、電圧が大きいほど流れる電流は大きくなる！**

ドイツの物理学者オームが発見した法則です。この発見の功績で、抵抗の単位はΩ(オーム)になりました。

確認問題

① 電流の流れにくさを表す大きさに使われている単位を答えましょう。

② 一定の電圧で、抵抗が5Ωの電熱線aと10Ωの電熱線bに、それぞれ電流を流しました。電熱線aとbでは、どちらのほうがより大きな電流が流れますか。

答 ① 電流の流れにくさを抵抗といいます。抵抗の大きさの単位は、**オーム〔Ω〕**です。
② 同じ電圧では、抵抗が小さいほど電流は流れやすいので、**電熱線a**のほうがより大きな電流が流れます。

練習問題

2種類の電熱線aとbで図1の回路をつくり、電圧の大きさを変えて、電流の大きさを測定しました。図2はその結果です。次の問いに答えましょう。

(1) 電熱線aとbで、抵抗が大きなほうを答えましょう。

(2) 電熱線bの抵抗は何Ωですか。

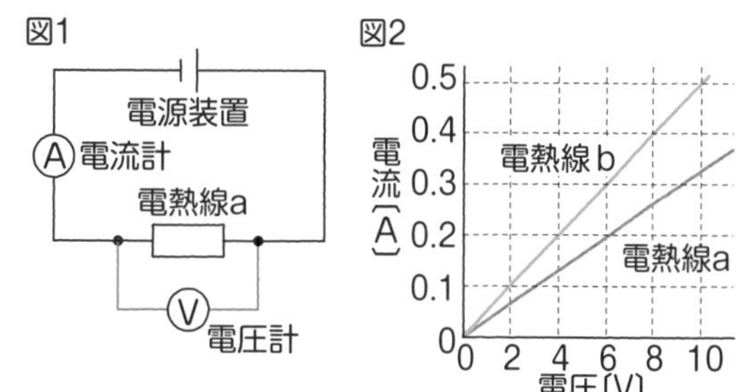

解答・解説

(1) 図2で、加える電圧が同じとき、流れる電流がより小さい**電熱線a**のほうです。

(2) 図2から、電熱線bには6Vで0.3Aの電流が流れることがわかります。オームの法則の式に代入して、6 = 0.3R から、R = 6 ÷ 0.3 = **20〔Ω〕**と求められます。

発展知識

複数の抵抗を、それらと等しい一つの抵抗に置き換えた場合の抵抗を、合成抵抗（ごうせいていこう）といいます。直列回路の合成抵抗は、直列につながれたそれぞれの抵抗の大きさの和に等しくなります。

一方、並列回路の合成抵抗は、並列部分のそれぞれの抵抗より太くなるため、電流が流れやすくなり、抵抗の大きさは小さくなります（太い道のほうが水は流れやすくなりますよね！）。並列回路の合成抵抗の逆数は、並列につながれたそれぞれの抵抗の逆数の和に等しくなります。

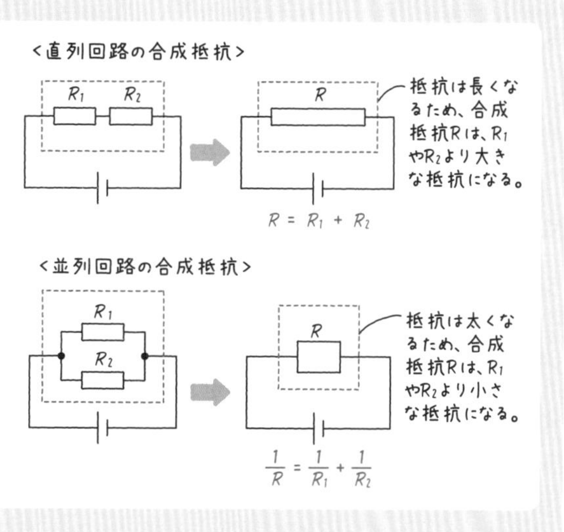

大切な用語 ①抵抗器 ②オームの法則 → 153ページ

5 電力と発熱

くらべてわかる！

同じ電圧を加えたとき、流れる電流が大きいほど電力と熱量は大きくなる！

電力

1秒間あたりに使われる電気エネルギーの大きさを電力という。

単位：ワット〔W〕

式：電力〔W〕＝電流〔A〕×電圧〔V〕

電球の明るさ：

電力が大きいほど明るさは明るくなる。右の図で、同じ100Vの電圧を加えると、100Wの電球のほうが明るく光る。

100W　40W

消費電力：電気器具にある値の電圧を加えたときに消費される電力の表し方。

熱量

電熱線などに電流を流したときに発生する熱エネルギーの量を熱量という。

単位：ジュール〔J〕

式：熱量〔J〕＝電力〔W〕×時間〔s〕

電力と熱量の関係：

水を入れたカップに電力の異なる電熱線を入れ、それぞれ電流を流して水の上昇温度をはかる。グラフから、**発生する熱量は、時間および電力にそれぞれ比例する**ことがわかる。

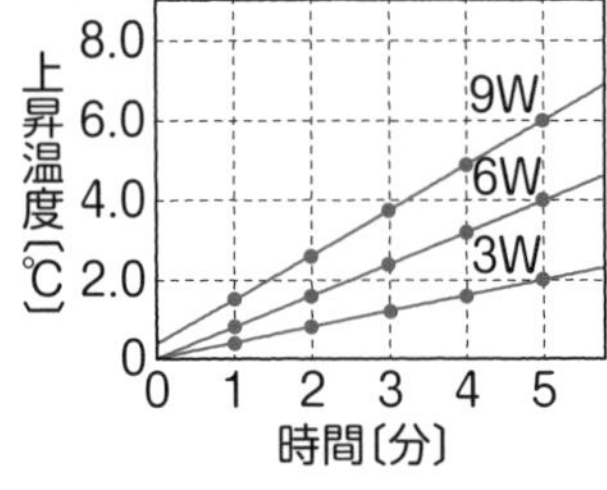

私たちの身のまわりには、光や音、熱などを出すいろいろな電気機器があるよね。「電力」とはそれら電気機器のはたらきを数値で表したものだよ。

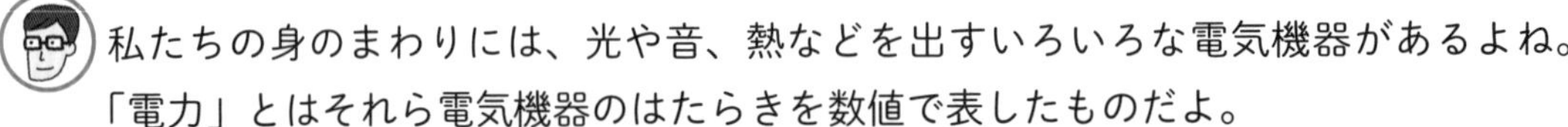

ドライヤーに100V－600Wとかいてあるのを見たことがあります。

それは消費電力の表し方で、100Vの電圧で使うと600Wの電力が消費されるという意味。もし100V－1200Wなら電力が2倍なので、発生する熱量も2倍になるよ。

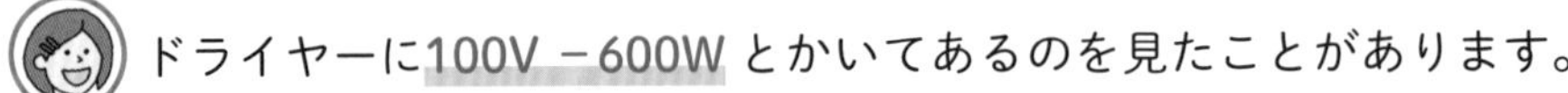

もしかして電気代も電力が関係しているのかな。

その通り。電気代は電力をどれくらい消費したかの総量「電力量」で決まるんだ。電力量は、電力×時間で求めることができるよ。

熱量と同じ式で求められるんですか？

実はそうなんだ。電力量は使われた電気エネルギーの量で、熱量は発生した熱エネルギーの量。ともにエネルギーを表す量だからね。くわしくは右ページの発展知識で確認しよう。

熱量を求める式の時間の単位は秒のみ！

熱量を求める式の時間の単位〔s〕は、second（秒）の略です。熱量と電力量は同じ式で求めることができますが、電力量の時間の単位は、秒の他に〔h〕（hour：時間）も用いられます。

確認問題

① 1秒間あたりに使われる電気エネルギーの大きさの単位を答えましょう。

② 熱量の単位を答えましょう。

③ 熱量を求める式の時間の単位を答えましょう。

答 ① 1秒間あたりに使われる電気エネルギーの大きさを電力といい、単位はワット〔W〕です。
② 熱量の単位はジュール〔J〕。1Wの電力で電流を1秒間流したとき発生する熱量が1Jです。
③ 熱量を求める式の時間の単位は秒〔S〕です。

練習問題

右の図のような装置を使って、抵抗が5Ωの電熱線に20Vの電圧を加えて電流を5秒間流しました。次の問いに答えましょう。

（1）この実験のときの電力を求めましょう。

（2）この実験で発生した熱量を求めましょう。

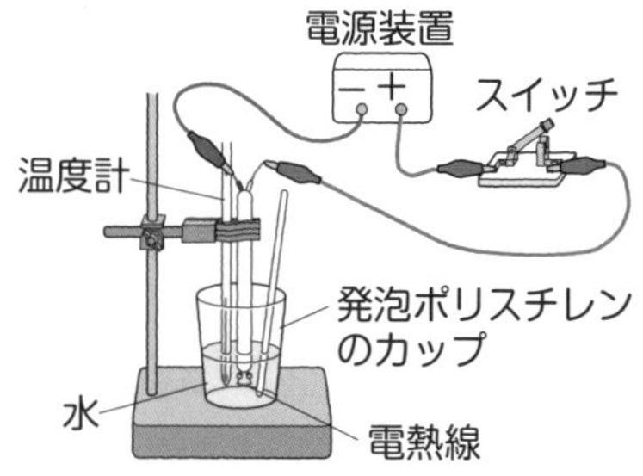

解答・解説

（1）オームの法則から、回路に流れた電流は、電圧÷抵抗＝20÷5＝4〔A〕とわかります。よって、電力は、電流×電圧＝4×20＝80〔W〕と求められます。

（2）熱量＝電力×時間＝80×5＝400〔J〕と求められます。

発展知識

電力量（でんりょくりょう）は電気のはたらきを表す数値「電力」の総量で、電力×時間で求めることができます。1Wの電力を1秒間使ったときの電力量が1ジュール〔J〕となりますが、この他にも電力量の単位には、1ワット秒〔Ws〕（1Wの電力を1秒間使ったときの電力量で、1Ws＝1Jとなります）や、1ワット時〔Wh〕（1Wの電力を1時間使ったときの電力量）などがあります。電力量も熱量もともにエネルギーを表す量なので、同じ式で求めることができます。

例えば、電力が50Wの電熱線を4秒間使った場合、電熱線からは、50×4＝200〔J〕の熱エネルギーが発生します。この熱エネルギーは電熱線で使われた電気エネルギー、50×4＝200〔J〕が変わったもので、ともにエネルギーの量を表していることには変わりないわけです。

大切な用語　①電力　②熱量　→153ページ

静電気と放電

くらべてわかる！

静電気も電流も、物質がもっている－の電気(電子)の移動で生じる！

静電気

物質どうしの摩擦によって**物体にたまった電気**を**静電気**という。静電気には＋の電気（陽子）と－の電気（電子）がある。

静電気が起こる過程

① 異なる物質どうしをこすり合わせる。
② **電子（－の電気）を失いやすい物質から電子の移動が起こる。**
③ 電子を失った物質は＋の電気を帯び、受け取った物質は－の電気を帯びる。

例 ティッシュペーパーとストロー

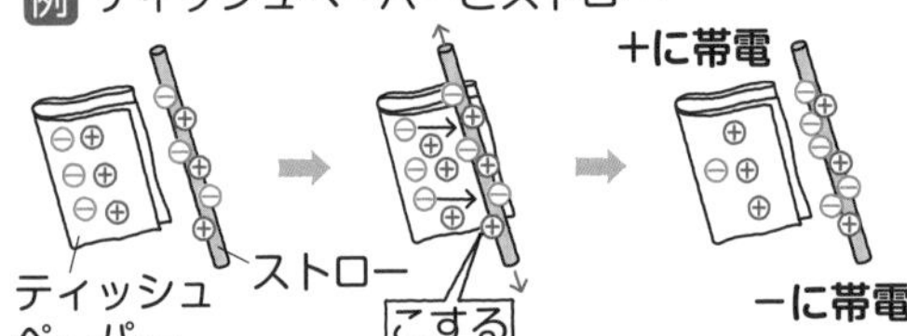

放電

電気が空間を移動したり、帯電（物体が電気を帯びること）した物体から、**たまっていた電気が流れ出す現象**を**放電**という。

例 こすって帯電した下じきに蛍光灯を近づけると、放電により蛍光灯が一瞬光る。

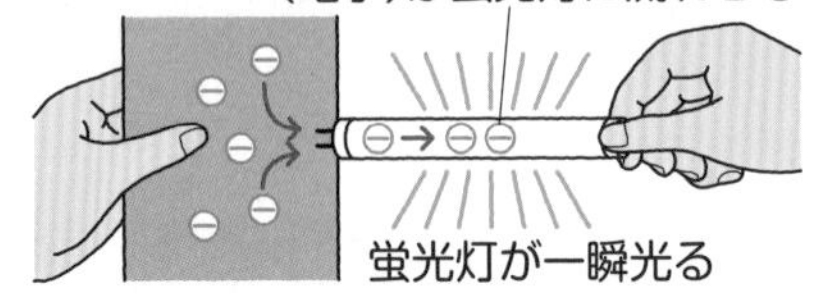

電流の正体：
電流の正体は、－極から＋極へ流れる**電子の流れ**である。

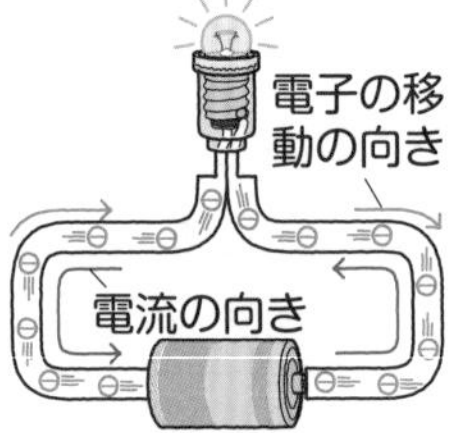

実はどんな物体でも、＋の電気の粒「陽子」と－の電気の粒「電子」を同じ数ずつもっていて、それらが打ち消し合っている。でも、異なる物質どうしをこすり合わせると、電子の移動が起きて、＋と－の電気にかたよりができるんだ。

それが静電気の正体なんですね。

そして－の電気を帯びた物体に、蛍光灯など電気が流れやすい物体をふれさせると、電子の流れが起きて電気が流れる。つまり、電流の正体は電子の流れだよ。

電子の流れといわれても……。見えないからよくわからないや！

この電子の流れは、真空放電管（クルックス管）を使うと見ることができるよ。くわしくは、右ページの発展知識で確認しよう。

電流の流れの正体が電子なのに、なぜ電子の流れは－極から＋極なんですか？

電子の流れが発見される前に、電流の流れる向きが決まってしまったからだよ。

同じ種類の電気が帯電した物質どうしは反発し合う！

物質が静電気を帯びると電気的に「－」か「＋」になりますが、同じ種類の電気が帯電した物質どうしを近づけると反発し合い、異なる種類の電気が帯電した物質どうしを近づけると引き合います。

確認問題

① 異なる種類の物質どうしをこすり合わせたとき発生する電気を何といいますか。

② 雷のように、空間を電気が移動する現象を何といいますか。

答 ① 異なる種類の物質どうしをこすり合わせたとき発生する電気を**静電気**といいます。

② **放電**といいます。雲の中で、氷の粒がこすり合わさることで静電気がたまっていき、この静電気が雲から地表めがけて空気中に一気に放出される現象が、雷です。

練習問題

右の図は、２本のストローＡ、Ｂと２本のアクリルパイプA､Bを用意して、こすり合わせているようすです。次の問いに答えましょう。

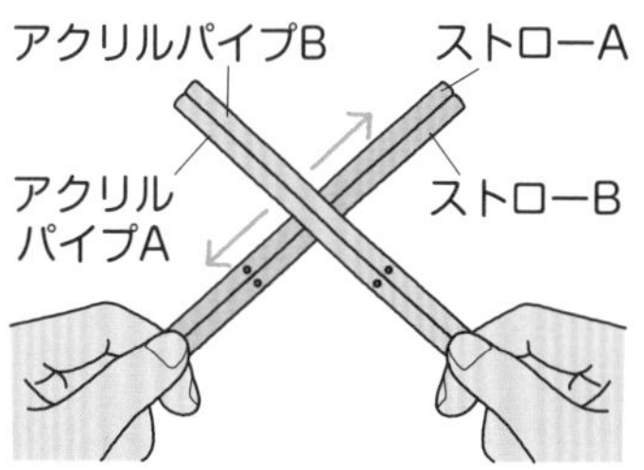

(1) こすり合わせたあと、２本のストローは－の電気を帯びました。理由を述べましょう。

(2) こすり合わせたあと、２本のアクリルパイプにはどのような力がはたらきますか。

解答・解説

(1) こすり合わせることで、アクリルパイプからストローに－の電気（電子）が移動したためです。

(2) アクリルパイプは同じ＋の電気を帯びるので、しりぞけ合う力（反発し合う力）がはたらきます。

発展知識

放電管の管内の空気を真空ポンプで抜いていき、数万ボルトの電圧を加えると、電流が流れて管内が光ります。このように、気圧を低くした空間に電流が流れる現象を、真空放電といいます。右の図のように、蛍光板が入った真空放電管の電極に電圧を加えると、－極から飛び出した粒子の流れの線（陰極線）が現れます。この線の通り道の上下に電極板を入れて電圧を加えると、線が＋極側に曲がることから、この線は、－の電気を帯びた電子の流れとわかりました。また、真空放電の実験から、ドイツの物理学者のレントゲンが、Ｘ線を発見しました。

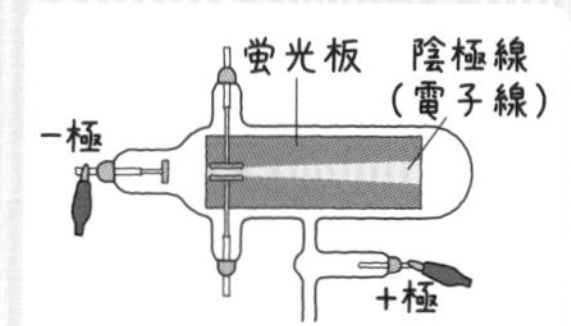

大切な用語 ①静電気　②陽子・電子　③Ｘ線　→154ページ

PART 4 電流とその利用

磁石による磁界と電流による磁界

くらべてわかる！

磁界は磁石だけではなく、電流を流した導線のまわりにもできる！

磁石による磁界

磁石がもつ力を磁力といい、磁力がはたらいている空間を磁界という。磁界には向きがあり、その場所に方位磁針を置いたとき、**N極が指す向きが磁界の向き**になる。

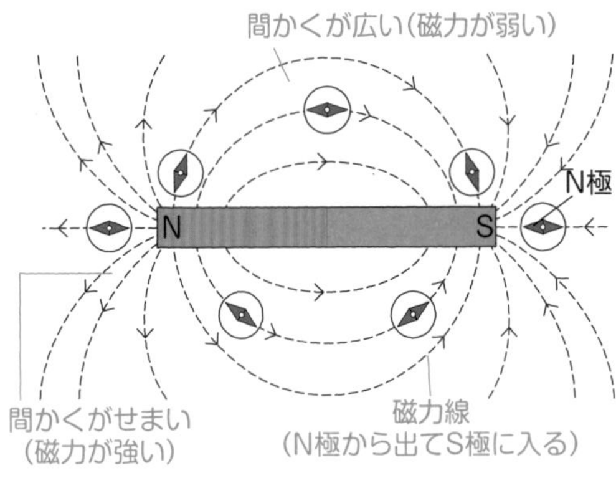

電流による磁界

まっすぐな導線に電流を流すと、まわりに**同心円状の磁界**ができる。この**磁界の向きは、右ねじの法則で決定**できる。

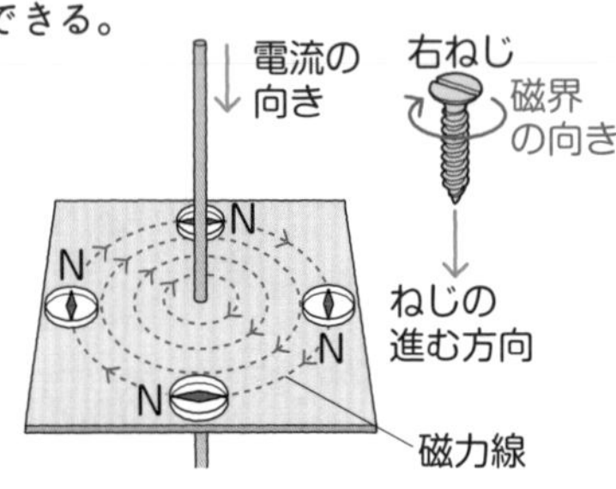

右ねじの法則：導線に流れる電流の向きに右ねじを進めようとしたとき、導線のまわりには**右ねじを進めるために回す向きの磁力線**ができる。これを右ねじの法則という。

磁石がもつ力「磁力」がはたらく空間「磁界」は、磁石のまわりに鉄粉をまくと見ることができるよ。

上の図の、磁力線のような鉄粉のもようができたのを見たことある！

磁界の向きをつないでできる曲線「磁力線」は、N極から出てS極に入る。磁力線の間かくがせまくなっているところほど、磁力が強いんだ。

磁界って、導線に電流を流してもできるんですね。

テストではよく導線のまわりにできる磁界の向きを答える問題が出るよ。そこで登場するのが右ねじの法則。電流の向きと磁界の向きの関係は、右ねじの進む向きとねじを回す向きの関係と同じになるよ。

ひとことポイント！ **導線のまわりにできる磁界の向きは、導線を流れる電流の向きで決まる！**

磁石のまわりにできる磁界と違い、導線のまわりにできる磁界の向きは電流の向きで決まり、右ねじの法則で決定できます。

確認問題

① 棒磁石のまわりなど、磁力のはたらく空間を何といいますか。

② 棒磁石のまわりにできる磁力線は、何極から出て何極に入りますか。

③ まっすぐな導線に電流を流すと、導線を中心としたどのような形の磁力線で表される磁界ができますか。

答 ① 棒磁石のまわりなど、磁力のはたらく空間を磁界といいます。

② 棒磁石のまわりにできる磁力線は、N極から出てS極に入ります。

③ まっすぐな導線に電流を流すと、導線を中心とした同心円状の形の磁力線で表される磁界ができます。

練習問題

右の図1は棒磁石のまわりにできる磁界を、図2はまっすぐな導線に電流を流したとき、導線のまわりにできる磁界をそれぞれ表しています。次の問いに答えましょう。

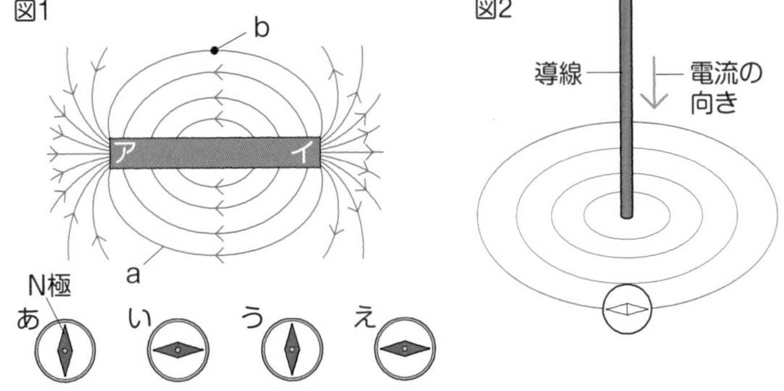

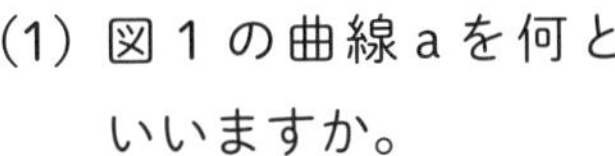

(1) 図1の曲線aを何といいますか。

(2) 図1のb点に方位磁針（ほういじしん）を置いたとき、磁針のN極の向きはどうなりますか。あ～えの中から選びましょう。

(3) 図1の棒磁石のS極は、ア、イのうちどちらになりますか。

(4) 図2で、磁界の中に置かれた方位磁針のN極は、磁針の左と右のどちら側ですか。

解答・解説

(1) 磁針のN極が指す向きを結んだ線で、磁力線といいます。

(2) 磁針のN極が指す向きを磁界の向きといいます。磁界の向きは、磁力線の矢印が指す向きで表すので、磁針のN極の向きは「い」となります。

(3) 磁力線は、N極から出てS極に入ります。図1で、矢印はイから出てアに入っているため、棒磁石のS極はアとわかります。

(4) 導線に電流を流すと、導線のまわりに同心円状の磁界ができ、この磁界の向きは右ねじの法則で決定できます。電流が上から下へ流れているため、下に右ねじを進めるように時計回りの磁界ができます。よって、磁針のN極は左側とわかります。

大切な用語 ①磁界 ②右ねじの法則 → 154ページ

右手の法則と左手の法則

くらべてわかる！

コイルが出たら右手の法則、導線とU字形磁石が出たら左手の法則！

右手の法則

コイルに電流を流すと、コイルの内側とまわりに磁界ができる。このときできる**磁界の向き**は、コイルに流れる電流の向きで決まり、**右手の法則で決定**できる。

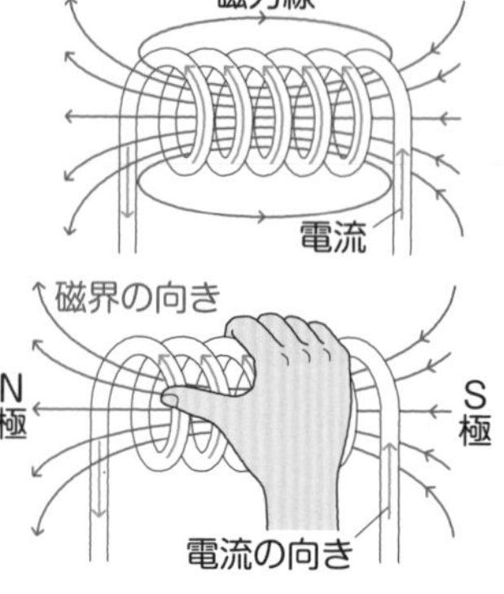

右手の法則による磁界の向きの決定手順

手順①右手で電流の向きに合わせてコイルをにぎる。

手順②親指を立てた方向が磁界の向き（N極）になる。

左手の法則

磁界の中に置かれた導線に電流を流すと、導線が力を受けて動き出す。**電流、磁界、受ける力の向きはたがいに垂直**で、**フレミングの左手の法則で決定**できる。

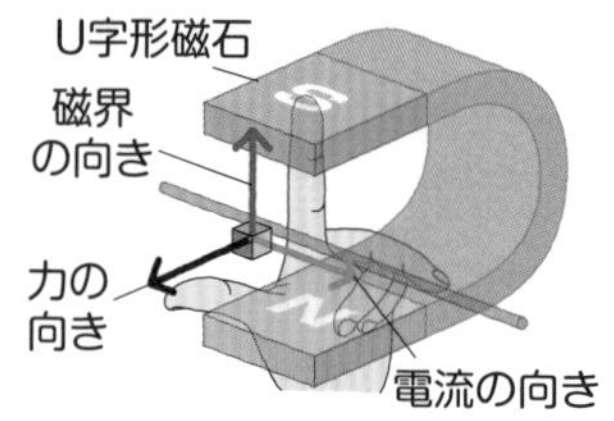

導線をぐるぐる巻きにした「コイル」に電流を流すと、コイルが磁石になるよ。

あれ、もしかして小学校で習った電磁石のことですか？

「電磁石」はコイルに鉄心を入れて磁界をさらに強くしたものだね。磁界の向き（N極）は右手の法則で決めることができるんだ。

右ねじの法則や右手の法則、左手の法則、ややこしい……。

右ねじの法則を使うか右手の法則を使うかは、まっすぐな導線かコイルかで決めて、導線（コイル）とU字形磁石が出てきたら左手の法則の利用を考えるといいよ。

左手の法則は左手の3本の指を使うんですね。

まず、電流の流れる向きに中指を合わせ、磁界の向きのN極からS極に人差し指を合わせる。最後に力の向きを決める。「電・磁・力」と覚えるといいよ。この力を利用した装置がモーター。155ページの大切な用語で確認だよ。

ひとことポイント！ **コイルを流れる電流がつくる磁界はコイルに鉄心を入れると最強！**

コイルを流れる電流がつくる磁界を強くする方法は3つあります。1つ目は流れる電流を強くする、2つ目はコイルの巻き数を増やす、3つ目がコイルに鉄心を入れる方法です。

確認問題

① 図１はコイルに電流を流したようすです。ａの矢印は何の向きを表すか答えましょう。

② 図２は電流が磁界から受ける力のようすを表した図です。ｂおよびｃの矢印はそれぞれ何の向きを表すか答えましょう。

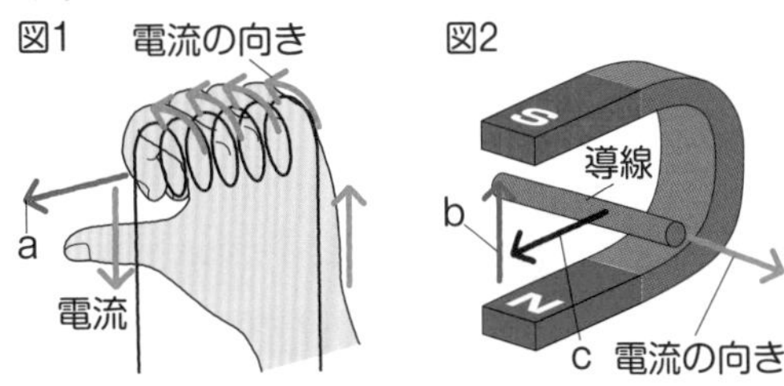

答　① コイルに電流を流すと、コイルの内側とまわりに磁界ができます。この磁界の向きは、右手の法則で決定でき、親指を立てた方向ａが**磁界の向き（N極が指す向き）**を表します。

② 電流が磁界から受ける力は、フレミングの左手の法則で決定できます。**ｂの矢印は磁界の向き**、**ｃの矢印は電流が磁界から受ける力の向き**を表します。

練習問題

電流が磁界から受ける力について、右の図のような装置を用いて調べました。次の問いに答えましょう。

(1) ａの矢印は何の向きを表しますか。

(2) ｂの矢印は何の向きを表しますか。

(3) コイルに電流を流したとき、コイルは手前と奥のどちらに動きますか。

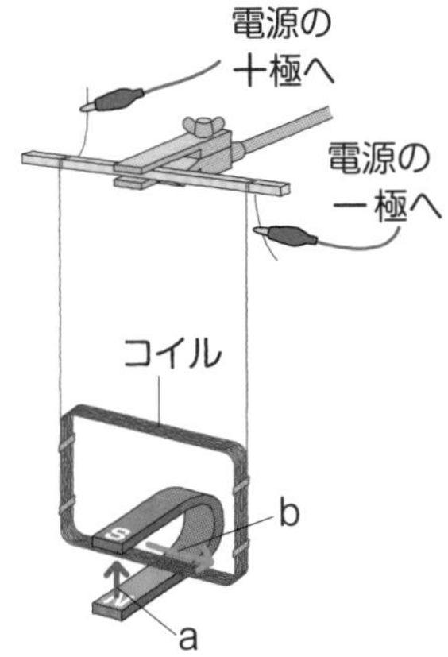

解答・解説

(1) ａの矢印は、Ｎ極からＳ極に向かっているので、**磁界の向き**を表します。

(2) 電流は、電源の＋極から－極に向かって流れるので、ｂの矢印は**電流の向き**を表します。

(3) フレミングの左手の法則から、受ける力の向きは手前になるので、コイルは**手前に動きます**。このような装置を「電気ブランコ」とよびます。

よくある誤答例

フレミングの左手の法則を使うとき、電流の向きを親指に合わせる誤答が見られます。「電(でん)・磁(じ)・力(りょく)は親の力」と覚えると、電流の向きを親指に合わせる誤答が防げます！

大切な用語　①コイル　②モーター　→155ページ

電磁誘導と誘導電流

くらべてわかる！

発電機は、電磁誘導(でんじゆうどう)によって誘導電流(ゆうどうでんりゅう)をつくっている！

電磁誘導

コイルに磁石を近づけたり遠ざけたりすると、**コイルの中の磁界が変化**し、コイルに電圧が生じて**電流が流れる**。この現象を**電磁誘導**といい、このとき流れる電流を**誘導電流**という。

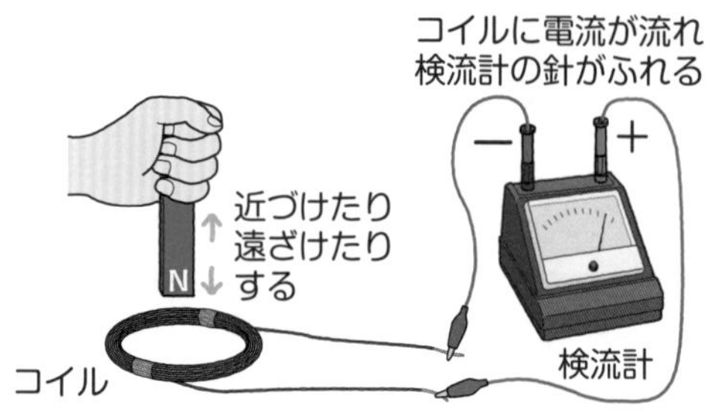

誘導電流

誘導電流は次の過程で流れる。

過程①コイルに磁石が近づく。

過程②コイルをつらぬく磁力線が変化する。

過程③変化を打ち消すための磁力線を発生させる向きに誘導電流が流れる。

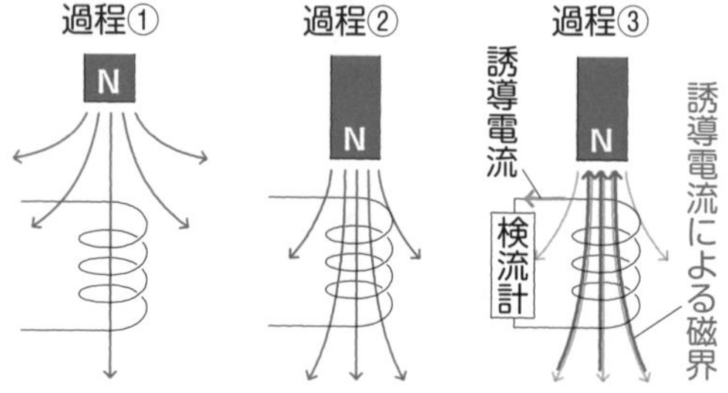

コイルの磁界を変化させて電流を流す現象「電磁誘導」と、このとき流れる電流「誘導電流」は、自転車のある装置でよく使われているよ。

自転車……あ！ ライトですか？

そう。自転車のライトは車輪の回転で磁石を動かして発電しているんだ。

先生。上の図の検流計(けんりゅうけい)って、電流計の間違いじゃないの？

検流計は電流計の一種で、非常に弱い電流を検出するのに使うよ。検流計の特徴は、155ページの大切な用語で確認だ。では、問題。誘導電流の過程③の図で、コイルの上側はN極・S極のどっちになっているかわかるかな。

誘導電流による磁界の向きを考えると、N極になっていると思います。

正解！ コイルに磁石を近づけるとコイル内の磁界が変化するよね。電磁誘導は、この変化に逆らおうとして起こる現象なんだ。

N極が近づいてきたから同じN極になって逆らっているのか！

そういうこと。さらにくわしくは、右ページの発展知識で確認しよう。

磁石の出し入れをはやくするほど誘導電流は強くなる！

磁石を動かすことで発生する誘導電流は微弱です。これを強くするためには、①磁石またはコイルを速く動かす ②コイルの巻き数を増やす ③磁石の磁力を強くするという方法があります。

確認問題

① コイルの中の磁界が変化するとき、コイルに電流を流そうとする電圧が生じる現象を何といいますか。

② ①の現象によって流れる電流のことを何といいますか。

答 ① コイルの中の磁界が変化して、コイルに電流が流れる現象を、**電磁誘導**といいます。
② 電磁誘導で生じた電流のことを、**誘導電流**といいます。

練習問題

右の図のように、コイルと検流計をつなぎ、S 極を下にした棒磁石を S 極の先端がコイルに入るまで一定の速さで動かしたところ、検流計の針が左にふれました。次の問いに答えましょう。

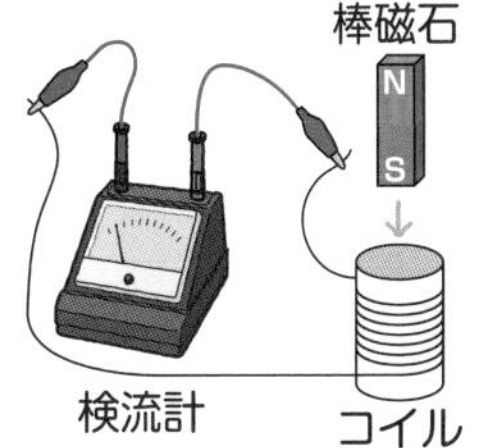

(1) S 極をコイルの中で静止させると、検流計の針はどうなりますか。

(2) (1) のあと、S 極をコイルの中から引き出したとき、検流計の針はどうなりますか。

解答・解説

(1) 磁石を静止させると、コイルの中の磁界は変化しなくなるため、誘導電流は流れません。そのため、検流計の針は**中央で静止します**。

(2) S極をコイルの中から引き出すと、コイルの中に入れるときとは逆の磁力線の変化が起こります。そのため、コイルに流れる誘導電流の向きも逆になり、検流計の針は**右にふれます**。

誘導電流は、コイルに外部から与えられた磁界の変化で生じます。このとき流れる電流は、外部から与えられた磁界の変化を妨げる磁界を発生する向きに流れ、これをレンツの法則といいます。レンツの法則から、「磁石が近づく場合、近づいた極と同じ極をコイルの上端につくり、近づくのを妨げようとする」、「磁石が遠ざかる場合、遠ざかる極と反対の極をコイルの上端につくり、遠ざかるのを妨げようとする」ということがいえます。

大切な用語 ①発電機 ②検流計 → 155ページ

原子の構造とイオン

くらべてわかる！

原子が電子を失うと陽イオンに、電子を受け取ると陰イオンになる！

原子の構造

原子は原子核と電子からできている。

原子核：原子の中心にあり、**＋（プラス）の電気を帯びた陽子**と、**電気を帯びていない中性子**からできている。

電子：原子核のまわりに存在し、**－（マイナス）の電気を帯びている。**
電子１個がもつ電気の量と、陽子１個がもつ電気の量は等しく、**原子全体として電気的に中性**となる。

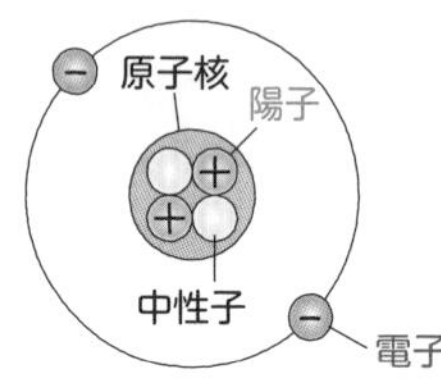

イオン

原子が電子を失ったり受け取ったりして、**電気を帯びたものをイオン**という。

陽イオン：
原子が電子を失い、**＋の電気を帯びたもの。**

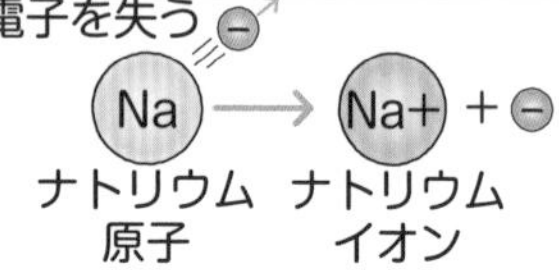

陰イオン：
原子が電子を受け取り、**－の電気を帯びたもの。**

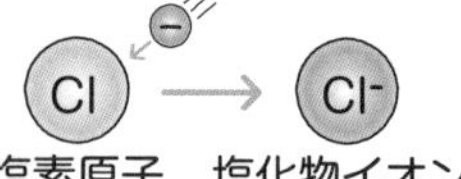

まずは原子の構造から。ふつう原子は、電子と陽子を同じ数ずつもっていて、それらが打ち消し合うから電気的に中性になっているよ。

上の図では、中性子の数も電子や陽子と同じだけど、何か関係があるのかな？

中性子は少し難しいけど、電子や陽子の数とは関係なく、原子の質量と関係するんだ。同じ元素でも中性子の数が異なる原子「同位体」なんていうのもあるしね。
続いてイオン。原子が電気的に中性ではなくなったものが「イオン」だよ。

ナトリウムイオンと塩化物イオンの他には、どんなイオンがありますか？

マグネシウム原子が電子を２個失ってできたマグネシウムイオン「Mg^{2+}」や、水酸化物イオン「OH^-」なんてのもあるよ。

「OH」なんて原子あったかなー。

OHは原子ではなく、原子が２個以上集まったもので「原子団」というよ。原子団が電子を失ったり受け取ったりして、全体として電気を帯びたイオンもあるんだ。
テストによく出るイオンを156ページの大切な用語にまとめたので確認しよう。

イオンは元素記号の右肩に小さな＋や－をつけた化学式で表す！

例えば電子を２個失ってできた陽イオン（２価の陽イオンといいます）は、元素記号の右上に２＋をつけ、電子を２個受け取ってできた陰イオン（２価の陰イオンといいます）は、元素記号の右上に２－をつけます。電子１個を失ったり受け取ったりした場合、１は省略します。

確認問題

① 原子の中心にある原子核に入っている粒子の名前を２つ答えましょう。
② 原子核のまわりに存在するマイナスの電気を帯びた粒子の名前を答えましょう。
③ 塩素原子が電子を受け取ってできるイオンの名前を答えましょう。

答 ① 原子核には、＋の電気を帯びた**陽子**と、電気を帯びていない**中性子**が入っています。
② **電子**といいます。
③ 塩素原子が電子を受け取ると、－の電気を帯びた**塩化物**(えんかぶつ)**イオン**ができます。

よくある誤答例

塩素原子が電子を受け取ってできるイオンの名前を問われると、塩素イオンという誤答が多く見られます。**塩素イオンではなく塩化物イオン**ということに注意しましょう。

練習問題

原子のつくりやイオンのでき方について、次の問いに答えましょう。
(1) 原子をつくる粒子のうち、－の電気を帯びているものを何といいますか。
(2) 原子をつくる粒子のうち、＋の電気を帯びているものを何といいますか。
(3) 右の図のようにしてできるイオンは、陽イオンと陰イオンのどちらですか。

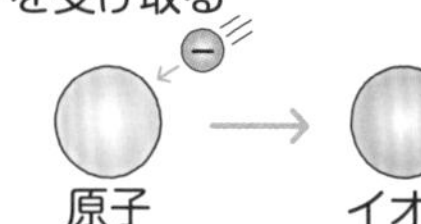

(4) (3) のようにしてイオンになる原子を、次のア～エから選んで記号で答えましょう。
ア．Na　　イ．Cl　　ウ．H　　エ．Cu

解答・解説

(1) 原子をつくる粒子のうち、－の電気を帯びているものを**電子**といいます。
(2) 原子をつくる粒子のうち、＋の電気を帯びているものを**陽子**といいます。
(3) 原子が－の電気をもつ電子を受け取ると、**陰イオン**になります。
(4) **イ**です。イの塩素原子は、－の電気を帯びた塩化物イオンになります。他の原子はすべて電子を失って陽イオンになります。

大切な用語　①陽イオン・陰イオン　②同位体　③原子団　→156ページ

電解質と電気分解

くらべてわかる！

電解質の水溶液は、電流を流すことで電気分解できる！

電解質

水にとかしたとき、その**水溶液に電流が流れる物質**を**電解質**という。電解質は水溶液の中で陽イオンと陰イオンに分かれ（**電離**という）、電圧を加えるとイオンが移動することで電流が流れる。

例 塩化ナトリウムの電離

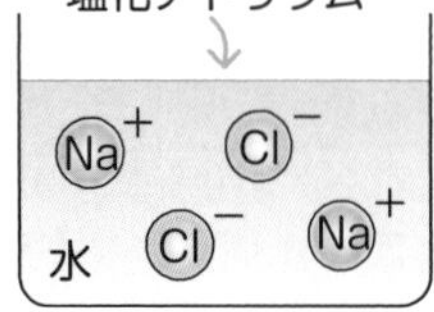

電気分解

物質に電流を流して分解することを電気分解という。例えば、塩化銅水溶液は、銅と塩素に電気分解できる。

例 塩化銅水溶液の電気分解の進み方

① 塩化銅が水溶液中で電離
② 電圧をかけると銅イオン Cu^{2+} が陰極へ、塩化物イオン Cl^- が陽極へ移動
③ 陽極で塩素が発生
④ 陰極の表面に銅が付着
⑤ 電気分解が進むにつれ、水溶液の青色がうすくなっていく

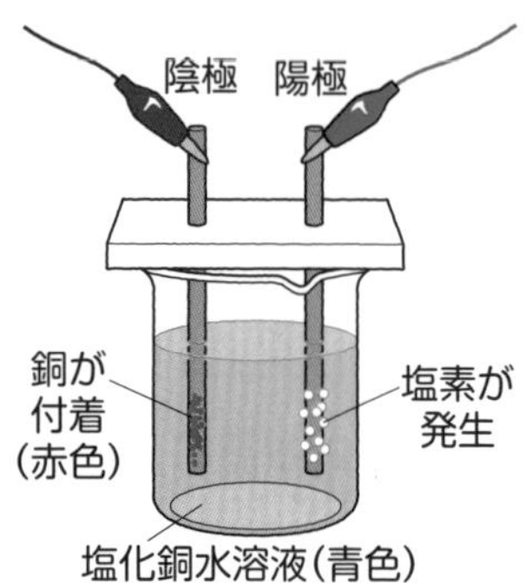

水にとかすと電流が流れる物質「電解質」は、水溶液中ではイオンに分かれる。これを「電離」というよ。

砂糖の水溶液は電流を通さないけど、砂糖は電離しないの？

砂糖のように水にとかしても電流が流れない物質を「非電解質」というけど、非電解質は電離しない。水溶液中にイオンが存在しないから電流が流れないわけだね。

塩化銅水溶液の電気分解の進み方なんですが……③と④って、同時には起こらないんですか。

実はそれを理解することが電気分解のしくみを理解することにつながるんだ。右ページの発展知識でくわしくわかるから、銅と塩素の確認法とともに要チェックだよ。他にもテストによく出る塩酸の電気分解を、157ページの大切な用語で確認しよう。

ひとことポイント！ 塩化銅水溶液の青色は水にとけた銅イオンの色で、銅自体の色は赤！

塩化銅水溶液の電気分解がすすむと、水溶液中の銅イオンが少なくなり、青色がうすくなっていきます。

確認問題

① 塩化ナトリウムを水にとかしたときに生じるイオンの名前を2つ答えましょう。

② 塩化銅水溶液を電気分解したとき、陰極に付着する物質を答えましょう。

答 ① 塩化ナトリウムは水にとかすと電離して、**ナトリウムイオン**と**塩化物イオン**が生じます。
② 陰極には赤色の**銅**が付着します。また、陽極では塩素が発生します。

練習問題

右の図のような装置を用いて、塩化銅水溶液に電流を流したところ、Bの炭素棒の表面に気体が発生しました。次の問いに答えましょう。

(1) Aの炭素棒は、陽極と陰極のどちらでしょうか。

(2) 塩化銅水溶液の色は、電流を流すにつれてどうなりますか。

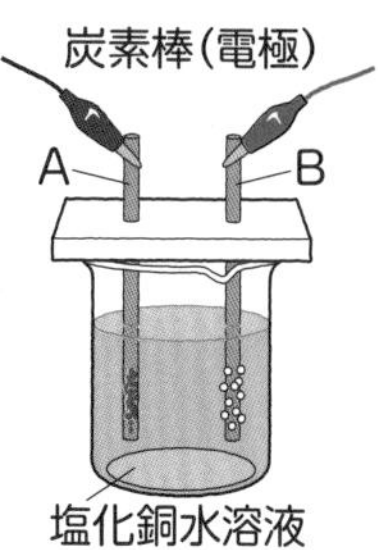

解答・解説

(1) Bの炭素棒の表面に発生した気体は、電気分解によって発生した塩素です。塩素は陽極で発生するので、Bの炭素棒が陽極とわかります。よって、Aの炭素棒は**陰極**です。

(2) 塩化銅水溶液の青色は、塩化銅が水溶液中で電離して生じる銅イオン Cu^{2+} の色です。電気分解が進むにつれ、Cu^{2+} がCuとして陰極の表面に付着するため、**色がうすくなっていきます**。

発展知識

〈塩化銅の電気分解の進み方〉

① 塩化銅が水溶液中で次のように電離します。
$CuCl_2 \rightarrow Cu^{2+} + 2Cl^-$

② 電圧をかけると電離したイオンが電極へ移動します。
＋の電気をもつ Cu^{2+} → 陰極へ移動　－の電気をもつ Cl^- → 陽極へ移動

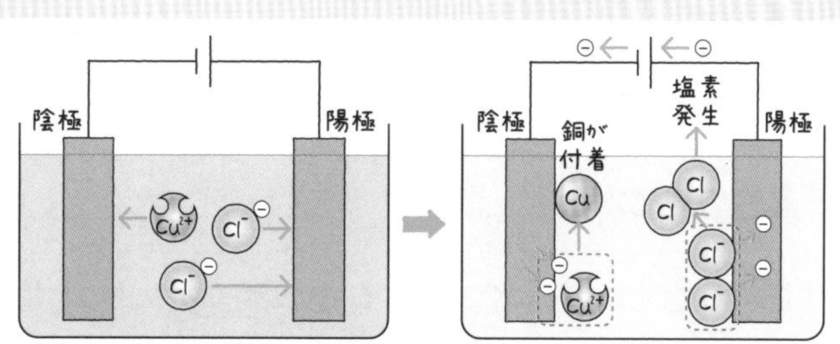

③ 塩化物イオンが陽極へ電子を渡すことで、陽極で塩素が発生します。

④ 陽極へ渡された電子が導線を伝わり陰極へ移動し、陰極へ移動していた銅イオンが移動してきた電子を受け取ることで、陰極の表面に銅が付着します。

塩素の確認法：陽極付近の水溶液に赤インクを加えると、塩素の漂白作用で赤色が脱色します。

銅の確認法：陰極に付着した赤色の物質を取って薬さじでこすると、金属光沢が現れます。

大切な用語　①電解質・非電解質　②塩酸の電気分解　→156～157ページ

3 酸とアルカリ

くらべてわかる！

酸の正体は水素イオンH^+、アルカリの正体は水酸化物イオンOH^-！

酸

水にとけると電離し、**水素イオンH^+を生じる物質**を**酸**といい、酸の水溶液が示す性質を**酸性**という。

酸性の水溶液の性質

①青色リトマス紙 → 赤色に
② BTB溶液 → 黄色に
③フェノールフタレイン溶液 → 無色
④マグネシウムとの反応 → 水素が発生

水素イオンの移動実験

赤色のしみが陰極側へ移動することから、赤色に変えたものは＋の電気を帯びたH^+とわかる。

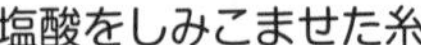

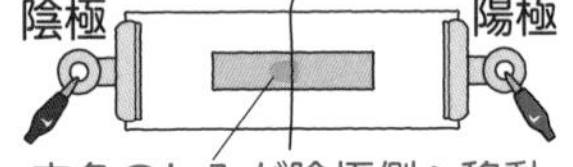

アルカリ

水にとけると電離し、**水酸化物イオンOH^-を生じる物質**を**アルカリ**といい、アルカリの水溶液が示す性質を**アルカリ性**という。

アルカリ性の水溶液の性質

①赤色リトマス紙 → 青色に
② BTB溶液 → 青色に
③フェノールフタレイン溶液 → 赤色に
④マグネシウムとの反応 → 反応しない

水酸化物イオンの移動実験

青色のしみが陽極側へ移動することから、青色に変えたものは－の電気を帯びたOH^-とわかる。

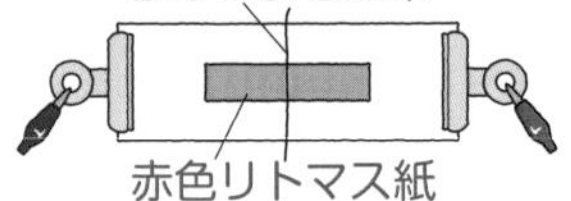

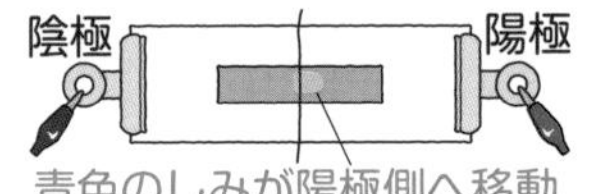

まずは確認！ 塩酸は何という物質を水にとかしたものかな？

気体の塩化水素！

正解。塩化水素は水にとけると水素イオンH^+と塩化物イオンCl^-に電離するよ。上の水素イオンの移動実験で、青色リトマス紙を赤色に変えたものは陰極に引かれたので、その正体は＋の電気を帯びたH^+だとわかったわけだ。

同じように水酸化ナトリウムは水にとけると水酸化物イオンOH^-とナトリウムイオンNa^+に電離するから、赤色リトマス紙を青色に変えたのはOH^-なんですね。

その通り。あと、この単元では、pHについて右ページの発展知識で確認だよ。

酸の語源は酸っぱいもの、アルカリの語源は灰汁（あく）！

レモン汁など酸性の水溶液はなめると酸っぱいですよね。また、あくは苦みのもとで、アルカリ性のせっけん水はなめると苦みがあります（なめないように！）。

確認問題

① 酸性の水溶液に共通して存在するイオンの名称を答えましょう。
② アルカリ性の水溶液に共通して存在するイオンの名称を答えましょう。
③ 水酸化ナトリウム水溶液に BTB 溶液を加えると何色になるか答えましょう。

答 ① 酸の水溶液が示す性質が酸性です。酸は水にとけると**水素イオン**を生じます。
② アルカリの水溶液が示す性質がアルカリ性です。アルカリは水にとけると**水酸化物イオン**を生じます。
③ 水酸化ナトリウム水溶液はアルカリ性で、BTB 溶液を加えると**青色**になります。

練習問題

右の図のような装置を用いて、水酸化ナトリウム水溶液をしみこませた糸を中央に置いて電圧を加えたところ、糸の右側に青色の部分が広がりました。次の問いに答えましょう。

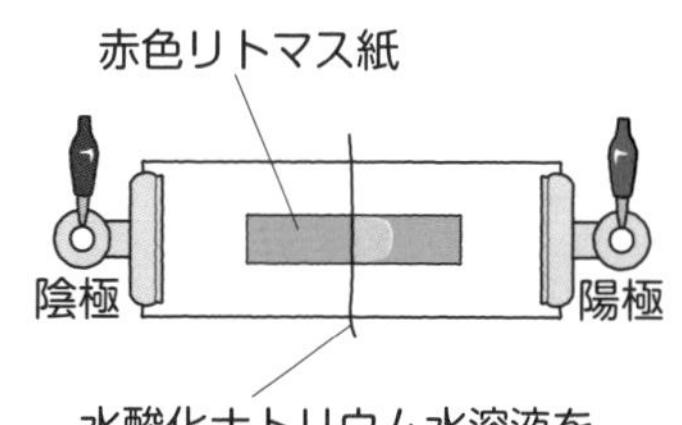

(1) 水酸化ナトリウムの電離のようすを、化学式を使って表しましょう。
(2) この実験から、アルカリ性を示すイオンを、化学式を用いて答えましょう。

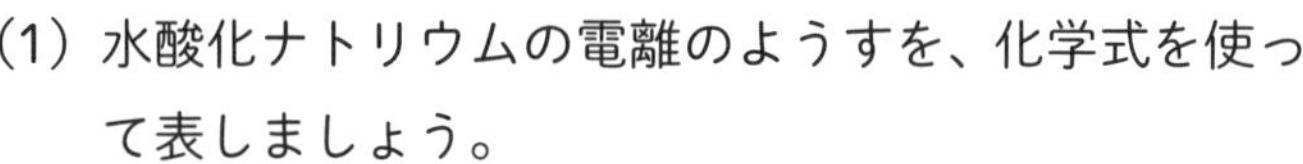

解答・解説

(1) 水酸化ナトリウムは水にとけ、$NaOH \rightarrow Na^{+} + OH^{-}$と電離します。
(2) 赤色リトマス紙を青色に変えたものは陽極に引かれたので、アルカリ性を示すイオンは－の電気を帯びたOH^{-}だとわかります。

発展知識 酸性からアルカリ性の間に0～14のめもりをつけて、酸性・アルカリ性の度合いを表したものをpH（ピーエイチ）といいます。pH7を中性として、7より小さいと酸性で、値が小さくなるほど酸性が強くなります。また、7より大きいとアルカリ性で、値が大きくなるほどアルカリ性が強くなります。

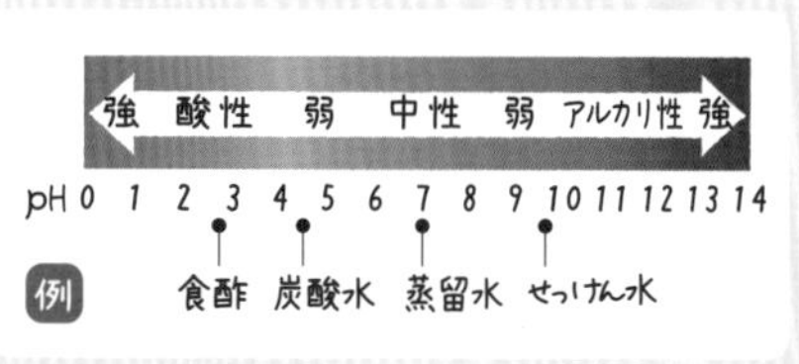

大切な用語 ①酸 ②アルカリ →157ページ

中和と塩

くらべてわかる！

酸とアルカリが中和（ちゅうわ）すると、水と塩（えん）ができる！

中和

酸の水溶液とアルカリの水溶液を混ぜ合わせると、**水素イオン H^+ と水酸化物イオン OH^- が結びつき**、たがいの性質を打ち消し合って**水 H_2O** ができる。この反応を**中和**という。

例 塩酸に水酸化ナトリウム水溶液を加えていく

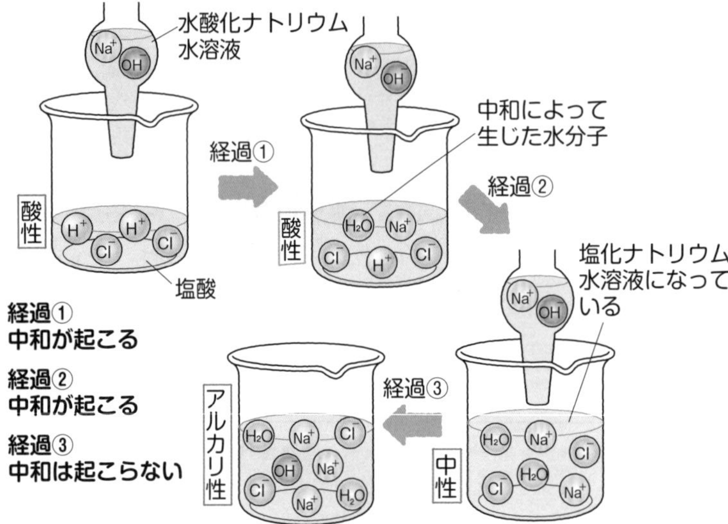

塩

酸とアルカリが中和すると、水ができると同時に、酸の陰イオンとアルカリの陽イオンが結びついてもう１つの物質ができる。この物質を**塩**という。

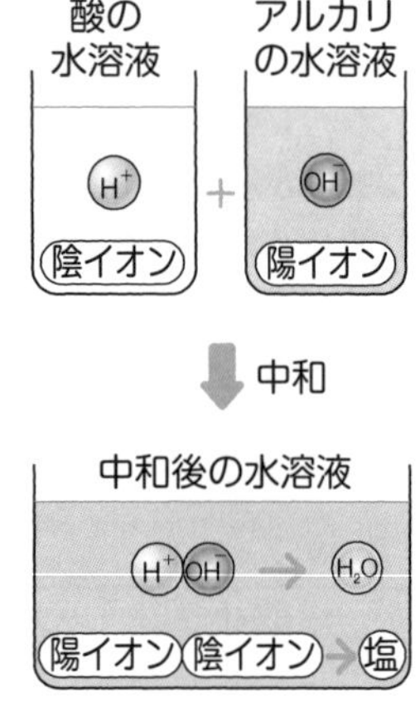

まずは前回の復習。酸、アルカリのもとになるイオンはそれぞれ何だったかな？

酸は水素イオン H^+ で、アルカリは水酸化物イオン OH^-！

正解。この H^+ と OH^- が結びつき、たがいの性質を打ち消し合う反応が「中和」だよ。中和では、H^+ と OH^- が結びついて水 H_2O ができると同時に、酸の陰イオンとアルカリの陽イオンが結びついてもう１つの物質、「塩」ができるよ。では問題。塩酸と水酸化ナトリウム水溶液が中和すると何という塩ができるかな？

塩酸中の陰イオンは Cl^- で、水酸化ナトリウム水溶液中の陽イオンは Na^+ だから、結びついてできる塩は塩化ナトリウム NaCl です。

その通り。他にもいろいろな塩があるので、157ページの大切な用語で確認しよう。

塩酸と水酸化ナトリウムが中和すると、水と塩化ナトリウムができる！

塩化ナトリウムは水にとけるため、中和の進行を調べるには、BTB溶液などをあらかじめ加えて、色の変化を調べます。

確認問題

① 酸の水溶液にアルカリの水溶液を加えると、何という反応が起こりますか。

② 塩酸と水酸化ナトリウム水溶液が反応してできる塩の化学式を答えましょう。

① 酸の水溶液にアルカリの水溶液を加えると、たがいの性質を打ち消し合う**中和**という反応が起こります。

② 塩酸と水酸化ナトリウム水溶液が中和すると、塩化ナトリウム**NaCl**という塩ができます。

練習問題

右の図のように、BTB溶液をたらした塩酸に水酸化ナトリウム水溶液を少しずつ加え、加えたあとの水溶液をスライドガラスに1滴とってかわかしました。次の問いに答えましょう。

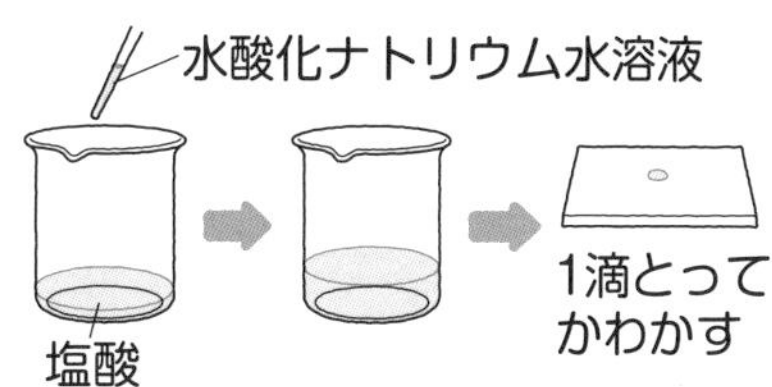

(1) 塩酸に水酸化ナトリウム水溶液を加えていくとき、加えたあとの水溶液に水素イオンがある場合、水溶液は何色を示しますか。

(2) (1) の水溶液を、スライドガラスに1滴とってかわかしたとき、残る物質は何ですか。名称を答えましょう。

解答・解説

(1) 塩酸に水酸化ナトリウム水溶液を加えていくと、中和が起こります。中和は水溶液中の水素イオンがなくなるまで起こりますが、水溶液中に水素イオンがある場合、水溶液は酸性となるので、BTB溶液は**黄色**を示します。

(2) (1) の水溶液には、中和で生じた水と塩化ナトリウム、未反応の塩酸が存在します。気体の塩化水素がとけた塩酸は蒸発すると残らないため、残る物質は**塩化ナトリウム**です。

よくある誤答例

中和が起こると水溶液が中性になると勘違いしている誤答が見られます。中和後の液性は、混ぜ合わせた水溶液中にある水素イオンの数と、水酸化物イオンの数で決まります。**水素イオンと水酸化物イオンが過不足なく反応したときのみ、液性は中性になります。**

大切な用語 ①中和 ②塩 → 157ページ

金属と電池

くらべてわかる！

電池（化学電池）は、金属のイオンへのなりやすさの違いを利用した装置！

金属

金属は、電解質の水溶液にとけると、**電子を放出して陽イオンになる**。陽イオンへのなりやすさは金属の種類によって異なる。

金属の陽イオンへのなりやすさ

Na（ナトリウム）＞**Mg**（マグネシウム）＞**Al**（アルミニウム）＞**Zn**（亜鉛）＞**Fe**（鉄）＞**Cu**（銅）

金属イオンの例

$Na \rightarrow Na^{+}$　$Mg \rightarrow Mg^{2+}$

$Zn \rightarrow Zn^{2+}$　$Cu \rightarrow Cu^{2+}$

電池

電解質の水溶液に、２種類の金属板を入れて導線でつないだとき、金属と金属との間に電圧が生じる。これを**電池**という。電池は物質がもっている**化学エネルギーを、化学変化によって電気エネルギーに変える装置**である。

電池に必要なもの
①異なる２種類の金属
②電解質の水溶液

例2 レモン電池

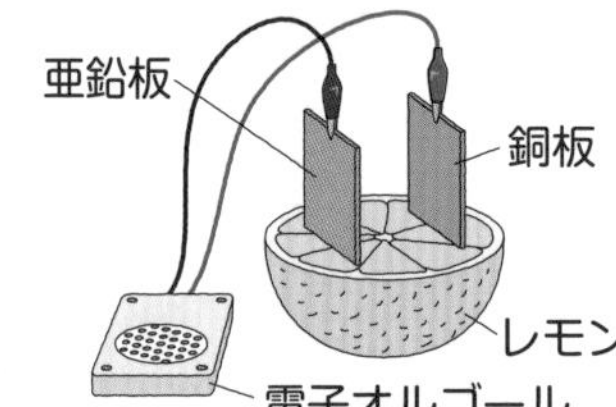

例1 ボルタ電池

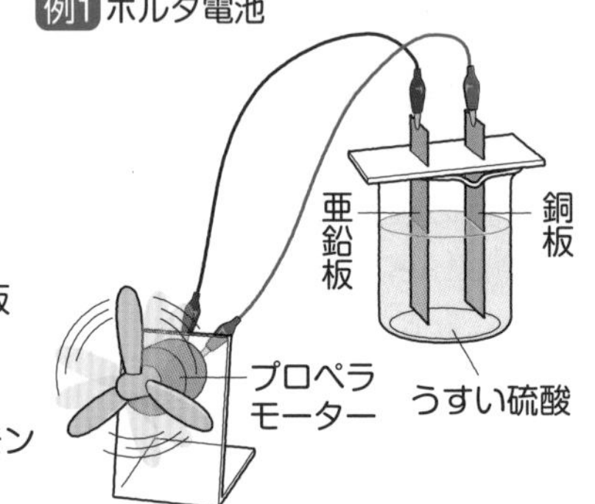

まずは電流についての復習からだよ。電流の正体は何だったかな？

確か電子の流れだったような……？

正解。電池は、金属が化学変化で陽イオンになるときに放出する電子の流れを利用した装置。上の例１の電池は、イタリアの物理学者ボルタが考えたボルタ電池だよ。

電池には極がありますが、亜鉛板（あえんばん）と銅板のどちらが何極になるんですか。

電子は電流の流れと逆で、－極から導線を伝って＋極に流れるよね。つまり、電子を放出して陽イオンになりやすい金属が－極、なりにくい金属が＋極になるよ。

亜鉛と銅では亜鉛のほうが陽イオンになりやすいから、亜鉛板が－極、銅板が＋極になるわけですね。

その通り。亜鉛板がうすい硫酸でとけて陽イオンになり、そのとき放出された電子が導線を伝って銅板に流れることで電子の流れが起き、電流が流れるというわけ。ただボルタの電池には大きな欠点があって、それを改良したダニエル電池のほうが実用的なんだ。158ページの大切な用語で確認しよう。

ひとことポイント！ **陽イオンへのなりやすさの差が大きい金属の組ほど強い電流が流れる！**

例えば亜鉛と銅よりも、マグネシウムと銅の組み合わせのほうがより強い電流が流れます。

確認問題

① 金属は電解質の水溶液にとけると、陽イオンと陰イオンのどちらになりますか。

② 亜鉛と銅ではどちらが陽イオンになりやすい金属ですか。

③ 電池（化学電池）は、何エネルギーを何エネルギーに変換する装置ですか。

答 ① 金属は電解質の水溶液にとけると、電子を放出して**陽イオン**になります。

② **亜鉛**のほうが銅よりも陽イオンになりやすい金属です。

③ 電池は、物質がもっている**化学エネルギーを電気エネルギーに変換する装置**です。

練習問題

右の図のように、金属板Aと金属板Bをうすい塩酸に入れて、プロペラのついたモーターをつないだ装置を使って電池の実験をしました。次の問いに答えましょう。

(1) ビーカー中のうすい塩酸を、次のア〜エにかえたとき、電池ができるものはどれでしょうか。1つ選んで記号で答えましょう。

ア．エタノール　　イ．うすい硫酸

ウ．砂糖水　　エ．蒸留水

(2) 金属板Aが銅板で、金属板Bが亜鉛板の電池では、金属板Aと金属板Bのどちらが＋極になりますか。

解答・解説

(1) 電池には、電流を通す電解質の水溶液が必要です。よって、**イ**のうすい硫酸とわかります。

(2) 電子は－極から導線を伝って＋極に流れるので、電子を放出して陽イオンになりやすい金属が－極、なりにくい金属が＋極になります。亜鉛と銅では、銅のほうが陽イオンになりにくいので、**金属板A**が＋極になります。

よくある誤答例

練習問題の（2）で、金属板Bの亜鉛板を＋極としてしまう誤答が見られます。このミスを防ぐには、「十円玉は銅」（十(じゅう)をプラスと考えるわけですね）と覚えるといいです。

大切な用語　①ボルタ電池　②ダニエル電池　→158ページ

水圧と浮力

くらべてわかる！

水圧は深くなるほど大きくなるが、浮力は物体がすべて水に沈んだあとは一定！

水圧

浮力

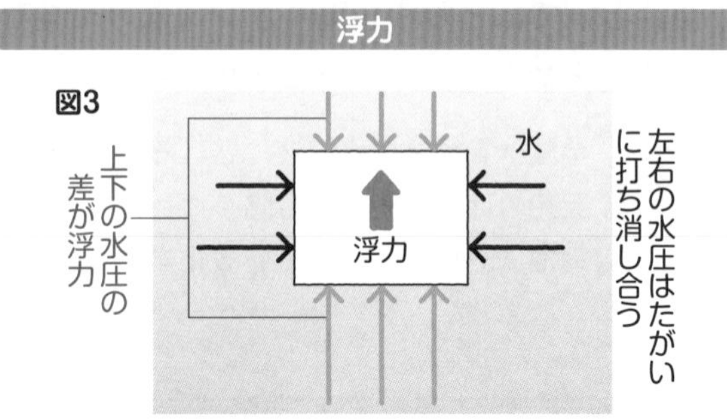

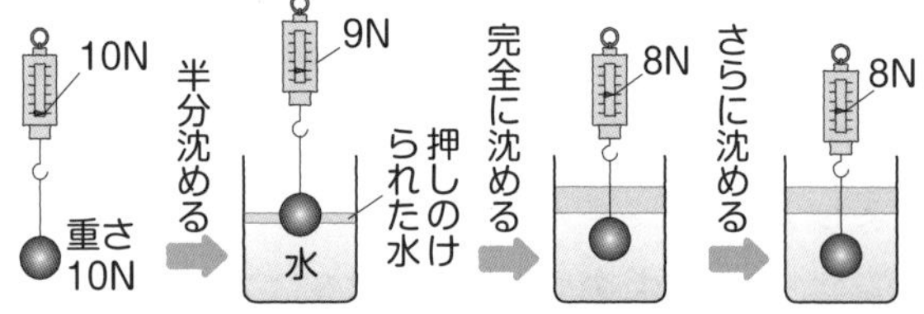

すでに、圧力は学んだよね。「水圧」は水の重さによって生じる圧力なんだ。

水圧はどうして深いところほど大きくなるのかな？

深いほど上にある水の量が多く、水の重さがふえるからだよ。図１、図２から、水圧は深さで決まることがわかるね。次に図３を見て。物体の下の面のほうが上の面より水圧が大きいね。「浮力」とは、この水圧の差で生じる上向きの力のことだよ。

圧力の単位は N/m^2 やパスカル〔Pa〕でしたが、水圧と浮力の単位は何ですか？

水圧は水の圧力なので N/m^2 や Pa、浮力は物体にはたらく力なのでニュートン〔N〕になるよ。図4を見て。重さ10N の物体を半分沈めたら、ばねばかりは９N になったね。このときの浮力は、10－９＝１〔N〕ということだね。

つまり、物体が完全に沈んだときの浮力は、10－８＝２〔N〕か。あれ？ 物体が完全に沈んでからさらに沈めても、浮力の大きさは２N のままだ。

「アルキメデスの原理」といって、浮力の大きさは物体が押しのけた水の重さに等しくなるんだ。押しのけた水の重さが変わらなければ、浮力も変わらないよね。

水圧は水の深さに比例して大きくなるが、浮力は水の深さには無関係！

水圧は、物体にあらゆる向きからはたらき、深いほど物体は強く押され、水圧も大きくなります。一方、浮力は、物体の上の面と下の面の水圧の差でできる、上向きの力です。深くなるにつれ、上の面と下の面の水圧も同じずつだけ大きくなるので、結局、その差は変わりません。

確認問題

① 水の重さによって生じる圧力を何といいますか。また、単位は何ですか。

② 重さ8N の物体をばねばかりにつるして水中に入れたところ、ばねばかりは5N を示しました。この物体にはたらく浮力は何 N となりますか。

答　① 水の重さによって生じる圧力を**水圧**といい、単位は圧力の単位と同じ**パスカル**〔Pa〕、または、N/m^{2}となります。なお、空気の重さで生じる圧力を大気圧といいます。大気圧については、114ページで確認しましょう。

② 物体を水中に入れると浮力によって軽くなり、浮力は、8 − 5 = 3〔N〕とわかります。

練習問題

重さ13.5N の物体 A をばねばかりにつるし、右の図のように水を入れた水そうに入れたところ、はかりの示す値が10N でした。次の問いに答えましょう。

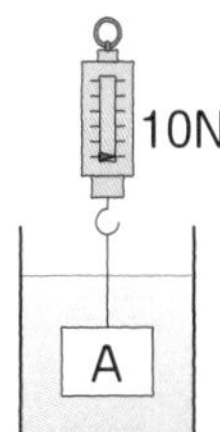

(1) 図のとき、物体 A にはたらく重力は何 N ですか。

(2) 図のとき、物体 A にはたらく浮力は何 N ですか。

(3) 物体 A をビーカーの底につく直前までさらに沈めました。ばねばかりの示す値はどうなりますか。

解答・解説

(1) 空気中でも水中でも、物体にはたらく重力の大きさは変わりません。よって、物体 A にはたらく重力は13.5N です。

(2) 浮力は、13.5 − 10 = 3.5〔N〕です。

(3) 浮力の大きさは、物体が押しのけた水の重さと等しいので、完全に沈んでいる物体をさらに沈めても浮力の大きさは変わらず、ばねばかりの示す値は変わりません。

浮力は上向きにはたらく力、重力は下向きにはたらく力で、物体を水に入れたとき水に浮くか沈むかは、物体にはたらく重力と浮力の大きさで決まります。重力＞浮力のとき物体は沈み、重力＜浮力のとき物体は浮き、重力＝浮力のとき物体は水中で止まります。

大切な用語　①アルキメデスの原理　→158ページ

力の合成と力の分解

くらべてわかる！

物体にはたらく2力は1つの力に合成でき、1つの力は2力に分解できる！

力の合成

2つの力と同じはたらきをする1つの力を、もとの2つの力の合力（ごうりょく）といい、合力を求めることを**力の合成**という。同一直線上にない**2力の合力**は、**その2力を2辺とする平行四辺形の対角線**で表すことができる。

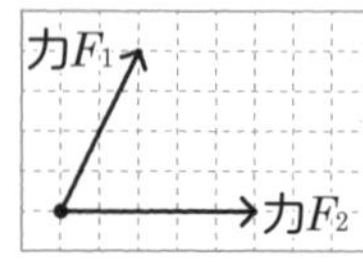

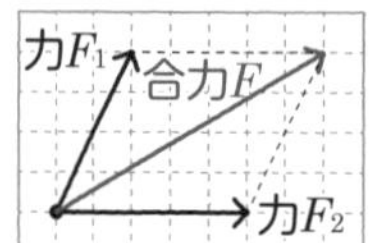

力の分解

1つの力を、それと同じはたらきをする2力に分けることを**力の分解**といい、分けられた2力をもとの力の分力（ぶんりょく）という。力の分解では、**もとの1つの力を対角線とする平行四辺形の2辺が分力**となる。

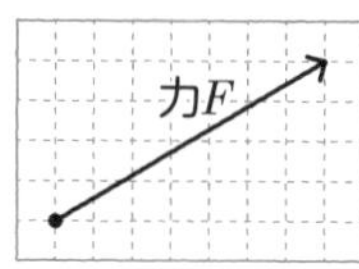

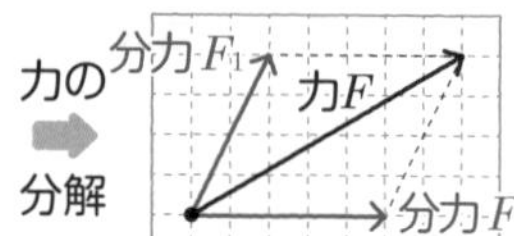

2つの力と同じはたらきをする1つの力「合力」を求める力の合成は、2力が同一直線上にないときは、平行四辺形の対角線を作図することになるよ。

2力が同一直線上にはたらいてたら、どうやって合成するの？

2力が同じ向きなら合力の大きさは2力の和、向きは2力と同じ向き。2力が反対向きなら合力の大きさは2力の差、向きは大きいほうの力と同じ向きになるよ。

先生、上の力の分解の図で、例えば分力F_1を作用点から真上に4めもり、分力F_2を右に7めもり伸ばしたら、力Fを対角線にもつ長方形ができませんか？

鋭い！ 実は分力の大きさは、分力の方向によって変わってしまうよ。つまり、ある1つの力の分力は、分力の方向が決まらないと無数に存在することになるんだ。これに対して2力の合力は、必ずただ1つに決まるよ。

力の合成や分解って、どんなときに使うの？

力の合成は3つの力のつり合いを考えるときなんかに使うね。右ページの**発展知識**で確認してみよう。力の分解はこのあと出てくる斜面上の運動でよく使うよ。

ひとことポイント！ 力の分解の結果は、分力の方向によって変わる！

分力の方向によっては、同じ対角線をもつ平行四辺形は無数にかけるため、力の分解では分力の方向も重要になります（大切な用語159ページ参照）。

確認問題

① 右の図で、作用点Oにはたらく力は何Nになるでしょうか。ただし、1めもりを1Nとします。

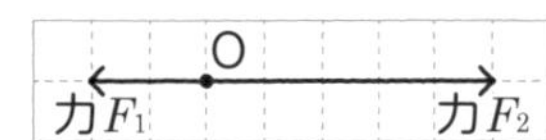

② 物体にはたらく1つの力を、それと同じはたらきをする2つの力に分けることを何といいますか。また、分けられた力をそれぞれ何といいますか。

答 ① 力F_1と力F_2の合力が求める力の大きさとなります。2つの力が同一直線上の反対向きにはたらいていることから、合力は2つの力の差、5 − 2 = 3〔N〕と求められます。

② 物体にはたらく1つの力を、それと同じはたらきをする2つの力に分けることを、**力の分解**、分けられた力をそれぞれ**分力**といいます。

練習問題

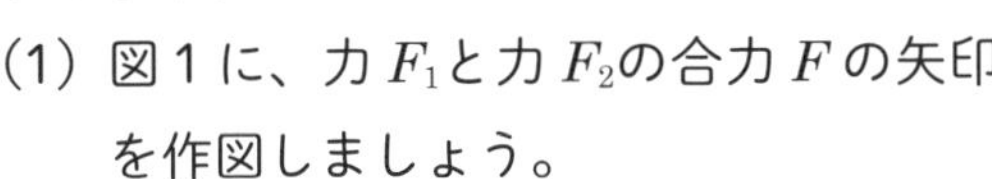

力の合成と分解について、次の問いに答えましょう。

(1) 図1に、力F_1と力F_2の合力Fの矢印を作図しましょう。

(2) 図2に、力Fの分力F_1とF_2の矢印を作図しましょう。ただし、分力F_1はOP上に、分力F_2はOQ上に作図しましょう。

図1

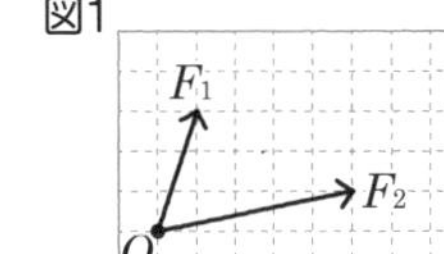

図2

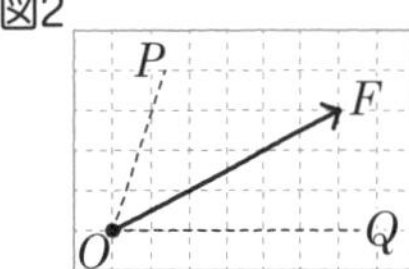

解答・解説

(1) 右の図3のように、力F_1と力F_2を2辺とする平行四辺形の対角線が、合力Fとなります。

(2) 右の図4のように、力Fを平行四辺形の対角線とする2辺を、それぞれOP上、OQ上に作図することになります。

図3

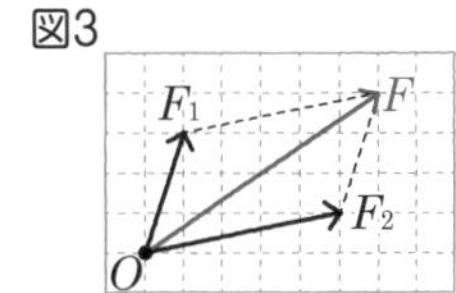

図4

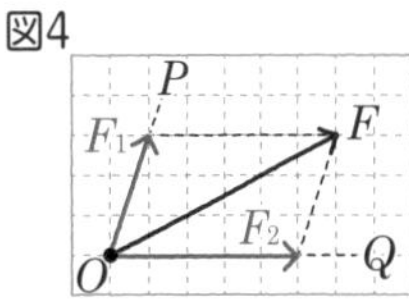

発展知識

2力のつり合いについては、18ページで既に学びましたね。ここでは3力のつり合いを考えてみましょう。図1のように、2人が荷物を引っ張って荷物が静止しているとき、図2のように2力の合力F_3を作図すると、F_3と重力Wがつり合っていることがわかります。2力の合力が残りの力とつり合うとき、3力はつり合うわけです。

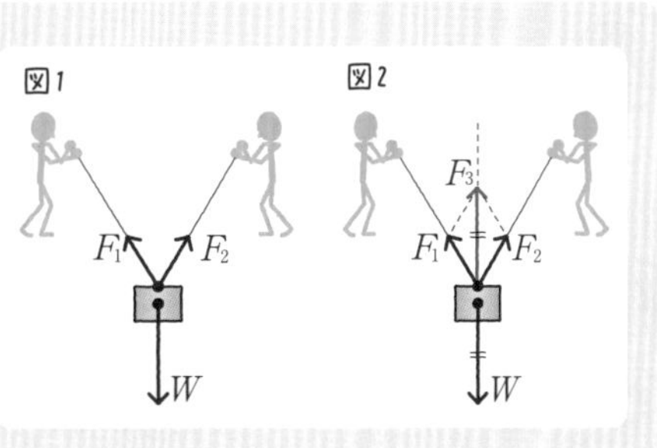

大切な用語　①力の合成　②力の分解　→ 158 ～ 159ページ

力がはたらく運動とはたらかない運動

くらべてわかる！

力がはたらく運動は速さが変わり、はたらかない運動は速さが変わらない！

力がはたらく運動

物体の運動の向きに力がはたらき続けると、**物体の速さは一定の割合で加速**する。
例えば、なめらかな斜面を物体が下る運動では、物体にはたらく重力の分力のうち、斜面方向の分力が物体にはたらき続けるため、物体が斜面を下る速さが加速していく。

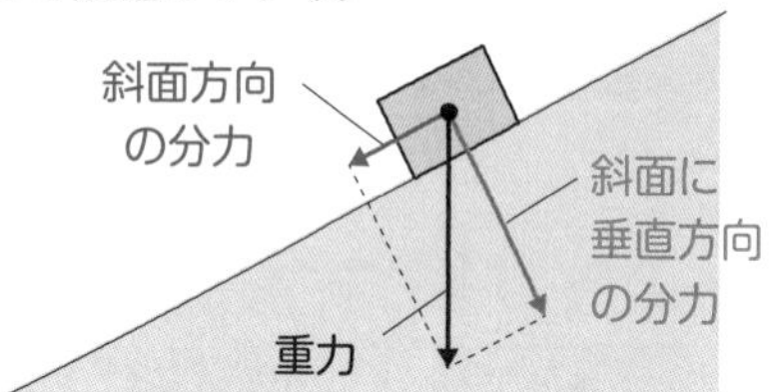

力がはたらかない運動

なめらかな水平面上にある物体に、少し力を加えると、そのあと力を加えなくても物体は速さを変えずに動き続ける。**一定の速さで一直線上を動き続ける運動**を、**等速直線運動**(とうそくちょくせんうんどう)という。

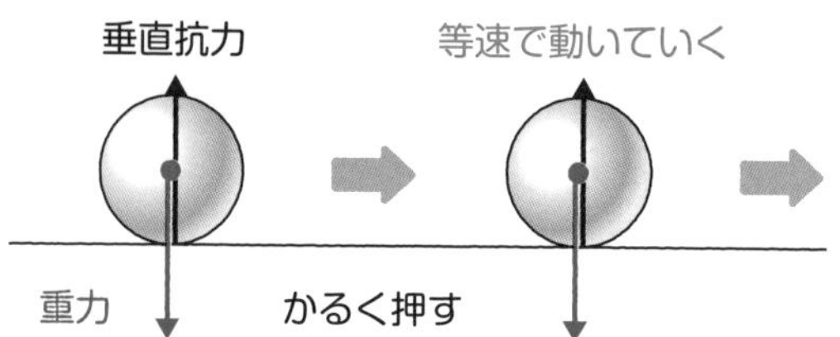

物体の運動には、力がはたらき続けて動く運動と、力がはたらかなくても動き続ける運動があるよ。物体が斜面を下る運動では、上の図のように重力の分解をしたとき、斜面にそった下向きの分力がはたらき続けるから、速さが加速していくんだ。

斜面の運動はわかったけど、力がはたらかない運動の図で、どうして球が動き続けるのかよくわからないよ。ふつう、球は止まるんじゃないかな？

「なめらかな水平面上」、つまり摩擦がないというのがポイント。例えばつるつるした氷の上や、油をぬった水平面だと、物体はずっとすべっていきそうだよね。そして速さが変わらないのは、運動の方向にはたらく力がないからだよ。

物が落下するときも、速さがだんだん速くなっていくと聞いたことがありますが、どうしてですか？

物体が真下に落ちる運動「自由落下運動(じゆうらっかうんどう)」は、上の斜面上の運動で、斜面の角度が90度の運動と考えるといいよ。物体には運動の向きに重力だけがはたらくことになるから、物体は加速していくというわけだね。

物体の運動で、速さはどうやって調べればよいでしょうか？

物体の運動は、ストロボ写真や記録タイマーなどを使って記録できるよ。記録タイマーを使った計算問題も出るので、右ページの発展知識で確認しよう。

運動の向きに力がはたらき続けると、物体の速さは速くなっていく！

斜面を下る運動では、運動の向きに力がはたらき続けるため、物体の速さは加速していきます。これに対して、静止している物体は静止し続け、なめらかな水平面上の運動では等速直線運動を続けます。これを「慣性(かんせい)の法則(ほうそく)」といいます。

確認問題

① なめらかな水平面上を一定の速さでまっすぐ進む運動を何といいますか。

② なめらかな斜面を下る台車の速さは、時間とともにどうなっていきますか。

答 ① 等速直線運動といいます。

② 一定の割合で、だんだん速くなっていきます（等加速度運動といいます）。

練習問題

右の図のようになめらかな斜面を物体が下る運動について、次の問いに答えましょう。

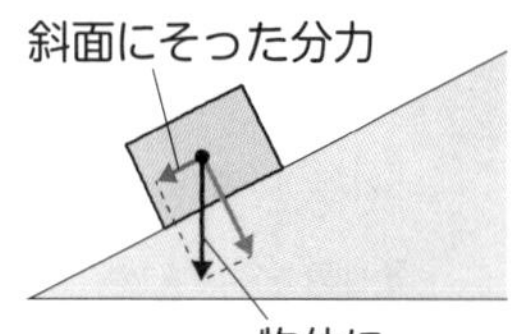

（1）斜面の傾きが大きくなると、物体にはたらく重力の大きさはどうなりますか。

（2）斜面の傾きが大きくなると、斜面にそった分力の大きさはどうなりますか。

解答・解説

（1）重力は斜面の傾きに関係なく、**大きさは変わりません**。

（2）右の図のように、斜面の傾きが大きくなると、斜面にそった分力の大きさは**大きくなります**。そのため、速さの増え方も大きくなります。

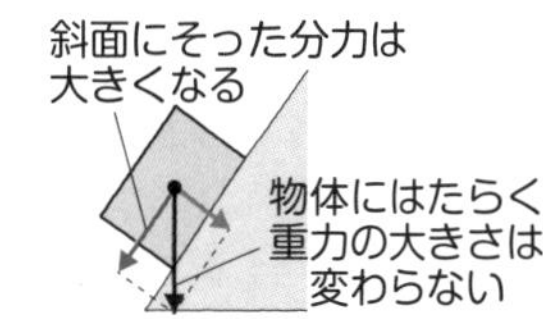

記録タイマーは、記録テープに一定時間ごとに打点を打つことで、物体の運動を記録できる装置です。東日本（周波数50Hz）では1秒間に50回打点し、西日本（周波数60Hz）では1秒間に60回打点します。物体の速さが速くなると、打点間かくがだんだん広くなり、遅くなると、だんだんせまくなります。また、等速直線運動しているときは、打点間かくが一定になります。

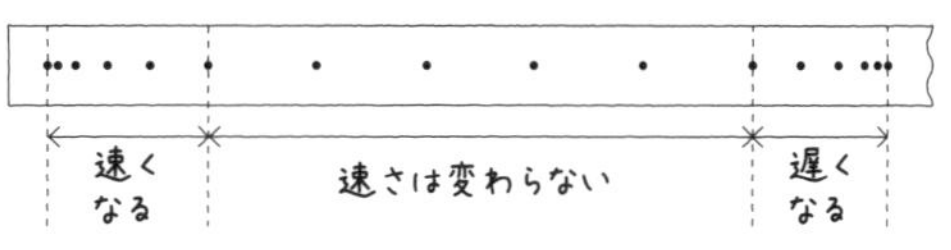

大切な用語 ①等速直線運動 ②自由落下運動 ③慣性の法則 →159ページ

仕事と仕事の原理

くらべてわかる！

仕事の単位は、熱量や電力量と同じジュール〔J〕！

仕事

物体に**力を加えてその向きに移動**させたとき、力は**物体に対して仕事をした**という。
仕事の大きさは、物体に加えた力の大きさと、物体が力の向きに移動した距離の積で表され、**単位はジュール〔J〕**を用いる。

仕事〔J〕＝物体に加えた力〔N〕×力の向きに移動した距離〔m〕

仕事の原理

同じ仕事をするとき、仕事の大きさは**道具を使っても使わなくても変わらない**。これを**仕事の原理**という。

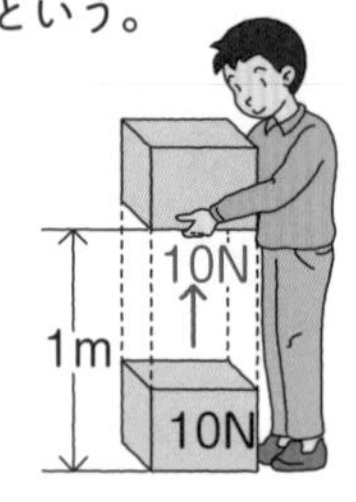

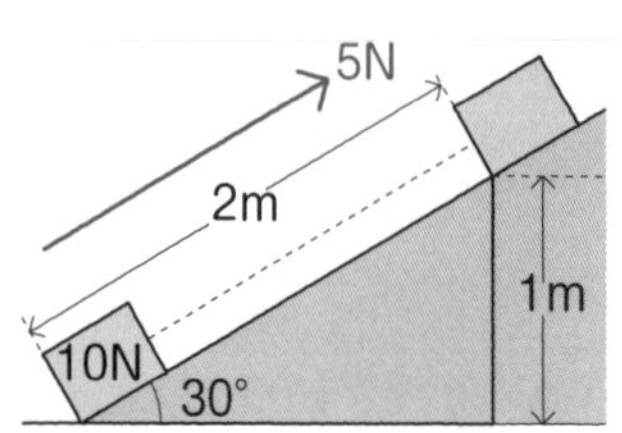

仕事＝10×１＝10〔J〕　仕事＝５×２＝10〔J〕

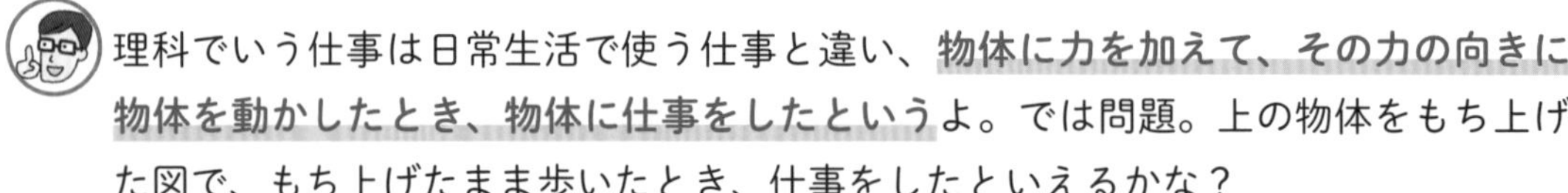

理科でいう仕事は日常生活で使う仕事と違い、物体に力を加えて、その力の向きに物体を動かしたとき、物体に仕事をしたというよ。では問題。上の物体をもち上げた図で、もち上げたまま歩いたとき、仕事をしたといえるかな？

物を運んでいるんだから、仕事をしたといえるよ。

実は、理科では仕事をしたことにならないんだ。手が物をもち上げ、支えている力は上向きだよね。

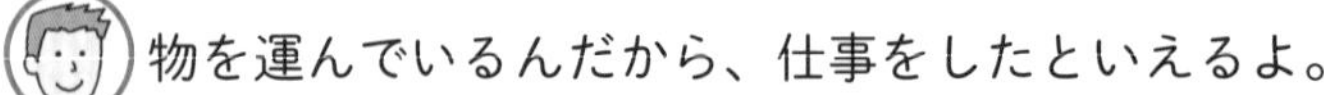

そうか！ 移動する向きは横だから、力の向きには移動していないや。

あと、１秒あたりにする仕事「仕事率」も160ページの大切な用語で確認だよ。

先生、仕事の原理の図で、道具を使わず物体を1m もち上げても、斜面を使って物体を地上から１m の高さまで引き上げても、仕事の大きさは変わらないというのが仕事の原理ですよね。でもなぜ斜面を使うと力は半分で距離は２倍になるんですか？

ここは少し難しいので、右ページの発展知識で確認してみよう。

ひとことポイント！　道具を使って仕事をすると、力は小さくなるかわりに距離は長くなる！

例えば動滑車を使って仕事をすると、力は半分ですみますが、引っ張る距離は２倍必要になります。

確認問題

① 5Nの力で物体をその力の向きに3m動かしたときの仕事の大きさを、単位をつけて答えましょう。

② 同じ仕事をするために必要な仕事の大きさは、道具を使っても使わなくても変わりません。このことを何といいますか。

答 ① 仕事〔J〕＝物体に加えた力〔N〕×力の向きに移動した距離〔m〕＝5×3＝15〔J〕
② **仕事の原理**といいます。

練習問題

右の図のような、なめらかな斜面を使って、重さ65Nの物体を地上から5mの高さまで引き上げます。次の問いに答えましょう。

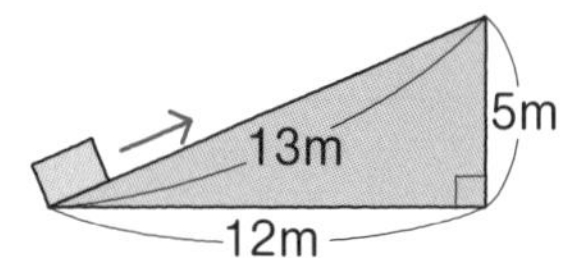

(1) 斜面を引き上げるにつれ、物体にはたらく重力の大きさはどうなりますか。

(2) 仕事の大きさ〔J〕を求めましょう。

(3) 斜面を引き上げる力の大きさ〔N〕を求めましょう。

解答・解説

(1) 斜面上のどこに物体があっても、物体にはたらく重力の大きさは**変わりません**。

(2) 仕事の原理から、斜面を使わずに物体を直接真上に5m引き上げても仕事の大きさは変わりません。よって、重さ65Nの物体を、5m真上に引き上げたときの仕事を計算して、65×5＝**325〔J〕**と求められます。

(3) 斜面を使って物体を地上から5mの高さまで引き上げるためには、斜面にそって13m引っ張る必要があります。仕事の大きさは（2）から325Jとなるので、斜面を引き上げる力の大きさは、仕事の大きさを移動距離で割って、325÷13＝**25〔N〕**と求められます。

発展知識

斜面を使って物体を引き上げると、直接引き上げるよりも小さな力ですみますが、斜面にそって引く距離は、直接真上に引き上げるよりも長くなります。左ページの斜面では、斜面の角度が30°で、30°、60°、90°の直角三角形の一番短い辺と長い辺の比が1：2となることから、斜面を引き上げる距離は2倍になります。
次に、斜面を引き上げる力は、右の図のように、物体にはたらく重力を分解すると、斜面にそった分力は、物体にはたらく重力の半分になるため、斜面を引き上げる力も物体にはたらく重力の半分になります。

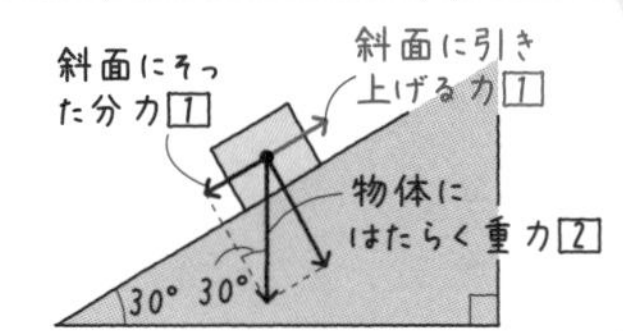

大切な用語 ①仕事 ②仕事率 ③動滑車 →160ページ

位置エネルギーと運動エネルギー

くらべてわかる！

位置エネルギーも運動エネルギーも、物体の質量が大きいほど大きくなる！

位置エネルギー

高い位置にある物体がもつエネルギーを**位置エネルギー**という。位置エネルギーは、物体の質量と基準面からの高さに比例する。

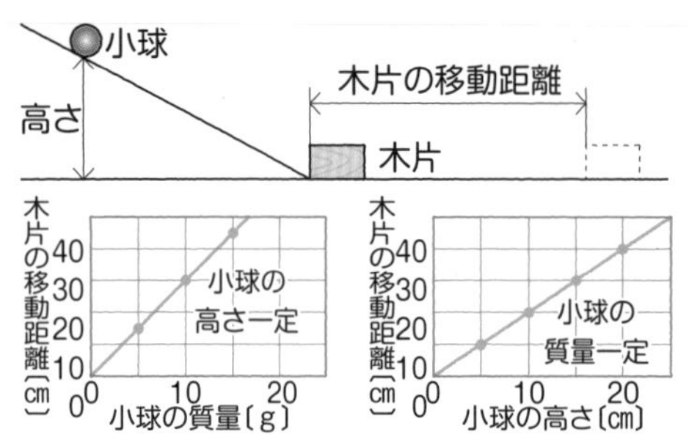

運動エネルギー

運動している物体のもつエネルギーを**運動エネルギー**という。運動エネルギーは、物体の質量と速さの２乗に比例する。

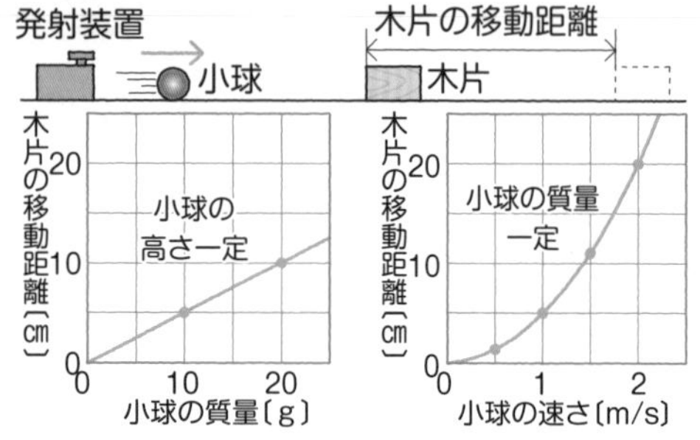

日常生活でも仕事をするにはエネルギーが必要だよね。理科では、仕事をする能力を「エネルギー」といって、物体が他の物体に対して仕事ができる状態にあることを「エネルギーをもっている」というよ。では問題。エネルギーの単位は何かな？

仕事をする能力がエネルギーなら、単位は仕事と同じジュール〔J〕かな。

正解！　位置エネルギーも運動エネルギーも単位はジュール〔J〕だよ。高い位置にある物体は、落下することで他の物体を力の向きに動かせるよね。だから、高い位置にある物体がもつエネルギーを「位置エネルギー」というわけ。

同じように、運動している物体が他の物体にぶつかると、力の向きに物体を動かせるから、運動している物体のもつエネルギーが「運動エネルギー」か。

あれ？ 位置エネルギーの小球の運動の図で、小球は高い位置にあるから位置エネルギーをもつことはわかりましたが、斜面を下る運動をするときは、運動エネルギーももつような気がしますが……？

実はこの運動では、位置エネルギーが減っていき、かわりに運動エネルギーが増えていく。位置エネルギーと運動エネルギーの和「力学的(りきがくてき)エネルギー」は常に一定に保たれ、「力学的エネルギーの保存」というよ。右ページの**発展知識**で確認しよう。

エネルギーは移り変わる！

例えばふりこの運動では、位置エネルギーと運動エネルギーが移り変わります。日常生活では、他にもさまざまなエネルギーの移り変わりがあります。160ページの大切な用語で確認しましょう。

確認問題

① 物体の質量が大きくなると、物体のもつ位置エネルギーはどうなりますか。

② 位置エネルギーと運動エネルギーの和のことを何といいますか。

答 ① 位置エネルギーは物体の質量に比例するので、位置エネルギーは大きくなります。
② 力学的エネルギーといいます。力学的エネルギーは常に一定に保たれます。

練習問題

右の図のように、ふりこを運動させました。A～E 地点のエネルギーについて、次の問いに答えましょう。

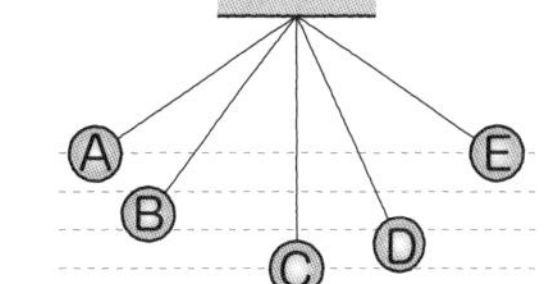

(1) A と B で位置エネルギーが大きい地点はどちらですか。

(2) 運動エネルギーが最大の地点は、A～E のうちどの地点ですか。

解答・解説

(1) 位置エネルギーは物体の基準面からの高さに比例するので、B 地点より高い **A 地点**のほうが大きくなります。

(2) 運動エネルギーは物体の速さの2乗に比例するので、ふりこが最も速くなる **C 地点**です。

発展知識

斜面を小球が下る運動では、下る前は位置エネルギーが最大で運動エネルギーは0ですが、斜面を下るにしたがい、位置エネルギーが小さくなり、そのエネルギーが運動エネルギーに移り変わります。そして基準面にきたとき、位置エネルギーは0になって、運動エネルギーが最大になります。
しかし、その和の力学的エネルギーは常に一定です。

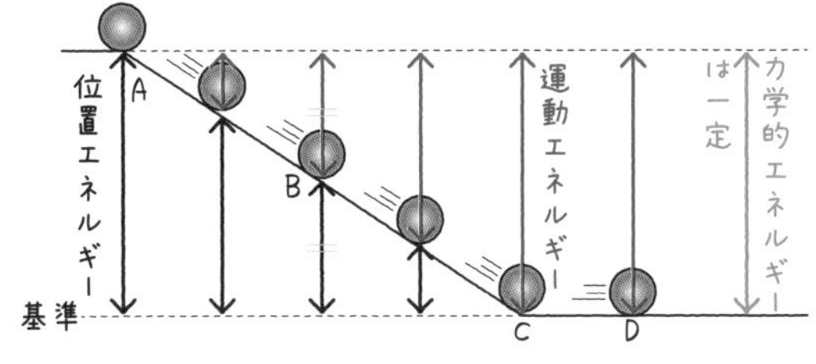

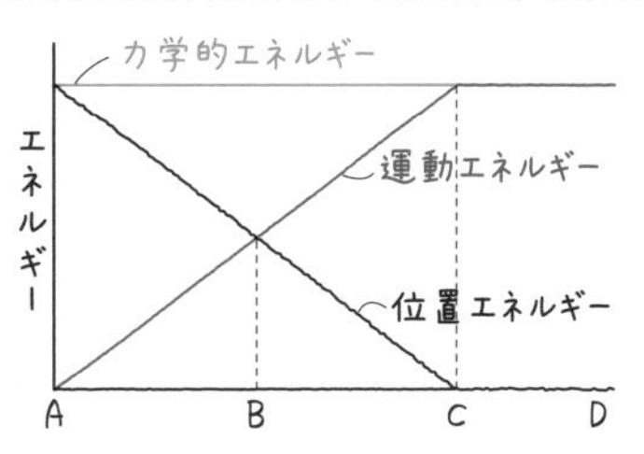

大切な用語 ①エネルギー →160ページ

植物の体の共通点と相違点①

くらべてわかる！

生物は、共通点や相違点にもとづいて分類できる！

花のつくりの共通点

多くの花は、**外側からがく、花弁、おしべ、めしべの順**についており、**めしべが1本であることが共通**している。おしべの先にはやくという袋があり、中には花粉が入っている。めしべは柱頭、花柱、子房からなり、子房の中には胚珠がある。

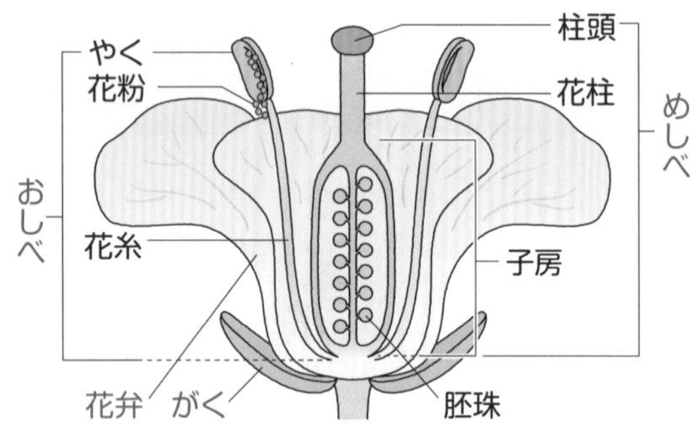

花のつくりの相違点

おしべ・がく：花によって数が異なる。

花弁：アサガオのように、**花弁が一つにくっついている花**を**合弁花**、アブラナのように、**花弁が1枚1枚離れている花**を**離弁花**という。

合弁花 離弁花

被子植物と裸子植物

アブラナのように、**胚珠が子房の中にある植物**を**被子植物**、マツのように、**子房がなく胚珠がむき出しの植物**を**裸子植物**という。被子植物も裸子植物もともに花を咲かせ、種子をつくって子孫をふやす**種子植物**である。

生物の共通点や相違点に注目してなかま分けすることを分類とよぶよ。分類には目をつける「観点」と、分類する際の「基準」を決めるといいんだ。

子房を「観点」、あるものとないものを「基準」にすると、被子植物と裸子植物に分類できるというわけですね。子房は何の役割をしているのですか？

子房の役割は胚珠を守ることだよ。おしべの花粉がめしべの柱頭につく「受粉」が起こると、最終的に胚珠は種子に、子房は果実になるんだ。

子房がなくて胚珠がむき出しの裸子植物は、果実ができないということ？

その通り。マツの雌花には子房がないので、種子はできても果実はできないよ。マツの種子のでき方は右ページの**発展知識**で確認しよう。

ひとことポイント！ **種子でふえる種子植物は、被子植物と裸子植物に分類できる！**

被子植物も裸子植物も、受粉後、胚珠が種子に変化して、種子で子孫をふやします。

確認問題

① おしべ、めしべ、がく、花弁を、花の中心から順に並べましょう。

② マツのように、胚珠がむき出しの植物を何植物というか答えましょう。

答 ① 花のつくりは、中心から、めしべ→おしべ→花弁→がくの順についています。
② マツは胚珠がむき出しの裸子植物です。

よくある誤答例

裸子植物の「裸」を、しめすへん「ネ」にしている答案が多く見られるので注意です！

練習問題

右の図のアブラナの花について、次の問いに答えましょう。

(1) めしべの先にあるアの部分に、イから出た花粉がつくことを何といいますか。

(2) (1) が起こると、最終的にウは何に変化しますか。

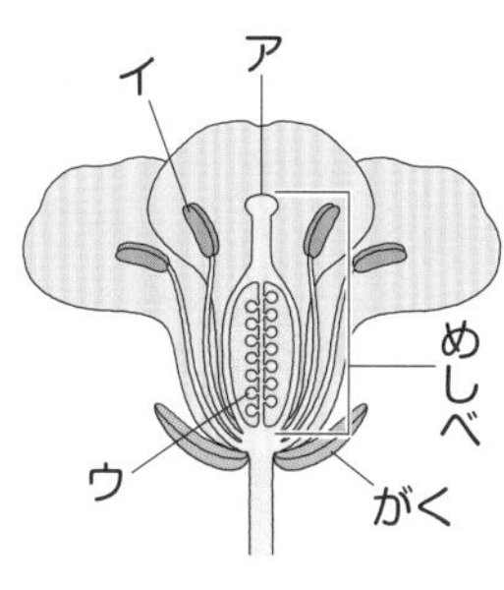

解答・解説

(1) アは柱頭で、イはやくです。やくから出た花粉がめしべの柱頭につくことを、受粉といいます。

(2) ウは胚珠で、受粉後、めしべの子房は果実に、子房の中の胚珠は種子に変化します。

発展知識 雄花（おばな）のりん片（へん）にある花粉のうの中から出た花粉が、風で飛ばされて雌花の胚珠について受粉します。受粉後、雌花のりん片がとじて、次の年にかけて成熟していき、1年以上かけて種子ができます。

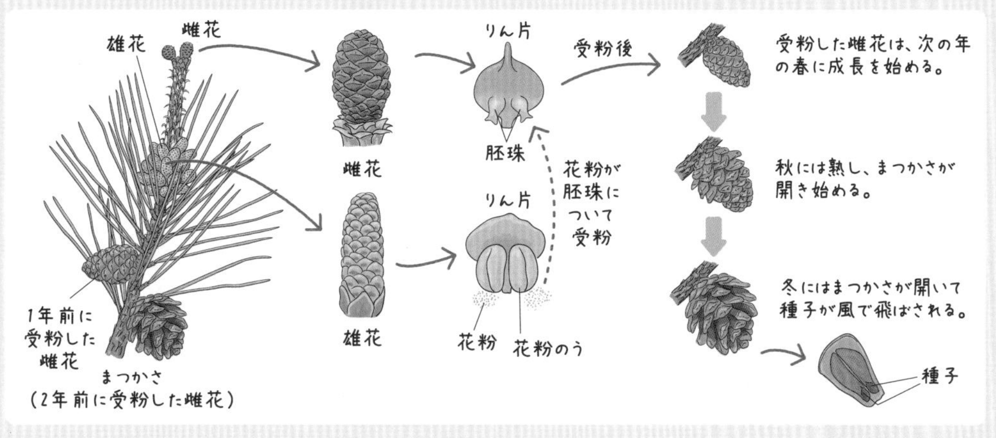

植物の体の共通点と相違点②

くらべてわかる！

被子植物は、子葉(しよう)を観点、枚数を基準に、単子葉類(たんしようるい)と双子葉類(そうしようるい)に分類できる！

単子葉類

子葉の枚数：1枚　**葉脈**：平行脈

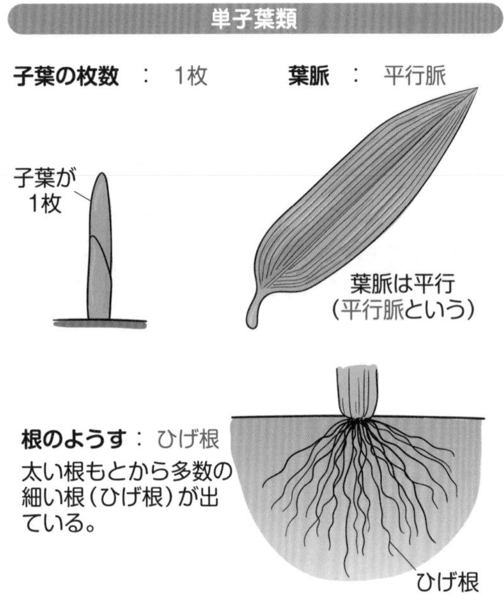

根のようす：ひげ根
太い根もとから多数の細い根(ひげ根)が出ている。

双子葉類

子葉の枚数：2枚　**葉脈**：網状脈(もうじょうみゃく)

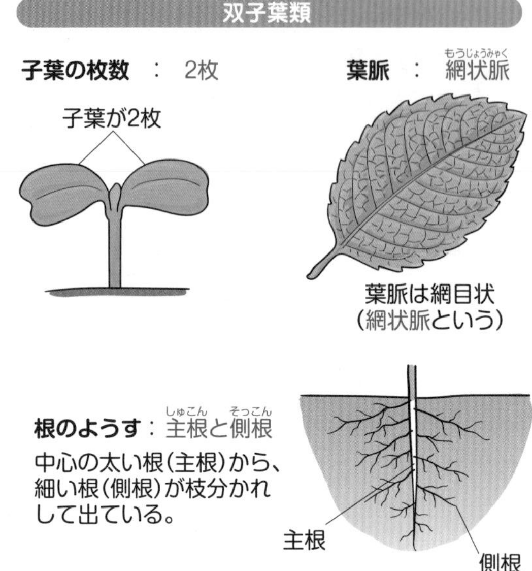

根のようす：主根(しゅこん)と側根(そっこん)
中心の太い根(主根)から、細い根(側根)が枝分かれして出ている。

まずは確認だよ。**被子植物**とはどういう植物だったかな？

胚珠が子房の中にある植物！

正解。被子植物は、最初に生えてくる葉**「子葉」が1枚の単子葉類**と、**2枚の双子葉類**に分類できる。葉に通るすじ「葉脈」や、根のつくりに特徴があるんだ。

単子葉類や双子葉類にはそれぞれどんな花がありますか。

代表的な**単子葉類にはイネ、トウモロコシ、スズメノカタビラ、ツユクサ、ユリ**など、**双子葉類にはアブラナ、タンポポ、ツツジ、エンドウ、アサガオ**などがあるよ。

たしかアブラナは花弁が1枚1枚離れている離弁花、ツツジは花弁が一つにくっついている合弁花でしたよね。

その通り。**双子葉類はさらに合弁花類(ごうべんかるい)と離弁花類(りべんかるい)に分類できる**よ。さて、ここまで種子で子孫をふやす種子植物について学んできたけど、**種子をつくらないシダ植物やコケ植物もある**んだ。右ページの**発展知識**で確認してから、総まとめとして植物の分類の樹形図を161ページの**大切な用語**で確認してみよう！

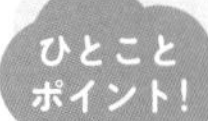

代表的な単子葉類と双子葉類の例はしっかり覚えよう！

テストでは、単子葉類または双子葉類を選ぶ問題がよく出ます。代表的な単子葉類（左ページの他にはアヤメやチューリップなど）をしっかり押さえ、それ以外は双子葉類と覚えましょう。

確認問題

① 子葉が２枚の被子植物を何類といいますか。
② 子葉が１枚の被子植物の根のつくりを何といいますか。
③ ツユクサは、双子葉類と単子葉類のどちらですか。

答 ① 子葉が２枚の被子植物を**双子葉類**といいます。
② 子葉が１枚の被子植物は単子葉類です。単子葉類の根のつくりを**ひげ根**といいます。
③ ツユクサは、**単子葉類**です。

練習問題

右の図は、ある２種類の植物の葉や根のようすを示したものです。次の問いに答えましょう。

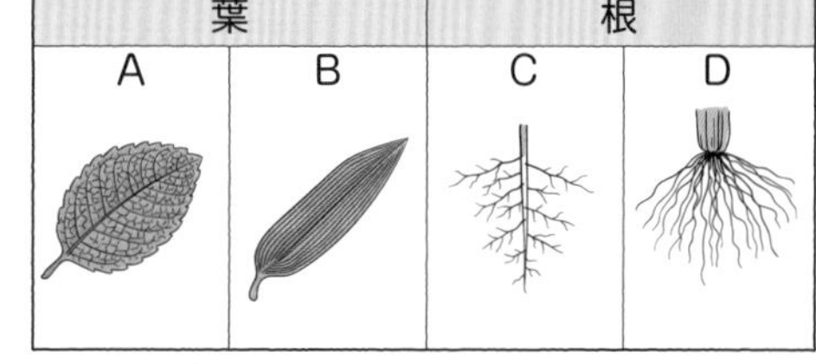

（1）葉がＡの植物の根のようすは、ＣとＤのどちらですか。
（2）Ｂのような葉脈をもつ植物を、次のア〜エからすべて選んでください。
ア．トウモロコシ　　イ．ホウセンカ　　ウ．スズメノカタビラ　　エ．イネ

解答・解説

（1）Ａの葉脈は網状脈のため、双子葉類です。双子葉類の根は、主根と側根からなる**Ｃ**です。
（2）Ｂの葉脈は平行脈のため、単子葉類です。単子葉類は、**ア・ウ・エ**です。

発展知識

花を咲かさず、種子をつくらない植物には、種子のかわりに胞子(ほうし)とよばれるものをつくって子孫をふやすものがあります。これらの種子をつくらない植物は、根・茎(くき)・葉の区別があるかどうかで分類できます。
イヌワラビのように、根・茎・葉の区別がある植物をシダ植物、ゼニゴケのように、根・茎・葉の区別がない植物をコケ植物といいます。

大切な用語　①シダ植物・コケ植物　②植物の分類の樹形図　→　161ページ

動物の体の共通点と相違点

くらべてわかる！

動物は、背骨を観点、有無を基準に、脊椎動物と無脊椎動物に分類できる！

脊椎動物

背骨をもつ動物を**脊椎動物**という。脊椎動物は、その特徴により5つのなかまに分類できる。

特徴＼種類	魚類	両生類	は虫類	鳥類	ほ乳類
体温	変温			恒温	
呼吸の仕方	えら	幼生:えらと皮ふ 成体:肺と皮ふ	肺		
子の生まれ方	卵生 (水中にからのない卵)		卵生 (陸上にからのある卵)		胎生
体の表面	うろこ	湿った皮ふ	うろこ	羽毛	毛
具体例	メダカ フナ	カエル イモリ	トカゲ ヤモリ	ハト ペンギン	クジラ コウモリ

無脊椎動物

背骨をもたない動物を**無脊椎動物**という。無脊椎動物は、節のある足をもつ**節足動物**と、もたない**軟体動物**に分類でき、節足動物はさらに昆虫類、甲殻類、その他の動物に分類できる。

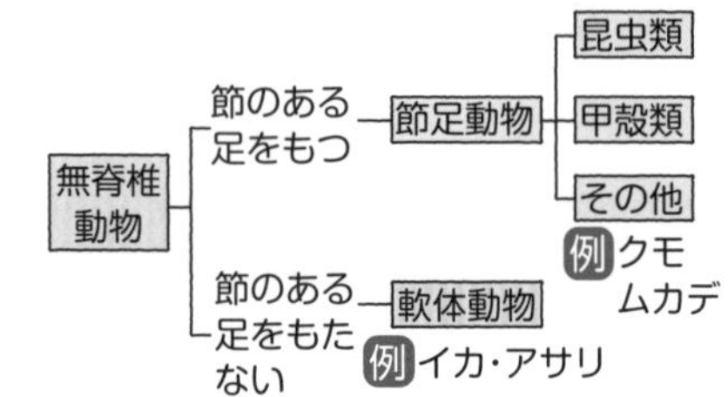

動物は、背骨をもつ動物「脊椎動物」と背骨をもたない動物「無脊椎動物」に分類できるよ。背骨は体を支えて神経を守る、とても大切なものなんだ。

背骨がない無脊椎動物はどうやって体を守っているのですか？

節足動物は「外骨格」というかたい殻で体を守り、軟体動物は「外とう膜」というやわらかい膜で内臓をおおって守っているよ。

先生！ 上の表のほ乳類の例にコウモリがいるけど、コウモリは鳥類じゃないの？

間違いやすいけど、コウモリはほ乳類だよ。コウモリは卵を産んでなかまをふやす「卵生」ではなく、子を産んでなかまをふやす「胎生」だからね。胎生は脊椎動物のなかまのうちほ乳類だけがもつ特徴なんだ。ほ乳類はさらに草食動物と肉食動物に分類できる。右ページの発展知識で確認しよう。

先生。ウニは、エビやカニと同じ甲殻類ではないと聞いたことがあります。

その通り。ウニは無脊椎動物だけど、節足動物でも軟体動物でもなく、きょく皮動物とよばれているよ。無脊椎動物には他にもミミズやホヤ、イソギンチャクなど、さまざまな種類の動物が存在するんだ。

脊椎動物は子の生まれ方で、ほ乳類とそれ以外に分類できる！

脊椎動物は子の生まれ方に注目すると、ほ乳類のみ胎生で、それ以外はすべて卵生です。

確認問題

① 背骨をもつ動物は、呼吸の仕方や子の生まれ方、体の表面のようすなどで5つのなかまに分類できます。5つのなかまをすべて答えましょう。

② 背骨をもたない動物のうち、外とう膜をもつ動物を何動物といいますか。

答 ① 背骨をもつ動物を脊椎動物といいます。脊椎動物は、**魚類・両生類・は虫類・鳥類・ほ乳類**の5つのなかまに分類できます。

② 背骨をもたない動物を無脊椎動物といいます。無脊椎動物のうち、イカやアサリなど外とう膜で内臓を守っている動物を、**軟体動物**といいます。

練習問題

右の図の動物について、次の問いに記号で答えましょう。

(1) 胎生の動物を選びましょう。

(2) 体が外骨格でおおわれている動物をすべて選びましょう。

(3) 背骨も外骨格ももたない動物を選びましょう。

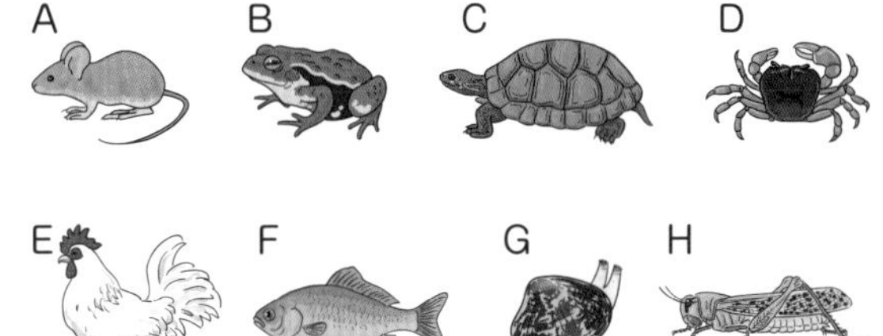

解答・解説

(1) 胎生の動物は、脊椎動物A、B、C、E、Fのうち、ほ乳類である**A**のネズミです。

(2) 外骨格をもつ動物（節足動物）は、**D**のカニ（甲殻類）と**H**のバッタ（昆虫類）です。

(3) 背骨をもたない無脊椎動物のうち、外骨格をもたないのは、外とう膜をもつ**G**のアサリです。

ほ乳類は食べる物の種類でさらに分類できます。シマウマのように、おもに植物を食べる草食動物、ライオンのように、おもに他の動物を食べる肉食動物、ヒトやサルのように植物も動物も食べる雑食動物です。歯の形に注目すると、草食動物と肉食動物では大きく異なります。草食動物のシマウマは臼歯（きゅうし）が大きく発達し、植物をすりつぶすのに適した形になっています。一方、肉食動物のライオンは、犬歯（けんし）が大きく発達し、動物をしとめて肉を切りさくのに適した形になっています。

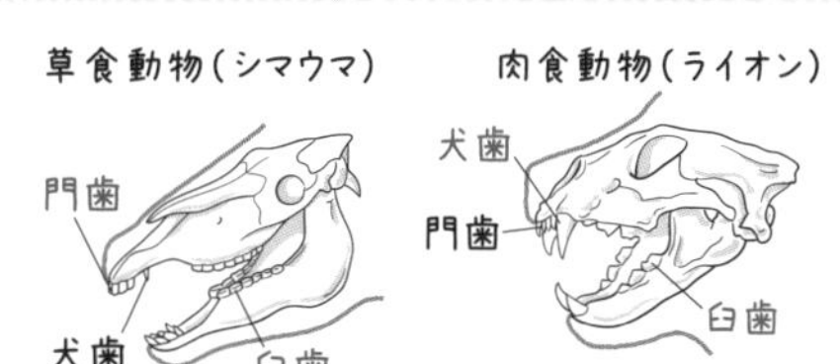

大切な用語　①変温・恒温　②節足動物　③軟体動物　→162ページ

地層と堆積岩

くらべてわかる！

地層は、風化と流れる川のはたらきで、土砂などが押し固められた堆積岩！

地層

風化によってもろくなった岩石が、流れる水のはたらき（**侵食**・**運搬**・**堆積**）などで、れき・砂・泥として河口に運ばれて堆積し、層状に積み重なったものを**地層**という。

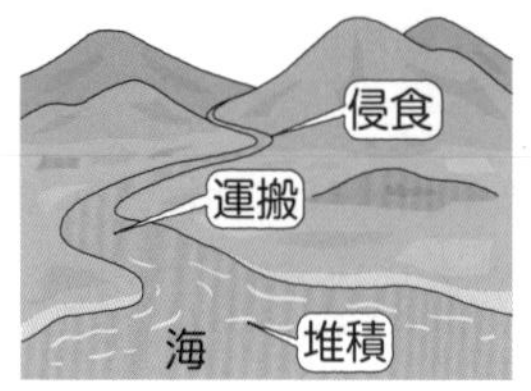

堆積の仕方：河口や海岸近くの海底には、粒の大きいれきや砂などが堆積し、沖にいくにつれて粒の小さい泥などが堆積していく。

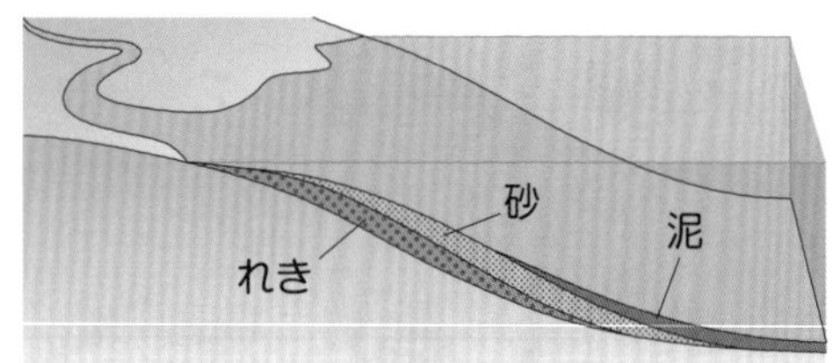

堆積岩

地層をつくる押し固められた岩石を**堆積岩**という。堆積岩には土砂や生物の死がい、火山灰などが固められたものがあり、**①粒の大きさ ②堆積物の成分で分類**できる。

①粒の大きさによる分類

	れき岩	砂岩	泥岩
表面の拡大図	2mm	2mm	2mm
粒の直径	2mm以上	2〜0.06mm	0.06mm以下

②堆積物の成分による分類

石灰岩：貝・サンゴの死がいなど、おもに炭酸カルシウムからできている。

チャート：ホウサンチュウの死がいなど、おもに二酸化ケイ素からできている。

凝灰岩：火山灰などが堆積したもの。

岩石にはいろんな種類があるけど、地表の岩石は太陽の熱や風、雨にさらされているよね。長い年月が経ち、ぼろぼろになりくずれていくことを「風化」というよ。

風化でできたれきや砂、泥などの土砂が、流れる水のはたらきで海底などに堆積したものが地層というわけですね。

その通り！ では問題。れき・砂・泥など土砂が押し固まった堆積岩と、火山灰などが固まった凝灰岩をルーペで観察したときの大きな違いはわかるかな？

土砂が固まったものは粒が丸みを帯びているけど、凝灰岩は角ばっている。

正解。れき岩・砂岩・泥岩は、流れる水に運搬されている間に角がとれて丸みを帯びていくけれど、凝灰岩は火山灰がそのまま積もったものだから角ばっているんだ。岩石が丸みを帯びているかどうかは岩石を区別するうえでとても重要なので、しっかりと押さえよう。

ひとことポイント! **石灰岩とチャートは、かたさとうすい塩酸との反応で区別できる！**

土砂の堆積岩は粒の大きい順に、れき岩、砂岩、泥岩と区別できます。また、土砂の堆積岩と凝灰岩は丸みを帯びているかどうかで区別できます。これに対して石灰岩とチャートはかたさとうすい塩酸との反応で区別できます。石灰岩はくぎで傷がつきますが、チャートは非常にかたくて傷がつきません。また、石灰岩はうすい塩酸にとけて二酸化炭素が発生しますが、チャートはとけません。

確認問題

① 流れる水の３つのはたらきを、それぞれ何といいますか。
② 地層をつくる押し固められた岩石を何岩といいますか。
③ れき、砂、泥など土砂でできた堆積岩のうち、粒が最も小さい堆積岩を何といいますか。
④ 石灰岩にうすい塩酸をかけると、何という気体が発生しますか。

答 ① **侵食・運搬・堆積**といいます。侵食は、風化した岩石をけずりとったりするはたらきで、川の上流でさかんに起こります。運搬は土砂などを運ぶはたらき、堆積は土砂などを積もらせるはたらきで、それぞれ中流、下流でさかんに起こります。
② 地層をつくる押し固められた岩石を**堆積岩**といいます。
③ れき、砂、泥が岩石になったものを、それぞれ、れき岩、砂岩、泥岩といいます。このうち粒が最も小さい堆積岩は、**泥岩**です。
④石灰岩はおもに炭酸カルシウムからできているため、**二酸化炭素**が発生します。

練習問題

右の図の岩石について、次の問いに記号で答えましょう。

(1) 堆積岩をつくっている粒が丸みを帯びているものを、粒の大きいものから順にすべて選びましょう。
(2) 角ばった粒でできている岩石を選びましょう。

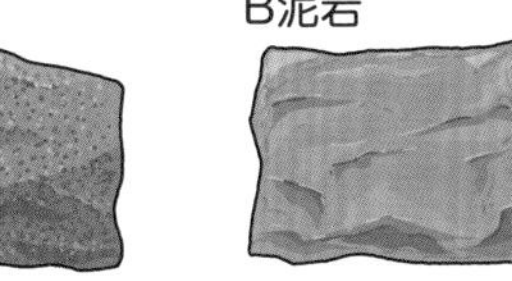

C凝灰岩

解答・解説

(1) 流水のはたらきで丸みを帯びた堆積岩は、含まれる粒が大きいものから順に**D、A、B**です。
(2) **C**の凝灰岩です。凝灰岩は火山灰などが岩石になったもののため、角ばった粒でできています。

大切な用語 ①風化 ②流れる水のはたらき ③石灰岩・チャート ④ルーペ →162ページ

化石と大地の変動

くらべてわかる！

化石から環境や時代が、地層の重なりのようすから大地の変動のようすがわかる！

化石

生物の死がいや生活のあと（足跡やふんなど）が、地層や岩石の中に残されたものを**化石**という。地層の中に見られる化石には、**示相化石**、**示準化石**などがある。

示相化石：地層が堆積した当時の**環境を知る手がかり**となる化石。

例 **サンゴ：あたたかくて浅い海**
シジミ：河口や浅い湖

示準化石：地層が堆積した**年代を知る手がかり**となる化石。

例 **フズリナ・三葉虫：古生代**
アンモナイト・恐竜：中生代
ビカリア・マンモス：新生代

大地の変動

地層はふつう下の層ほど岩石の粒は大きいが、大地の変動によっては下の層より上の層のほうが粒が大きくなることがある。

例 大地の隆起（大地が上がること）で泥の上にれきや砂が積もることがある。

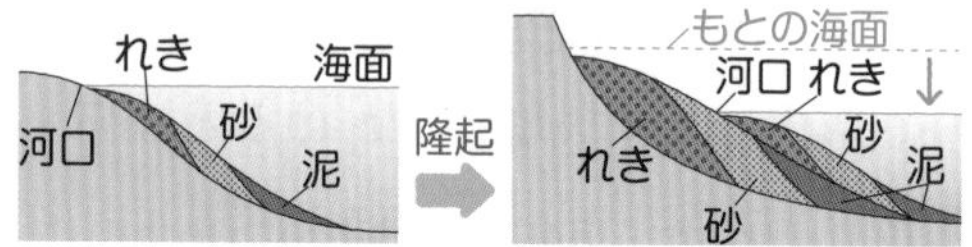

また、露頭で見られる地層は水平な層だけでなく、曲がったり（**しゅう曲**）、ずれたり（**断層**）することもある。

例 **しゅう曲**

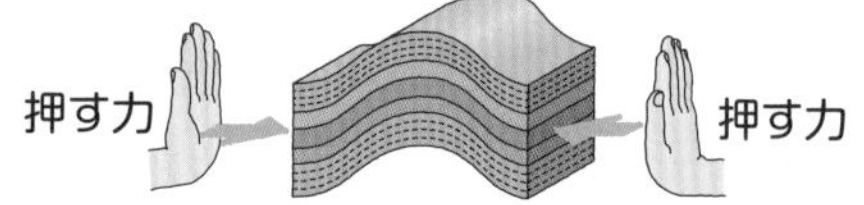

前回、凝灰岩について学んだね。もし地層に凝灰岩の層があったら何がわかる？

凝灰岩は火山灰が固まったものだから、当時火山の噴火が起こったはず。

正解。同じように、地層に特定の化石があったら、堆積した当時の環境や年代がわかるんだ。**環境を知る手がかりとなる化石が「示相化石」、堆積した年代を知る手がかりとなる化石が「示準化石」**だよ。**古生代・中生代・新生代**は示準化石をもとに地球の歴史を区別したもので、**「地質年代」**というよ。

先生。大地の変動の例で、**しゅう曲は左右から押されて地層が曲がる**のは何となくわかりますが、地層がずれる断層はどのようにできるのですか？

断層はずれ方で３種類あるんだ。右ページの**発展知識**で確認しよう。

ひとことポイント！ **示相化石は環境の様相を、示準化石は地質年代の基準を表す化石！**

よく示相化石と示準化石の区別を忘れることがありますが、上のように覚えるとよいです。

確認問題

① サンゴの化石のように、地層が堆積した当時の環境を知ることができる化石を何といいますか。

② ビカリア、恐竜、フズリナの化石のうち、最も新しい年代を示す化石とその年代名を答えましょう。

答 ① 地層が堆積した当時の環境を知ることができる化石を**示相化石**といいます。

② 最も新しい年代を示す化石は**ビカリア**で、地質年代は**新生代**です。なお、恐竜の化石は中生代、フズリナの化石は古生代を示します。

練習問題

右の図の化石について次の問いに答えましょう。

(1) Aの化石の生物と、同じ年代に生存していた生物の化石をA～Fの中から選びましょう。

(2) Bの化石とDの化石は、地層ができた当時、それぞれどのような環境であったことを示していますか。

A フズリナ

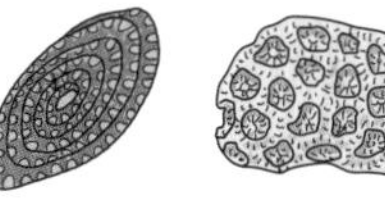

B サンゴ

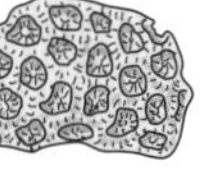

C アンモナイト

D シジミ

E 三葉虫

F ビカリア

解答・解説

(1) Aのフズリナの地質年代は古生代です。同じ古生代に生存していたのは、Eの三葉虫です。

(2) Bのサンゴはあたたかくて浅い海、Dのシジミは河口や浅い湖であったことを示します。

発展知識

地下の岩石に大きな力がはたらき、岩石が破壊されると地震が起こります。大規模な破壊では大地にずれが生じ、このずれを断層といいます。断層はずれ方によって、①正断層(せいだんそう) ②逆断層(ぎゃくだんそう) ③横ずれ断層があります。

正断層は、左右に引く力で上側の部分がずり落ちたもの、逆断層は左右から押される力で上側の部分がずり上がったもの、横ずれ断層は、横方向からの押し合う力と、それに交差する方向からの引っぱる力で、断層面にそって両側の地盤が水平方向にずれたものです。逆断層もしゅう曲も押す力でできますが、力が急激にはたらくと逆断層ができます。

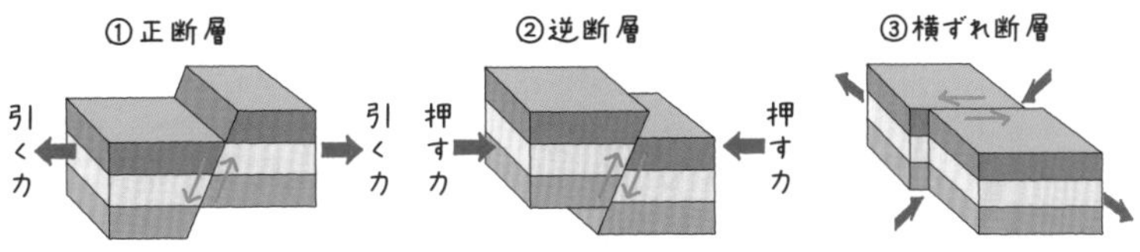

大切な用語 ①地質年代 ②露頭 →163ページ

火山と火成岩

くらべてわかる！

火成岩は、マグマの粘り気で色が変わり、冷えて固まる場所でつくりが変わる！

火山

マグマ：
火山の地下にある岩石が液状にとけた高温の物質。

火山噴出物：
火山ガス、火山弾、火山れきなど、火山から噴き出されたもの。

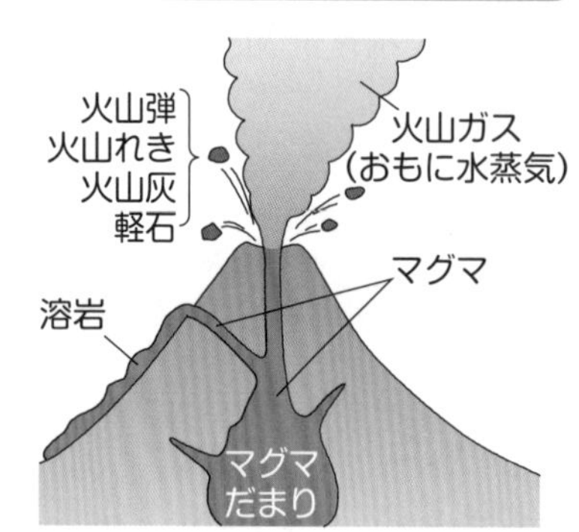

火山の形：火山の形はマグマの粘り気で決まる。**粘り気が大きいマグマ**は流れにくく、**盛り上がった形**（溶岩ドーム）になる。一方、**粘り気が小さいマグマ**は流れやすく、**平たい形**の火山になる。

火成岩

マグマが冷えて固まってできた岩石を**火成岩**という。火成岩には、マグマが地表や地表付近で**急に固まった火山岩**と、マグマが地下深くで**ゆっくり固まった深成岩**がある。

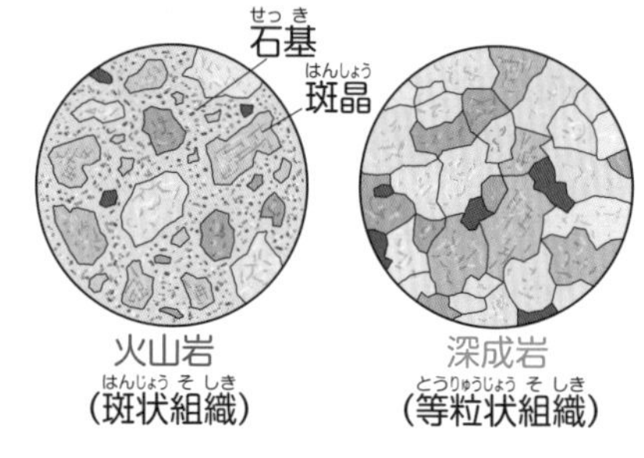

火山岩（斑状組織）　深成岩（等粒状組織）

 日本には現在も噴火を続けている火山や、将来噴火する可能性のある火山があるよ。

 噴火はなぜ起こるの？

 地下深いところにある、地球内部の熱でとかされた岩石「マグマ」は、まわりの固体の岩石より密度が小さいから、上昇してマグマだまりをつくるんだ。そしてその中にたまった気泡の圧力で、地表の岩石がふき飛ぶと噴火が起こるというわけ。

 火山の形はマグマの粘り気で決まるんですね。

 マグマの粘り気は重要で、火山の形はもちろん色にも影響するよ。粘り気が大きいほど無色鉱物の割合が多くて白っぽく、粘り気が小さいほど有色鉱物の割合が多くて黒っぽくなるんだ。鉱物については163ページの大切な用語で確認しよう。

 マグマが冷えて固まった岩石「火成岩」は、冷え方で２種類に分かれるんだね。

 火成岩は、マグマが急に冷えて固まった「火山岩」と、マグマがゆっくり冷えて固まった「深成岩」に分類できるよ。深成岩のほうが、結晶が大きく成長しているのがわかるよね。さらに細かい分類は、右ページの発展知識で確認だ。

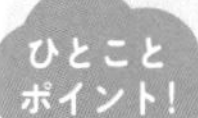

火成岩はマグマの冷え方の違いで、火山岩と深成岩に分類できる！

マグマが急に固まった火山岩は、大きな結晶の斑晶と、細かい結晶やガラスからなる石基でき、このようなつくりを斑状組織といいます。一方、マグマが地下でゆっくり固まった深成岩は、結晶が大きく成長し、石基のような細かい部分がなく、このようなつくりを等粒状組織といいます。

確認問題

① 火山の形は何によって決まるか答ましょう。

② マグマが地表や地表付近で冷やされ、急に固まった火成岩のことを何といいますか。

① 火山の形は**マグマの粘り気**で決まります。

② マグマが地表や地表付近で急に固まった火成岩のことを**火山岩**といいます。

練習問題

右の図のA、Bは火山の形を、C、Dは岩石をルーペで観察したようすを示したものです。次の問い答えましょう。

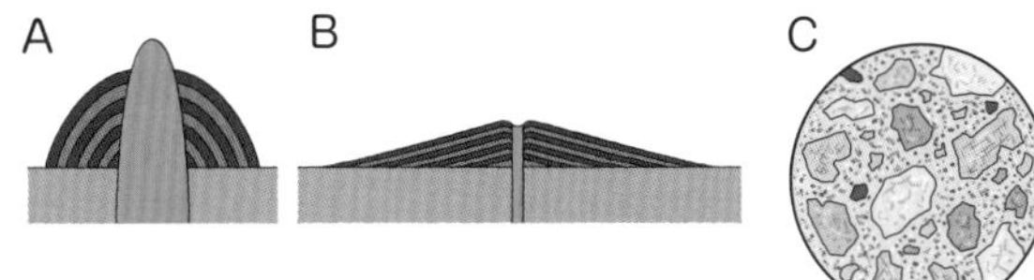

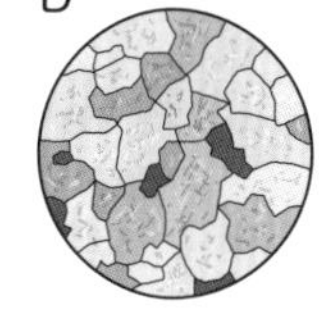

(1) 粘り気が大きいマグマの噴火によってできた火山は、A、Bのどちらですか。

(2) マグマが地下の深いところでゆっくり固まってできた岩石は、C、Dのどちらですか。また、そのような岩石を何といいますか。

解答・解説

(1) 粘り気が大きいマグマは流れにくく、火山の形は**A**のようにドーム型になります。

(2) 結晶が大きく成長した**D**で、**深成岩**といいます。また、つくりは等粒状組織といいます。

発展知識

火山岩と深成岩は、岩石をつくる鉱物の割合で、右の表のように分類できます。例えば、深成岩のうち、無色鉱物のセキエイとチョウ石の割合が大きいものを、花こう岩といいます。

深成岩	花こう岩	せん緑岩	斑れい岩
火山岩	流もん岩	安山岩	玄武岩
全体の色	白っぽい ←	中間	→ 黒っぽい

大切な用語　①火山噴出物　②火山の形　③鉱物　→163ページ

地震の発生とゆれの伝わり方

くらべてわかる！

地震が起こると、速さの速いP波と速さの遅いS波が同時に発生する！

地震の発生

地球表面をおおう巨大な岩盤を、**プレート**という。プレートは少しずつ動いており、重い海のプレート（海洋プレート）が、軽い陸のプレート（大陸プレート）の下に沈みこんでいく。大陸プレートが海洋プレートに引きずられ、地下にひずみがたまり、限界に達すると、**大陸プレートがもとにもどろうと反発**し、**境界で地震が発生**する。

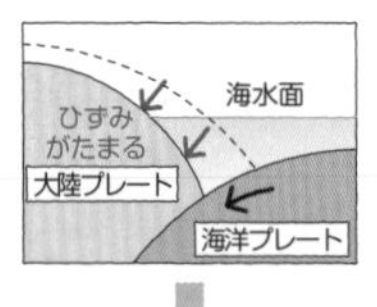

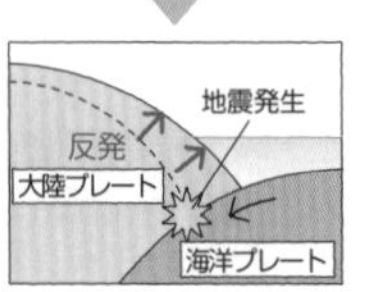

震源：地震が発生した場所を震源という。震源から振動が波となり、四方八方へ同心円状に伝わる。

震央：震源の真上の地表の地点を震央という。

揺れの伝わり方

地震が発生すると**速さの違う２つの波、Ｐ波とＳ波が同時に発生**する。Ｐ波の到着で小さなゆれ（初期微動）が、Ｓ波の到着で大きなゆれ（主要動）が始まる。

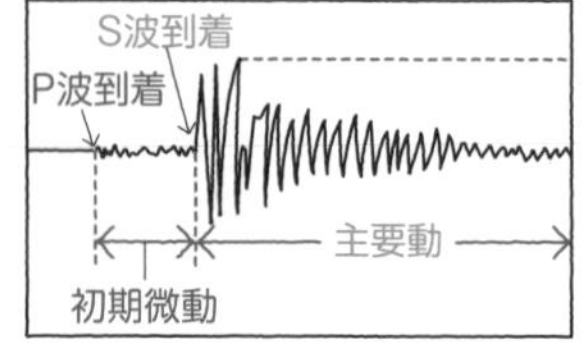

初期微動継続時間

Ｐ波が到着してからＳ波が到着するまでの時間を**初期微動継続時間**という。初期微動継続時間は**震源からの距離に比例**する。

右の図で、a：b＝c：dが成り立つ。

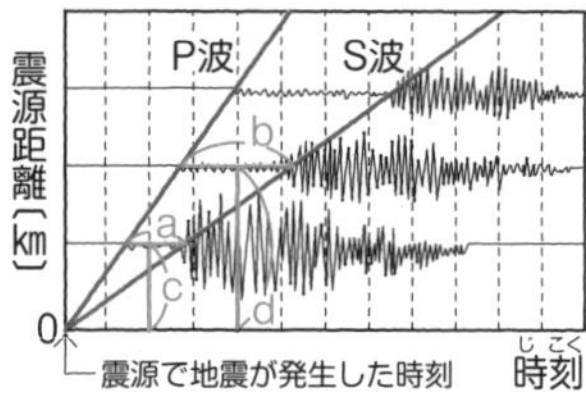

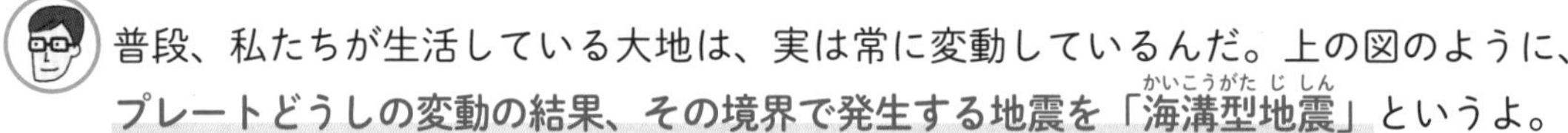

普段、私たちが生活している大地は、実は常に変動しているんだ。上の図のように、**プレートどうしの変動の結果、その境界で発生する地震を「海溝型地震」**というよ。

前に出てきた断層も、たしか地震と関係していたような……？

鋭い！ 地震の発生は他にも、**大陸プレート内部の断層によって発生する「活断層型地震」**（内陸型地震）があるよ。164ページの大切な用語で確認しよう。次にゆれだけど、地震が起こると２種類のゆれが発生するのはわかるかな？

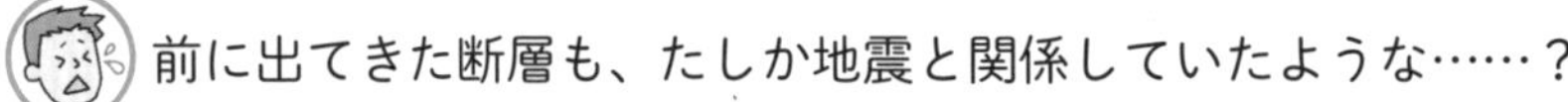

はじめにカタカタと小さくゆれ、そのあと大きくゆれるのを感じた事があります。

はじめの小さなゆれが「初期微動」、あとからくる大きなゆれが「主要動」だよ。地震が起こると震源から２つの速さの違う波が同時に発生するけど、**初期微動は速い波「Ｐ波」**で、**主要動は遅い波「Ｓ波」**で起こるんだ。

震度は場所で違うが、マグニチュードは一つの地震で値は一つ！

よく地震のニュースで震度とマグニチュードという言葉を聞きますが、地震のゆれの程度を表すのが「震度（しんど）」、地震の規模を表すのが「マグニチュード」です。ゆれは震源に近い所ほど大きくなりますが、マグニチュードは地震そのものがもつエネルギーのため、一つの地震で値は一つです。

確認問題

① 地震のゆれのうち、はじめに感じる小さなゆれを何といいますか。
② 地震が起こると同時に発生する2つの波、P 波と S 波はどちらが速いですか。

答　① はじめに感じる小さなゆれを初期微動といいます。
② P 波です。そのため、P 波によって起こるゆれ（初期微動）を先に感じるわけです。

練習問題

右の図1は、ある地震のゆれをある観測地点の地震計で記録したものです。また、図2は、この地震が発生してから、P 波および S 波が届くまでの時間と震源からの距離との関係を示したものです。次の問いに答えましょう。

（1）図1で、A、Bのゆれをそれぞれ何といいますか。
（2）速さの遅い地震の波が到着したのは、図1のa、bどちらの点ですか。
（3）この地震で、P 波が到着してから S 波が到着するまでの時間が20秒の地点は、震源から何kmの地点と考えられますか。図2を使って答えましょう。

図1

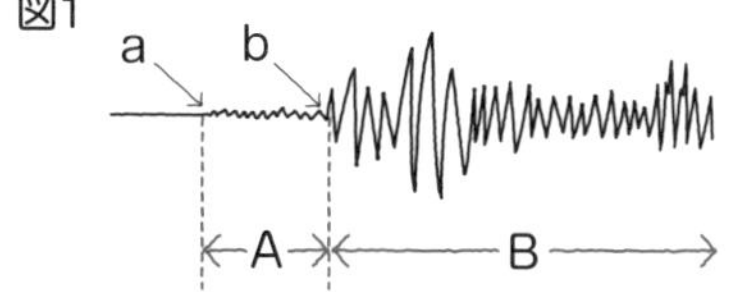

図2

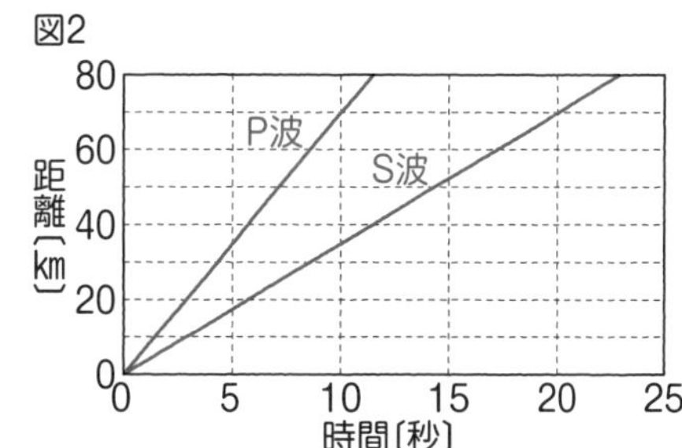

解答・解説

（1）A は、はじめの小さなゆれで**初期微動**、B は、あとからくる大きなゆれで**主要動**といいます。
（2）速さの遅い地震の波は S 波といいます。S 波の到着で主要動が始まるので、**b** です。
（3）P 波が到着してから S 波が到着するまでの時間を初期微動継続時間といいます。初期微動継続時間は、震源からの距離に比例します。図2で、初期微動継続時間が、20－10＝10〔秒〕の震源からの距離は70kmです。よって、求める距離は、70×2＝**140〔km〕**とわかります。

大切な用語　①プレート　②活断層型地震（内陸型地震）　③P 波・S 波　→164ページ

植物細胞と動物細胞

くらべてわかる！

植物も動物も体は細胞からでき、共通して核と細胞膜をもつ！

植物細胞

植物の**体の基本単位**を**細胞**という。細胞は、**染色液によく染まる核を1個**もつ。

右の図は、オオカナダモの葉のプレパラートをつくり、顕微鏡で、染色前とあとのようすを観察したものである。

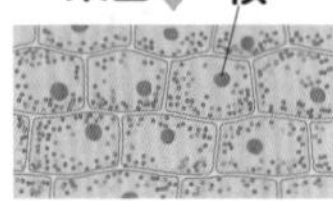

植物細胞のつくり

1個の核と細胞膜をもち、さらに、動物細胞にはない**葉緑体**、**細胞壁**、**大きな液胞**をもつ。

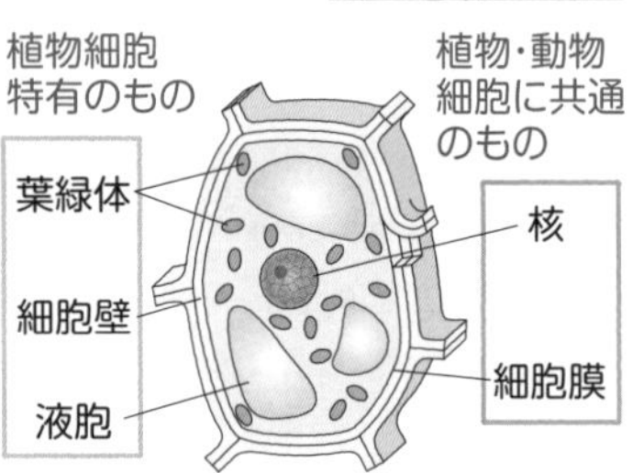

動物細胞

動物の**体の基本単位**も**細胞**で、右の図は、ヒトのほおの粘膜のプレパラートをつくり、観察したものである。

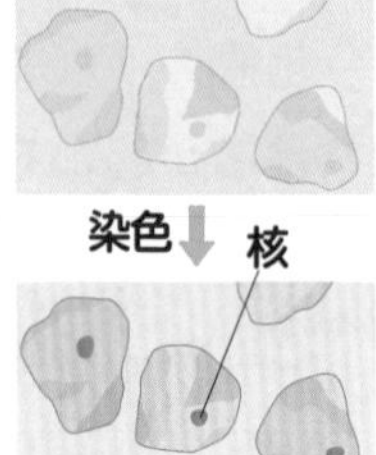

動物細胞のつくり

植物細胞と同じように、1個の核と細胞膜をもつ。

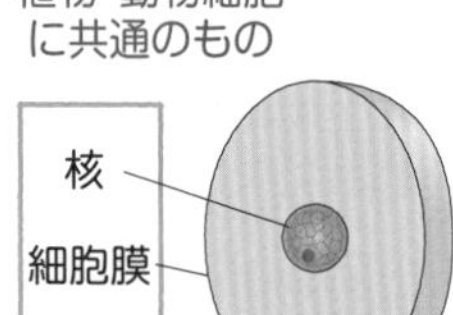

1年生で生物の体の外見を学んだけど、今回は内部のつくりだよ。プレパラートの観察で、**植物細胞も動物細胞も核が赤く染まっている**のがわかるね。

染色には、何を使うんですか？

酢酸オルセイン液や**酢酸カーミン液**を使うよ。これらは、細胞の核にはたらき、**酢酸オルセイン液は核を赤紫色**に、**酢酸カーミン液は核を赤色に染める**んだ。

植物細胞に特有なものに「葉緑体・細胞壁・液胞」とあるけど、細胞壁は体を支えるもので、葉緑体は植物が緑色なのに関係するのかな。液胞って何だろう？

葉緑体は光合成というはたらきをする場所。あとでくわしく学ぶよ。液胞と、ここでは出てこなかった細胞質については右ページの**発展知識**で確認しよう。

ひとことポイント！ **細胞（cell：小さな部屋という意味）は生命の基本単位！**

植物の体も動物の体も多数の細胞が集まってできています。このような生物を多細胞生物といいます。一方ミカヅキモなど、1個の細胞からできている生物を単細胞生物といいます。

確認問題

① 植物や動物の体の基本単位を何といいますか。

② 酢酸カーミン液は、細胞の動きを止め、ある部分を染めて観察しやすくします。何という部分を何色に染めるか答えましょう。

③ 植物細胞と動物細胞に共通して見られるつくりを２つ答えましょう。

④ 植物や動物の体のように、多数の細胞が集まってできた生物を何といいますか。

答 ① 植物や動物の体の基本単位を**細胞**といいます。
② 酢酸カーミン液は、細胞の中の**核**を**赤色**に染めます。
③ 植物細胞と動物細胞はともに、**核**と**細胞膜**をもちます。
④ **多細胞生物**といいます。

練習問題

右の図は、動物と植物の細胞を顕微鏡で観察したときのスケッチです。次の問いに答えましょう。

(1) 動物の細胞は、図１と図２のどちらですか。

(2) 酢酸オルセイン液でよく染まるつくりを記号で選びましょう。

(3) 植物の細胞は動物の細胞にくらべて細胞がしっかりとしています。その原因となるつくりを記号で選びましょう。

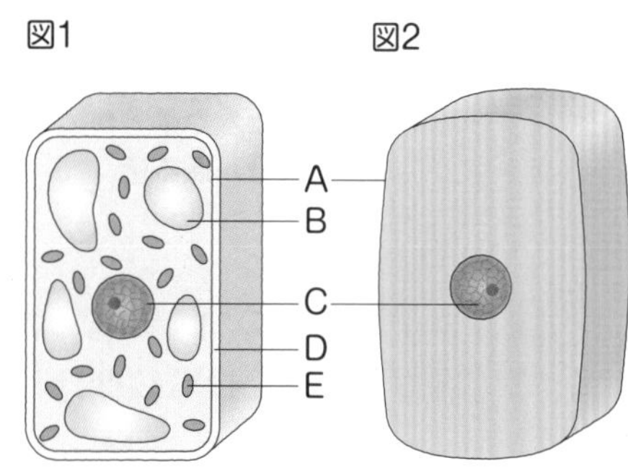

解答・解説

(1) 細胞膜と核からなる**図２**です。一方、図１は植物の細胞で、植物細胞に特有な、Bの大きな液胞、Dの細胞壁、Eの葉緑体が見られます。

(2) 酢酸オルセイン液では、**C**の核が赤紫色に染まります。

(3) **D**の細胞壁です。細胞壁は細胞の形を維持して、細胞を支えるはたらきをしています。

発展知識 **植物細胞に特有のものである大きな液胞には、おもに２つのはたらきがあります。１つ目は水分の調節、２つ目は養分や不要物の蓄積です。**
もう一つ大切なのが、核と細胞壁以外の部分である細胞質です。植物細胞でいうと、細胞膜、葉緑体、大きな液胞も細胞質に含まれます。高校で学習しますが、細胞膜内の核や葉緑体、大きな液胞など以外の空間部分は、細胞質ではなく細胞質基質（さいぼうしつきしつ）といいます。

大切な用語 ①プレパラート ②顕微鏡 ③単細胞生物・多細胞生物 →164〜165ページ

葉のつくりと蒸散

くらべてわかる！

気孔(きこう)は葉の裏側に多いので、蒸発の量は葉の表側より裏側のほうが多い！

葉のつくり

葉は、表と裏を表皮でおおわれ、表皮の内側には緑色の粒（葉緑体）をもつ細胞と葉脈(ようみゃく)がある。葉脈は、**道管(どうかん)と師管(しかん)の2つの管**が束のように集まっており、これを**維管束(いかんそく)**という。

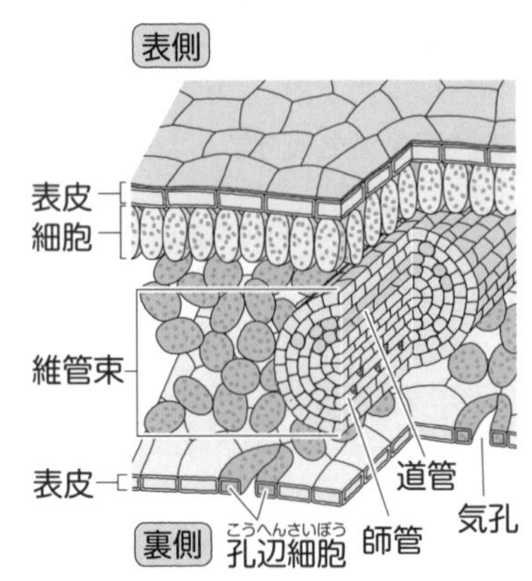

道管：根から吸い上げられた水や養分が通る管
師管：葉でつくられた栄養分が通る管

蒸散

植物が、根から吸い上げた水を、**水蒸気として気孔から蒸発させるはたらき**を**蒸散(じょうさん)**という。蒸散は、体内の水分量の調節などの役目をする。

気孔：三日月形の細胞（孔辺細胞）に囲まれた小さな口のような形のすきま。ふつう、**葉の表側より裏側に多くある。**

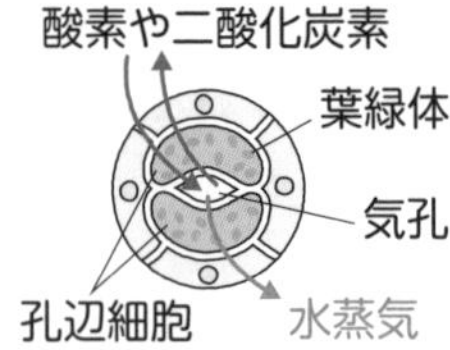

まずは葉の内部のつくりからだよ。葉は表と裏を表皮でおおわれているけど、ふつう、表皮の細胞には葉緑体はないよ。

葉の裏側の表皮にある孔辺細胞には緑色の粒があるけど、葉緑体かな？

表皮には孔辺細胞があり、孔辺細胞は葉緑体をもつけど、表皮自体はもたないんだ。

葉脈ですが、維管束ともいうんですか。

正確には、葉の維管束を「葉脈」というよ。道管と師管の束「維管束」は、根や茎にもあるからね。次に蒸散だけど、蒸散の場となる気孔は、ふつう葉の表側より裏側に多く、孔辺細胞の形の変化で開いたり閉じたりして気体を出し入れするんだ。蒸散では入る気体はないけど、水蒸気が出ていくよ。

ひとことポイント！ 葉は多くの細胞からできていて、維管束や気孔などのつくりをもつ！

葉の内部のつくりを見ると、表側の細胞のほうが裏側の細胞よりぎっしり並んでいることと、道管と師管では、道管が表側にくることがわかります。理由を右ページの**発展知識**で確認しましょう。

確認問題

① 葉でつくられた栄養分を運ぶ管を何といいますか。

② 蒸散で出ていく水蒸気の量は、ふつう、葉の表側と裏側のどちらが多いですか。

答 ① 師管といいます。葉でつくられた栄養分は、師管を通って体の各部に運ばれます。なお、道管も養分を選びますが、道管が運ぶ養分は土にとけこんだ肥料分などで、水といっしょに根の道管から吸い上げられたものです。

② 水蒸気の出口である気孔が多い、葉の裏側のほうが多くなります。

練習問題

右の図1は、葉の断面を拡大したものを模式的に表したもの、図2は、葉の表皮にある小さな口のようなものを拡大して表したものです。次の問いに答えましょう。

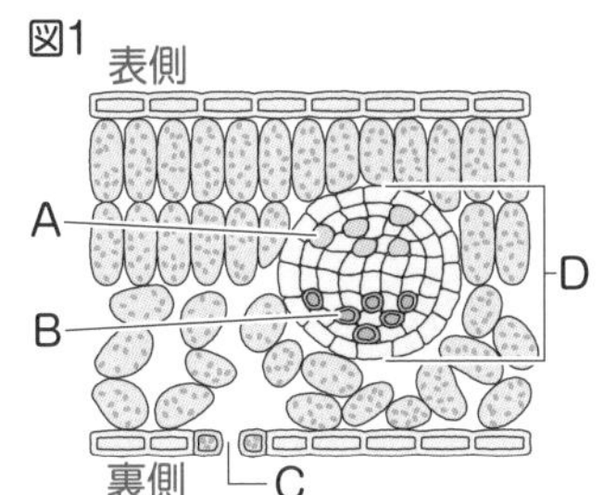

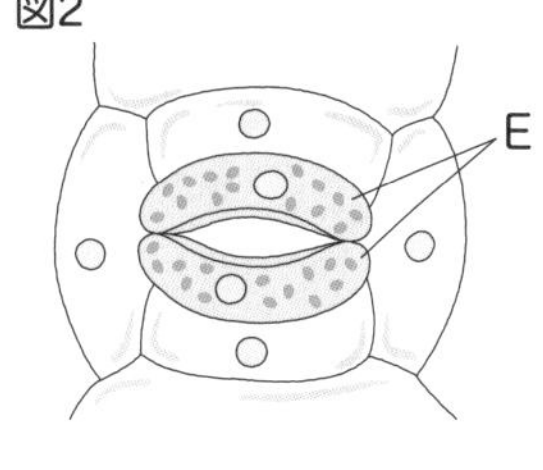

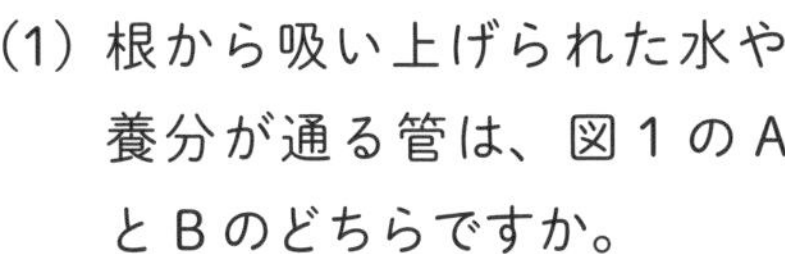

(1) 根から吸い上げられた水や養分が通る管は、図1のAとBのどちらですか。

(2) 葉脈に集まる管Dのことを何といいますか。

(3) 図2のEが開いたり閉じたりすることで、図1のCから気体が出入りします。CとEの名称をそれぞれ答えましょう。

解答・解説

(1) Aの道管です。道管は、葉の表側のほうに、Bの師管は葉の裏側のほうに集まります。

(2) 道管と師管の集まりで、**維管束**といいます。

(3) **Cを気孔**、**Eを孔辺細胞**といいます。蒸散では、孔辺細胞が開くと気孔から水蒸気が出ます。

発展知識

葉の細胞は、表側の細胞のほうが裏側の細胞よりぎっしり並んでいます。表は光を受けやすく、光合成（こうごうせい）（くわしくは100ページ参照）がさかんなため、光合成の場となる葉緑体をもつ細胞がぎっしり並ぶのです。

一方、葉の裏側は気孔が多く、気体が出入りしやすいように細胞がまばらに並んでいます。

葉の道管と師管で、道管が表側にくる理由は、右の図のように、茎からつながる道管と師管の位置が関係します。茎では、道管が内側で師管が外側にあるので、それにつながる葉の道管は上側、師管は下側になるのです。

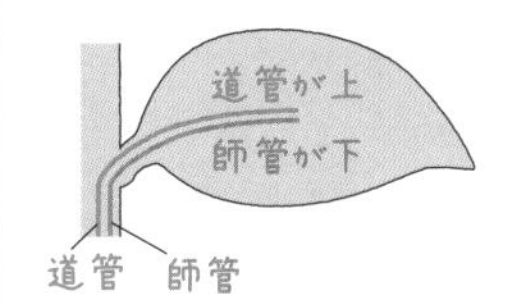

光合成と呼吸

くらべてわかる！

気孔から出入りする気体は、光合成と呼吸で逆になる！

光合成

植物が、葉緑体で光のエネルギーを利用して、**水と二酸化炭素からデンプンなどの栄養分をつくるはたらき**を**光合成**という。

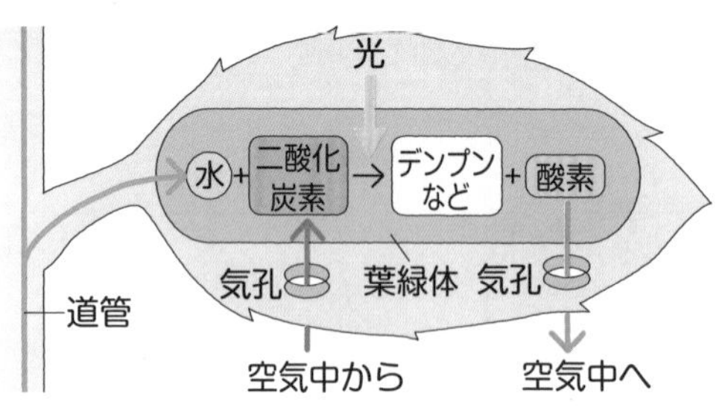

呼吸

細胞に酸素を取り入れ、**栄養分を分解して生活に必要なエネルギーを取り出すはたらき**を呼吸（**細胞呼吸**）という。

栄養分 ＋ 酸素 → 水 ＋ 二酸化炭素
→生活に必要なエネルギー

呼吸に対して光合成では、水と二酸化炭素から栄養分と酸素ができるので、**呼吸と光合成は逆の関係**といえる。

まずは前回の復習だよ。葉で、気体が出入りするところを何ていったかな？

気孔！

正解。光合成では、気孔から二酸化炭素が入り酸素が出て、呼吸では、酸素が入り二酸化炭素が出るんだ。植物は光合成で栄養分をつくり、できた栄養分を使って、呼吸で生活に必要なエネルギーをつくるすごい生物だよ。ではさらに問題。光合成ではデンプンができるけど、デンプンができたことを調べる液の名前は？

ヨウ素液です。

正解。デンプンはヨウ素液につけると青紫色に変化するよ。光合成が葉緑体で行われることと、光合成でデンプンができることを調べる実験に、ふ入りの葉を使った実験がある。テストにもよく出るので165ページの大切な用語で確認しよう。

植物は、昼は光合成をして、夜は呼吸をしているということでいいのかな。

そこは注意！ 呼吸は常にしているので、昼は光合成と呼吸の両方をしているよ。

ひとことポイント！ **光合成は光をあびているときのみ行われ、呼吸は１日中行われる！**

植物は光合成をしているときも呼吸はしています。右ページの発展知識で確認しましょう。

確認問題

① 光合成は、植物の細胞の中の何という部分で行われますか。

② 光合成によってつくられ、空気中に放出される気体は何ですか。

③ 光合成によってデンプンができたことを調べる液は何という液ですか。

④ 植物は、昼は光合成と呼吸のどちらを、よりさかんに行っていますか。

答 ① 光合成は、植物の細胞の中の**葉緑体**で行われます。

② 光合成によってつくられ、空気中に放出される気体は**酸素**です。

③ **ヨウ素液**です。デンプンはヨウ素液につけると青紫色に変化します。

④ 昼は光合成と呼吸の両方が行われていますが、**光合成**のほうをよりさかんに行っています。

練習問題

右の図は、光合成のしくみを模式的に表したものです。次の問いに答えましょう。

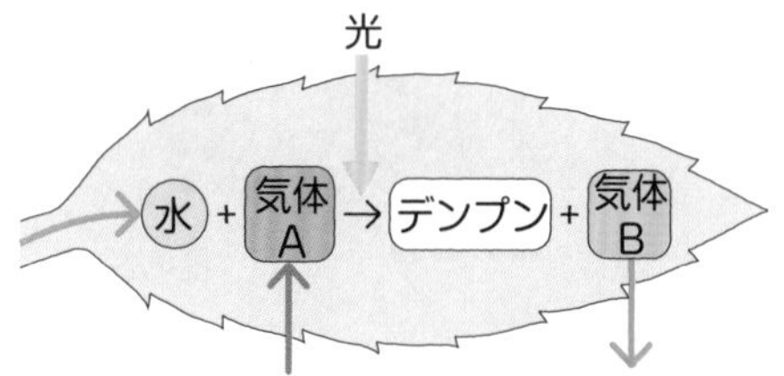

(1) 気体A、Bが出入りするすきまを何といいますか。

(2) 気体Aは光合成の原料として、空気中から取り入れられている気体です。この気体は何か答えましょう。

(3) 気体Bは光合成によってつくられ、空気中に放出されている気体です。この気体は何か答えましょう。

(4) 呼吸によって空気中に放出される気体は、気体A、気体Bのうちどちらですか。

解答・解説

(1) **気孔**といいます。

(2) 光合成の原料として空気中から取り入れられている気体は、**二酸化炭素**です。

(3) 光合成によってつくられ、空気中に放出されている気体は**酸素**です。

(4) 呼吸によって空気中に放出される気体は、二酸化炭素の**気体A**です。

植物は、光のあたる昼は光合成と呼吸を行い、夜は呼吸だけを行っています。光合成では二酸化炭素を取り入れ酸素を放出し、呼吸では酸素を取り入れ二酸化炭素を放出しますが、昼は光合成のほうが呼吸よりさかんに行われるため、全体として、二酸化炭素を取り入れ酸素を放出していることになります。そのため、見かけ上、昼は光合成だけが行われているように見えます。

大切な用語 ①光合成 ②ふ入りの葉を使った実験 →165ページ

茎のつくりと根のつくり

くらべてわかる！

水は根毛（こんもう）から吸収され、根の道管と茎の道管を通って体全体に運ばれる！

茎のつくり

茎の内部には、光合成でつくられた栄養分の通り道である師管と、根から吸い上げられた水や養分の通り道である道管が並んでいる。
双子葉類では**道管と師管の束（維管束）が輪になって並び、単子葉類**では**維管束が全体に散らばる。**

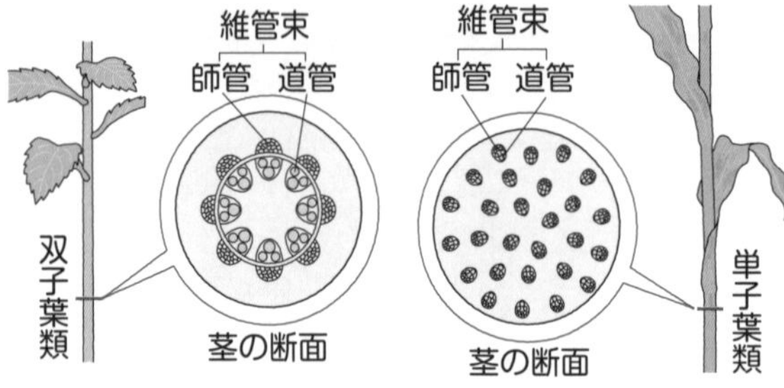

根のつくり

根の内部には道管と師管が通り、先端近くの表皮には根毛がある。**根毛**により、土とふれる部分の**表面積を増やし、効率よく土の中の水分や養分を吸収**できる。

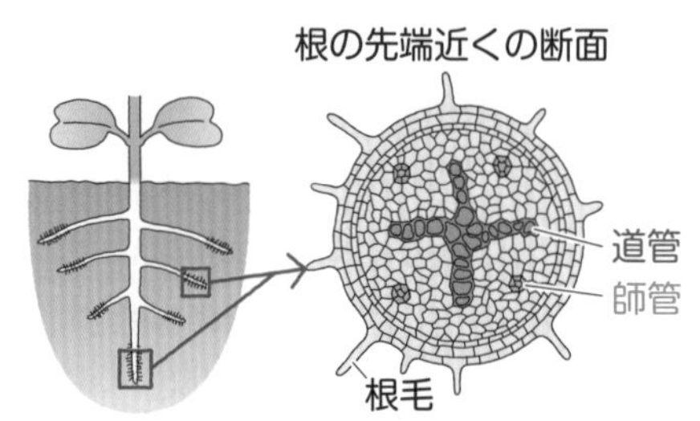

葉に続いて、茎と根のつくりだよ。葉・茎・根すべてに道管と師管が束になった「維管束」があるけど、茎の維管束は双子葉類と単子葉類で並び方が違うぞ。

双子葉類は輪になっているけど、単子葉類はばらばらだ。あれ？ 両方とも道管が内側にあるけど偶然かな。

偶然ではないよ。単子葉類・双子葉類ともに、茎の内側（中心に近いところ）に道管が、外側に師管があるよ。では続いて、根のつくりを見ていく前に問題！根には大切なはたらきが2つある。何かわかるかな。

１つは水や養分を吸い上げることだと思いますが、もう１つは何だろう……？

もう１つは体を支えるはたらきだよ。水や養分を吸い上げるはたらきには根の先端近くにある細かい毛のようなもの「根毛」が大きく関係しているよ。根毛によって根の表面積がとても大きくなり、土の中の水や養分が効率よく吸収されるんだ。

ひとことポイント！ **道管は土の中の水だけでなく、肥料などの養分も運ぶ！**

道管は、水といっしょに根から吸い上げられた養分も運びます。葉でつくられた栄養分を運ぶ師管との違いに注意です。

確認問題

① 茎の内部のつくりで、葉でつくられた栄養分を運ぶ管を何といいますか。

② 茎の道管と師管のうち、より内側にあるのはどちらですか。

③ 植物は、根毛によって土の中の水や養分を効率よく吸い上げることができます。その理由を20字以内で答えましょう。

答 ① 葉でつくられた栄養分を運ぶ管を師管といいます。茎は、根で吸い上げられた水と養分を道管で、葉でつくられた栄養分を師管で体全体に運ぶ役割をしています。

② より内側にあるのは道管です。

③ 土にふれる表面積が大きくなるためです。

練習問題

右の図1は、植物の茎の断面の一部を、図2は植物の根の断面の一部をそれぞれ模式的に表したものです。次の問いに答えましょう。

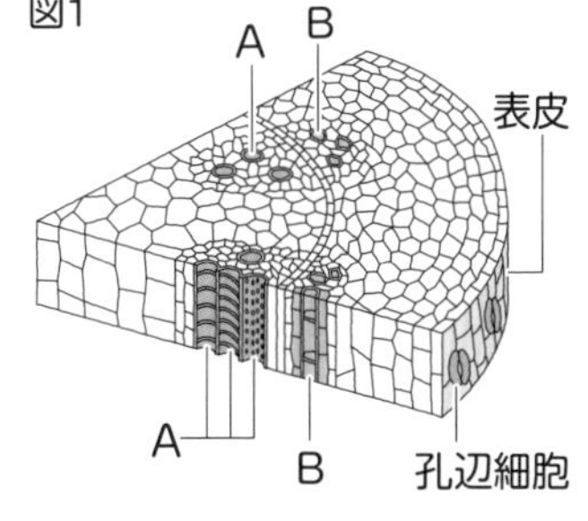

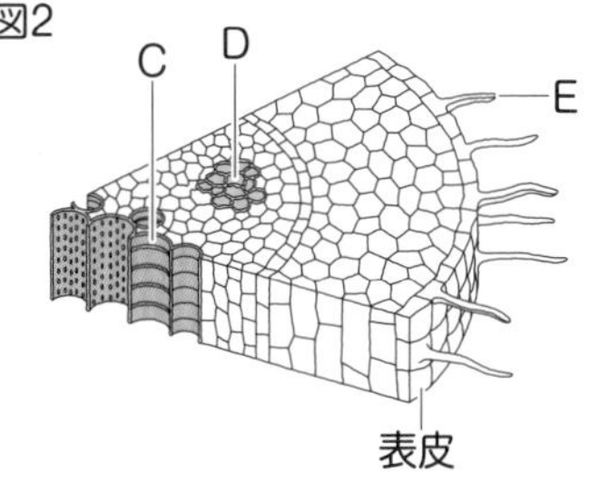

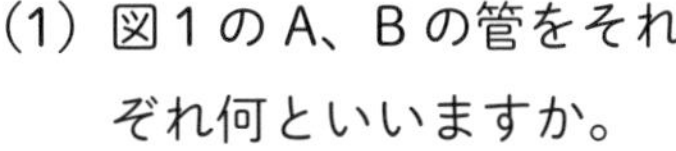

(1) 図1のA、Bの管をそれぞれ何といいますか。

(2) 図1のような茎をもつ植物を、次のア～クの中からすべて選びましょう。

ア．タンポポ　イ．スズメノカタビラ　ウ．ユリ　エ．トウモロコシ

オ．アサガオ　カ．ツツジ　キ．イネ　ク．ツユクサ

(3) 図2のCとDのうち、図1のAにあたる管はどちらですか。

(4) 図2のEのつくりを何といいますか。

解答・解説

(1) Aの管を**道管**、Bの管を**師管**といいます。茎では、道管は師管よりも内側にあります。道管が水を運ぶことと、師管の内側にあることの覚え方に、"水道管は内側（地面の下のこと）を通る"というものがあります。なかなか覚えられない人はこうして覚えてみてください。

(2) 図1では、道管と師管が束になっている「維管束」が輪のように並んでいるので、図1は双子葉類の茎のつくりとわかります。よって、**ア、オ、カ**です。

(3) 図2のCは道管、Dは師管です。図1のAは道管なので、図1のAにあたる管は**C**です。

(4) 根の先端に近い表皮細胞が変化したもので、**根毛**といいます。

大切な用語　①茎の道管・師管　②根毛　→166ページ

消化と吸収

くらべてわかる！

消化管を通る間に消化された栄養分の多くは、小腸の柔毛（じゅうもう）から吸収される！

消化

食物は、**口→食道→胃→小腸→大腸→肛門とひとつながりの管（くだ）「消化管」**を通る間に、体内に吸収されやすいよう細かい物質に分解される。このはたらきを**消化**という。だ液など、食物を消化できるはたらきをもつ消化液には、**消化酵素**とよばれる物質が入っており、それぞれ**分解する栄養素が決まっている。**消化液をつくったりたくわえたりする肝臓や胆のう、すい臓を合わせて**消化器官**という。

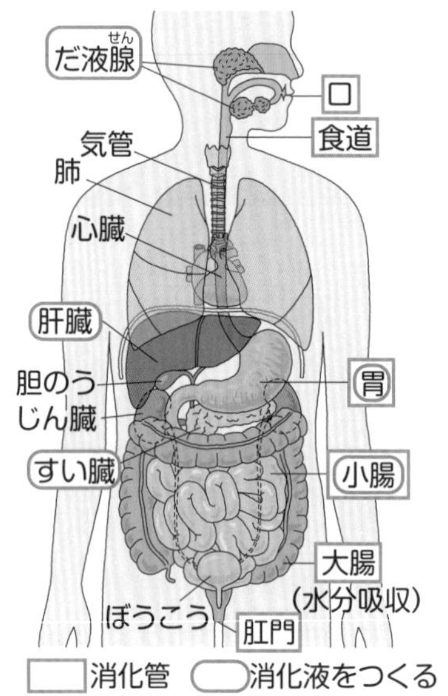

吸収

消化された栄養分の多くは、小腸の内側の壁（かべ）の表面にある**柔毛という突起から吸収**される。柔毛があることで、**表面積が非常に大きくなり、栄養分を効率よく吸収できる。**消化によってデンプンが変化したブドウ糖、タンパク質が変化したアミノ酸、脂肪（しぼう）が変化した脂肪酸・モノグリセリドは、まず、柔毛で吸収される。

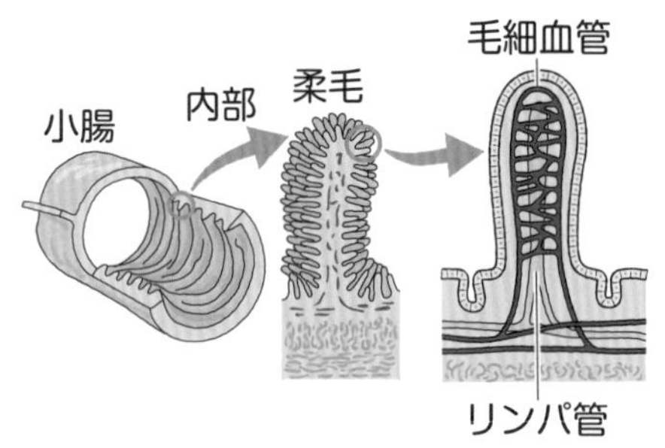

ごはんをかんでいると甘くなるよね。あれは、**だ液のはたらきで、デンプンが麦芽糖などの細かい粒に消化された**からだよ。**だ液のような消化液の中には、「消化酵素」という決まった相手を分解する物質が含まれている**んだ。どの消化液がどの物質にはたらくかを、右ページの**発展知識**で確認しよう。

消化管は、消化液をつくるものとつくらないものがあるんですね。

そこは注意が必要だよ。**消化液をつくらない大腸は、水分を吸収するはたらきがあること**も合わせてチェックだ。では次に、吸収を見ていこう。

柔毛って、前回出てきた根毛となんか似てる気がする。

表面積を大きくして効率よく吸収するところは同じだよ。柔毛で吸収されてからの栄養分の流れは、166ページの**大切な用語**の柔毛で確認しよう。

ひとこと
ポイント！

消化酵素は、はたらく相手とはたらく温度が決まっている！

例えば、だ液の中に含まれるアミラーゼという消化酵素は、体温近くでデンプンにはたらき、デンプンを麦芽糖（ばくがとう）に分解しますが、タンパク質や脂肪にははたらきません。

確認問題

① 食物の栄養分を分解して、吸収しやすい物質に変えるはたらきを何といいますか。

② 分解された栄養分は、小腸の内側の壁にある何という突起から吸収されますか。

答　① 消化といいます。

② 分解された栄養分は、小腸の内側の壁にあるひだの表面の突起「柔毛」から吸収されます。

練習問題

右の図は、ヒトの消化器官を模式的に表したものです。次の問いに答えましょう。

(1) A～Fのうち、消化液をつくる器官をすべて答えましょう。

(2) A～Fのうち、消化された栄養分が吸収される器官を答えましょう。

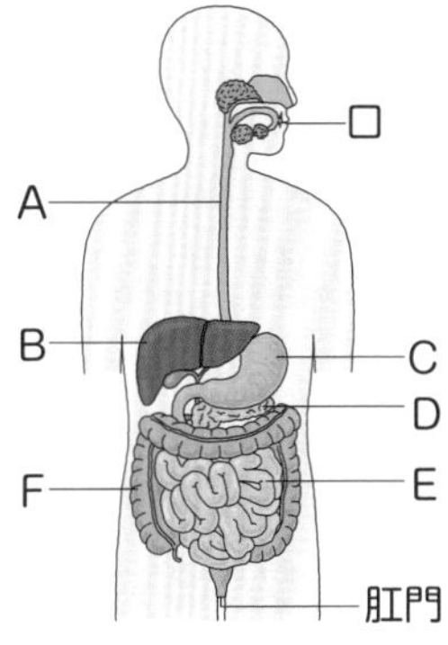

解答・解説

(1) Aは食道、Bは肝臓、Cは胃、Dはすい臓、Eは小腸、Fは大腸です。このうち、消化液をつくるのは、B、C、D、Eです。

(2) 消化された栄養分が吸収される器官はEの小腸で、小腸内部の柔毛から吸収されます。

発展
知識

消化酵素は決まった物質のみにはたらきます。だ液中の酵素はデンプンにはたらきます。胃液中の酵素はタンパク質にはたらきます。肝臓でつくられ、胆のうにたくわえられる胆汁（たんじゅう）は酵素を含みませんが、脂肪にはたらき、脂肪を分解しやすくします。すい液中の酵素はデンプン・タンパク質・脂肪すべてにはたらきます。小腸でつくられる腸液には、小腸の壁にある酵素がとけていて、デンプンとタンパク質にはたらきます。最終的に、デンプンはブドウ糖に、タンパク質はアミノ酸に、脂肪は脂肪酸とモノグリセリドに分解されます。

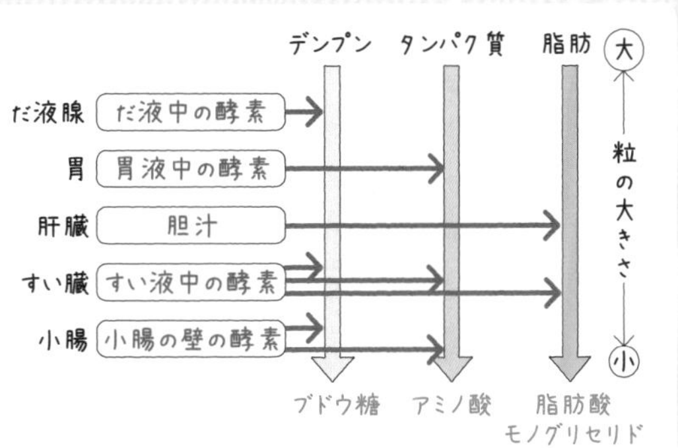

大切な用語　①消化酵素　②消化器官　③柔毛　→166ページ

6 呼吸器官と呼吸運動

くらべてわかる！

ヒトの外呼吸は、横隔膜とろっ骨による肺の容積の変化を利用している！

呼吸器官

生物の呼吸は**細胞呼吸（内呼吸）と外呼吸に分けられる**が、外呼吸をするために発達した器官を**呼吸器官**という。ヒトの呼吸器官には、気管、肺、気管支などがあり、鼻や口から取り入れられた空気は、**気管→気管支→肺（肺胞）へとつながる呼吸器官**を通して体の中に取り入れられる。

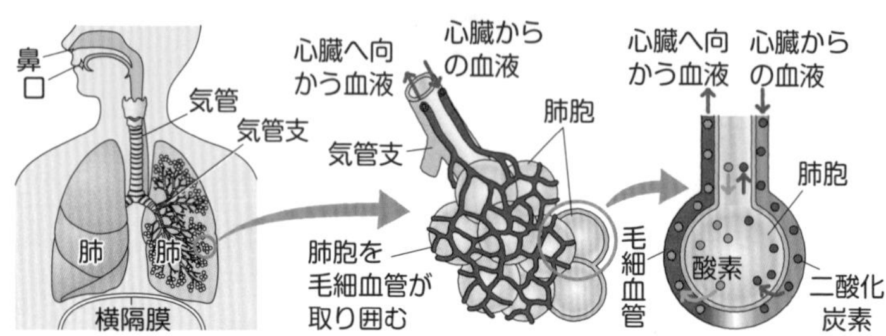

呼吸運動

肺には筋肉がないため、横隔膜とろっ骨を上下させ、胸こう（肺が入った部屋）の**容積を変化させて外呼吸を行う。**

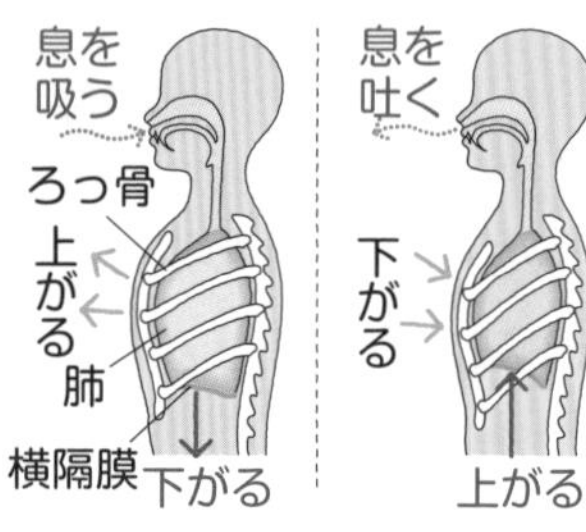

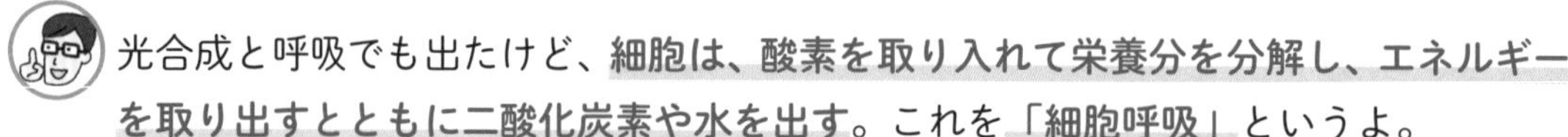

光合成と呼吸でも出たけど、細胞は、酸素を取り入れて栄養分を分解し、エネルギーを取り出すとともに二酸化炭素や水を出す。これを「細胞呼吸」というよ。

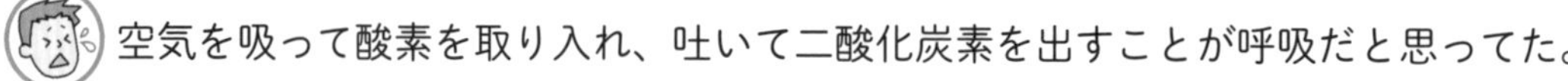

空気を吸って酸素を取り入れ、吐いて二酸化炭素を出すことが呼吸だと思ってた。

それが外呼吸。ヒトの肺は気管支と肺胞からなり、肺胞の表面には毛細血管が張りめぐらされている。吸いこまれた空気中の酸素は、毛細血管中の血液にとけて全身の細胞に運ばれ、細胞呼吸で使われて出た二酸化炭素は、毛細血管中の血液から肺胞中に出される。こうして、酸素と二酸化炭素は交換されているんだ。

呼吸運動で、肺は筋肉がないのに動くんですね。

息を吸うと横隔膜が下がってろっ骨は上がり、肺がふくらむよ。しくみは、167ページの大切な用語のゴム膜を使ったヒトの呼吸運動のモデルで確認しよう。

ひとことポイント！ 肺胞の表面積は大きく、効率よく酸素と二酸化炭素が交換できる！

肺胞は、直径約0.2mm の袋状のものですが、約３億個もあり、総表面積は教室の大きさ位になります。空気とふれる表面積が大きく、効率よく酸素と二酸化炭素が交換できるわけです。

確認問題

① 気管、肺、気管支など外呼吸をするために発達したつくりを何といいますか。

② 気管支の先にある、多数の袋状のつくりを何といいますか。

③ ヒトが息を吐くとき、横隔膜は上がりますか、それとも下がりますか。

答 ① **呼吸器官**といいます。

② **肺胞**といいます。肺胞の表面には毛細血管が張りめぐらされていて、酸素と二酸化炭素の交換が行われています。

③ ヒトが息を吐くとき、ろっ骨が下がり横隔膜は**上がります**。それによって空気が出て、肺がしぼみます。

よくある誤答例

「官」と「管」の字の使い分けをミスする誤答がよく見られます。一般的に、官は役目という意味がありますが、体のはたらきをする部分という意味ももちます。一方、「管」はくだを意味します。器官は一定のはたらきをもつ部分で、気管は空気が通る管です。

練習問題

右の図は、肺のつくりの一部を模式的に表したものです。次の問いに答えましょう。

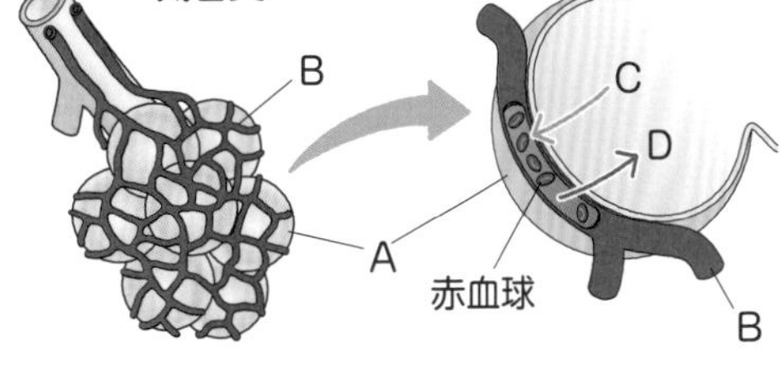

(1) 気管支の先についている小さな袋 A を何といいますか。

(2) 血液が物質の受けわたしを行うところでは、血管は細かく枝分かれして網の目のようになっています。このような血管 B を何といいますか。

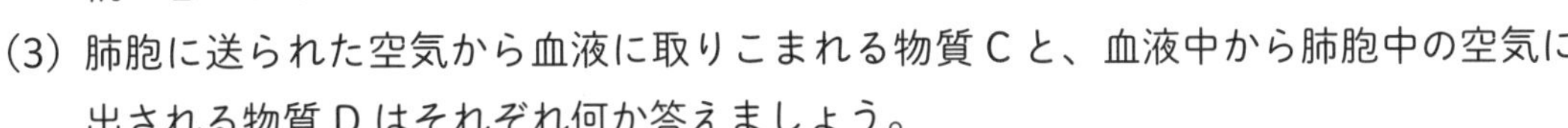

(3) 肺胞に送られた空気から血液に取りこまれる物質 C と、血液中から肺胞中の空気に出される物質 D はそれぞれ何か答えましょう。

解答・解説

(1) **肺胞**といいます。肺胞は約3億個もあります。

(2) **毛細血管**といいます。肺胞のまわりの毛細血管では、酸素と二酸化炭素の受けわたしがされます。

(3) 血液に取りこまれる物質 C は**酸素**、血液中から出される物質 D は**二酸化炭素**です。酸素は血液中の赤血球によって体中に運ばれます。

大切な用語 ①細胞呼吸 ②ゴム膜を使ったヒトの呼吸運動のモデル →167ページ

心臓のつくりと血液の循環

くらべてわかる！

血液は心臓の拍動で、心臓→全身→心臓→肺→心臓と循環する！

心臓のつくり

ヒトの心臓は厚い筋肉でできていて、2つの心房と2つの心室からなる。**心房と心室**は、**交互に周期的に収縮することでポンプのように血液を循環**させる。この心臓の活動を、**拍動**という。
心臓から出た血液は、全身の細胞に栄養分や酸素をわたし、不要な二酸化炭素やアンモニアなどを取りこんで再び心臓にもどってくる。

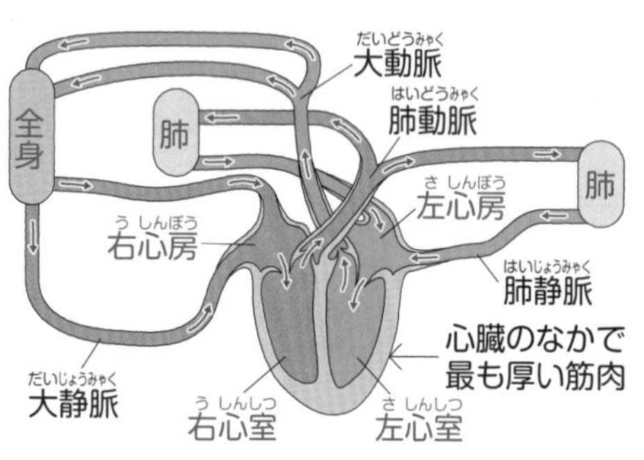

血液の循環

心臓から出た血液がふたたび心臓にもどる道すじには、**体循環**と**肺循環**がある。

体循環：血液が、心臓（左心室）から肺以外の全身に送られて、心臓にもどる流れ。

肺循環：血液が、心臓（右心室）から肺に送られて、心臓にもどる流れ。

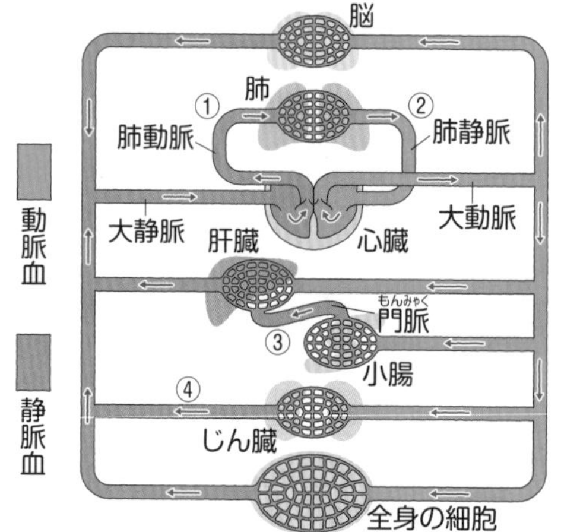

血液は、心房と心室の周期的な収縮「拍動」によって全身を循環しているよ。

心臓のつくりは複雑すぎる……。

“室”は“房”よりも奥。「大～」とつく血管は心臓と体が、「肺～」とつく血管は心臓と肺がそれぞれつながっている血管で、動脈は心臓から出る血液が、静脈は心臓にもどる血液がそれぞれ流れる血管だよ。さて問題。血液の循環の図で、最も酸素が多く含まれている血液が流れている血管は①と②のどっち？

肺で酸素の受けわたしが行われるので、肺から心臓に向かう②だと思います。

正解。反対に①を流れる血液は、酸素が最も少ないよ。あと、③の小腸と肝臓をつなぐ血管「門脈」には、食後、最も多くの栄養分を含む血液が、じん臓を通ったあとの④には、尿素などの不要物が最も少ない血液が流れることも大切！

動脈血は酸素を多く含み、静脈血は酸素を少ししか含まない血液！

まぎらわしいですが、動脈を流れる血液が動脈血ではなく、酸素を多く含む血液を動脈血といいます。肺静脈と大動脈には動脈血が流れます。一方、酸素を少ししか含まない血液を静脈血といいます。肺動脈と大静脈には静脈血が流れます。本当にややこしいですね。

確認問題

① 心房と心室は、交互に周期的に収縮することで、ポンプのように血液を取りこんだり送り出したりしています。このような心臓の周期的な収縮を何といいますか。

② 心臓につながる血管で、全身から心臓にもどる血液が流れる血管を何といいますか。

答　① 心房と心室の周期的な収縮を、**拍動**といいます。

② まず、心臓と全身がつながることから「大～」がつくことがわかります。一方、心臓にもどる血液が流れる血管ということから静脈とわかります。以上のことから、**大静脈**とわかります。

練習問題

右の図は、ヒトの血液の循環のようすを模式的に表したものです。次の問いに答えましょう。

(1) 心臓から肺以外の全身をまわって心臓にもどる血液の経路を何といいますか。

(2) 酸素を最も多く含む血液が流れている血管を、a～eの中から選びましょう。

(3) 食後、最も多くの栄養分を含む血液が流れている血管を、a～eの中から選びましょう。

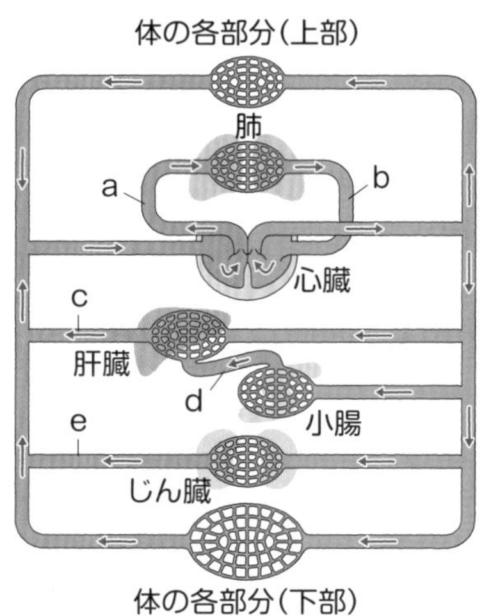

解答・解説

(1) **体循環**といいます。体循環では、血液は左心室→大動脈→全身の毛細血管→大静脈→右心房と循環します。

(2) 肺で二酸化炭素をわたし、かわりに酸素を受け取った血液が流れる**b**の血管です。

(3) 小腸から肝臓へ流れる血液が通る、**d**の門脈です。小腸で吸収されたブドウ糖やアミノ酸は、門脈を通って肝臓に運ばれ、肝臓にたくわえられます。肝臓のはたらきについては、167ページの大切な用語を確認しましょう。

大切な用語　①拍動　②動脈・静脈　③肝臓のはたらき　→167ページ

血液のはたらきと排出系

くらべてわかる！

二酸化炭素などの不要物は血液にとけて運ばれ、肺や排出系で排出される！

血液のはたらき

血液は、固形成分の血球（**赤血球**・**白血球**・**血小板**）と、液体成分の**血しょう**からできている。

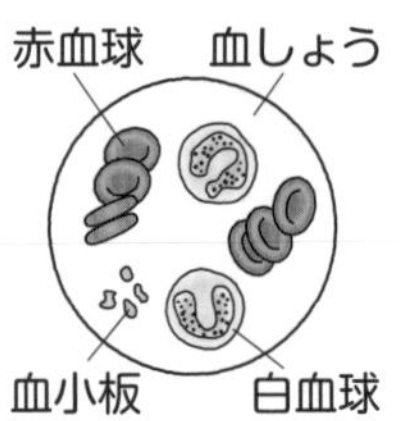

赤血球：赤い色素ヘモグロビンをもつ円盤状の細胞で、**酸素を運ぶ**。

白血球：体内の細菌や異物をとらえて分解する。

血小板：出血したとき血液を固める。

血しょう：**栄養分・二酸化炭素・不要物（尿素など）を運ぶ。**

排出系

細胞呼吸ではエネルギーとともに、**不要物の二酸化炭素**や**有害なアンモニア**などができる。

二酸化炭素の排出：血しょうにとけて、肺まで運ばれて体外に排出される。

アンモニアの排出：
血液で**肝臓に運ばれ、無害な尿素に変えられる**。尿素はさらにじん臓に運ばれ、**こし出されて尿となり**、輸尿管（尿管）を通ってぼうこうにためられたあと、尿として排出される。**じん臓やぼうこうなどを排出系**とよぶ。

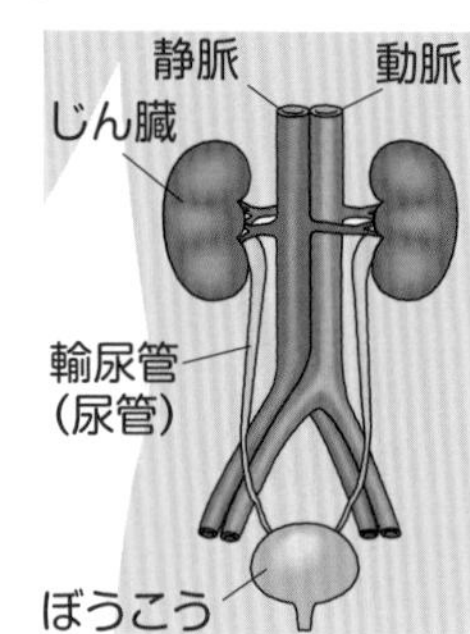

これまでに、血液は栄養分や酸素、二酸化炭素などを運ぶことを学んだけど、ここでは血液の成分について見ていくよ。

酸素は赤血球が運ぶんだ。血液が赤いのは、赤い色素のヘモグロビンのため？

そうだよ。実は血液の色だけでなく、酸素を運ぶのもヘモグロビンの性質に関係しているよ。168ページの大切な用語で確認しよう。

血しょうはいろいろな物質を運ぶんですね。

血しょうは毛細血管からしみ出し細胞のまわりを満たしている。これを「組織液」というよ。組織液には酸素もとけていて、全身の細胞は組織液をかいして栄養分や酸素などを取りこみ、二酸化炭素やアンモニアなどを出しているんだ。

アンモニアって、有害なの？

そうだよ。アンモニアは非常に毒性が強いからそのままでは排出されず、肝臓で尿素に変えられてからじん臓でこしとられ、尿として排出されるんだよ。

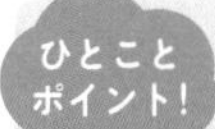

細胞呼吸で生じた不要物は、肺やじん臓、汗腺を通して排出！

細胞呼吸では不要物として二酸化炭素や水、アンモニアなどが生じます。二酸化炭素は血しょうにとけて肺まで運ばれて排出されます。水はじん臓や汗腺に運ばれたあと、尿や汗として排出されます。毒性の強いアンモニアは、肝臓で無害な尿素になり、じん臓に運ばれたあと尿として排出されます。

確認問題

① 血液の成分のうち、固体のものを３つあげましょう。

② 細胞呼吸でできた栄養分や二酸化炭素は、血液の液体成分で運ばれます。その液体成分を何といいますか。

③ 細胞呼吸でできた有害なアンモニアは、肝臓で他の物質に変えられます。何という物質に変えられるか答えましょう。

答 ① 血液の固体成分である血球には、赤血球・白血球・血小板の３つがあります。
② 血しょうといいます。細胞呼吸でできた栄養分や二酸化炭素は、血しょうで運ばれます。
③ 細胞呼吸でできた有害なアンモニアは、肝臓で無害な尿素に変えられます。

練習問題

右の図１は血液の成分を、図２はヒトの体の一部をそれぞれ模式的に表したものです。次の問いに答えましょう。

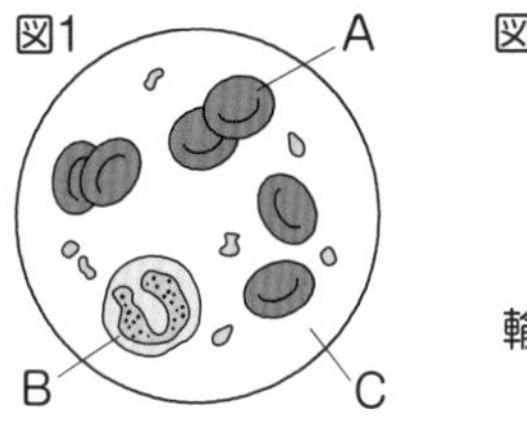

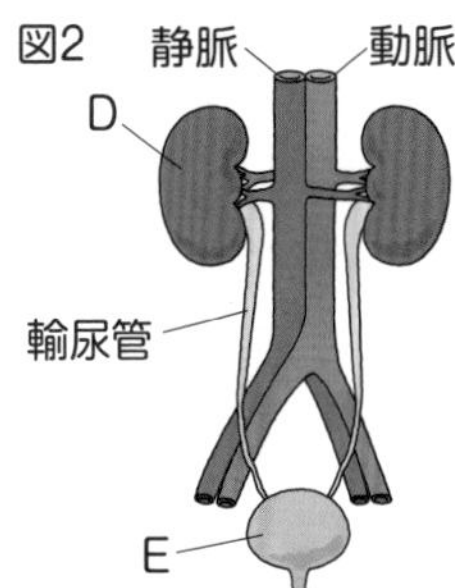

(1) 図１で、酸素を運ぶ成分を記号で答えましょう。

(2) 図１で、体内の細菌や異物をとらえて分解する成分を記号で答えましょう。

(3) 図２のD、Eの各器官をそれぞれ何といいますか。

(4) 図２のDは、肝臓で有害なアンモニアから変えられたある物質をこし出します。何という物質をこし出すか答えましょう。

解答・解説

(1) 酸素は赤血球で運ばれます。赤血球は、円盤状のAです。

(2) 体内の細菌や異物をとらえて分解する成分は、アメーバ状のBの白血球です。

(3) Dをじん臓、Eをぼうこうといいます。じん臓は左右に合わせて２つあります。

(4) Dのじん臓は、肝臓で有害なアンモニアから変えられた尿素をこし出します。

大切な用語　①ヘモグロビン　②汗腺　→168ページ

神経系と反射

くらべてわかる！

刺激の信号が命令の信号に変わる経路は、脳を通る場合と通らない場合がある！

神経系

感覚器官：**目や耳、皮ふなど刺激を受け取る器官**を**感覚器官**という。感覚器官には特定の刺激を受け取る感覚細胞が多数集まっている。

刺激の伝達：
感覚器官で受けた刺激は感覚細胞で信号に変えられ、**感覚神経→脊髄→脳**に送られる。脳ではどう反応するかの命令の信号を出し、**脳→脊髄→運動神経→筋肉**へと伝達される。

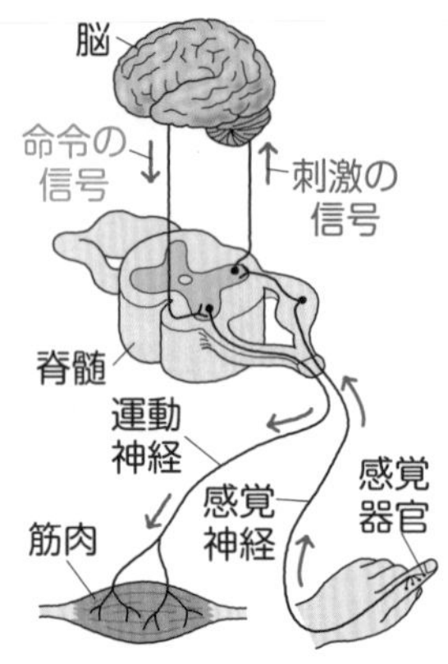

神経系：
中枢神経（脳と脊髄）、末梢神経（感覚神経や運動神経）など、**信号の伝達や命令を行う器官**を**神経系**という。

反射

刺激に対して意識して起こす反応は、刺激の信号が脳を通ってから運動神経に伝わる。一方、**刺激に対して無意識に起こる反応**では、刺激の信号が**脊髄から直接運動神経に伝わる**。このような反応を**反射**という。

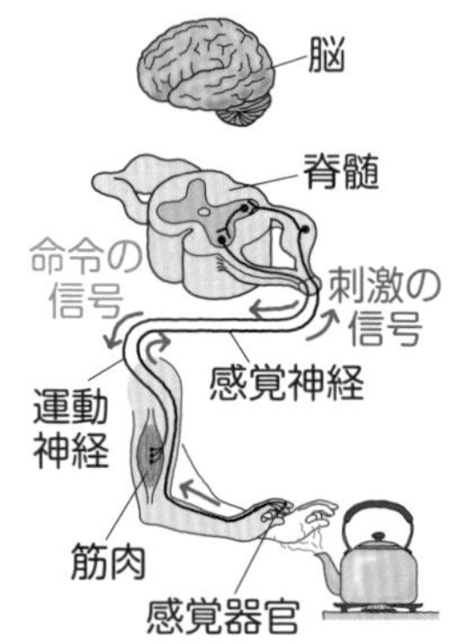

外から刺激を受けたときの反応には、刺激の信号が大脳を通る場合と通らない場合があるよ。例えば背中がかゆいとき、背中の皮ふからのかゆいという刺激の信号が、感覚神経→脊髄→脳→脊髄→運動神経→筋肉へと伝わり、背中をかくんだ。

いろんなところを通るから、時間がかかりそうだね。

そこで反射が登場するんだ。熱いやかんをさわると、とっさに手を引くよね。皮ふで受けた刺激の反応が、感覚神経→脊髄→運動神経→筋肉へと伝わり、信号が脳を経由しない。刺激を受け取ってから反応を起こすまでの時間が短く、危険回避に役立つというわけ。

脳に信号が伝わらないのに熱いという感覚があるのはなぜでしょう？

実は、脊髄では命令の信号を運動神経に伝えるとともに、脳にも刺激の信号を送っている。だから、あとから熱いという感覚がくるんだ。意識して手を動かすにしろ反射で動かすにしろ、骨格筋が関係するよ。168ページの大切な用語で確認しよう。

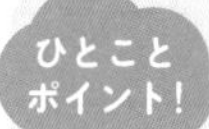

意識して起こす反応では、刺激の電気信号が必ず脳を通る！

外からの刺激に意識して反応するとき、刺激の信号は必ず脳を通ります。このとき、刺激の信号が脊髄を通るか通らないかは、感覚器官が首（脊髄）より上にあるか下にあるかで決まります。例えば落下するボールを手でつかむ時は、目からの刺激の信号は、感覚神経→脳→脊髄→運動神経→筋肉へと伝わり、刺激の信号は脊髄を経由せず、感覚神経から脳に直接伝わります。

確認問題

① 目や耳、皮ふなど刺激を受け取る器官を何といいますか。

② 中枢神経や末梢神経など、信号の伝達や命令を行う器官をまとめて何といいますか。

① **感覚器官**といいます。感覚器官で受け取った刺激は、感覚細胞で信号に変わり、感覚神経によって伝達されます。

② **神経系**といいます。ヒトの神経系は、中枢神経系と末梢神経系の２つに分けられます。中枢神経は脳と脊髄にある神経のことで、末梢神経は感覚神経や運動神経など、体の各部と中枢神経を結ぶ神経を指します。

練習問題

右の図は、ヒトの神経系を模式的に表したものです。次の問いに答えましょう。

(1) A の神経および B の神経を、それぞれ何といいますか。

(2) 熱いやかんにふれて、思わず手を引っこめるような反応を何といいますか。

(3) (2) の反応では、刺激や命令の信号はどう伝わるか、A ～ E の記号を並べて表しましょう。

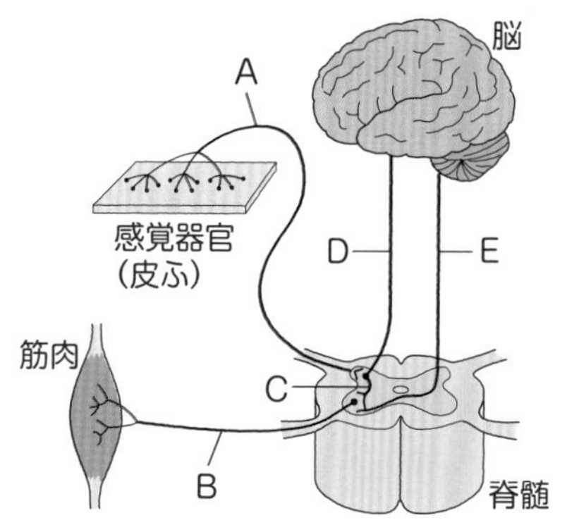

解答・解説

(1) A を**感覚神経**、B を**運動神経**といいます。感覚神経は、感覚器官で受けた刺激の信号を脊髄や脳に伝達し、運動神経は、脳や脊髄から出される命令の信号を筋肉などに伝達します。

(2) **反射**といいます。

(3) **A → C → B** と伝わります。反射では運動の命令を、脳ではなく脊髄が直接運動器官に出します。これに対して意識して起こす運動では、感覚器官で受けた刺激の信号が、A → C → D →脳→ E → C → B と伝わり、筋肉などを動かします。

大切な用語　①目　②耳　③骨格筋　→ 168ページ

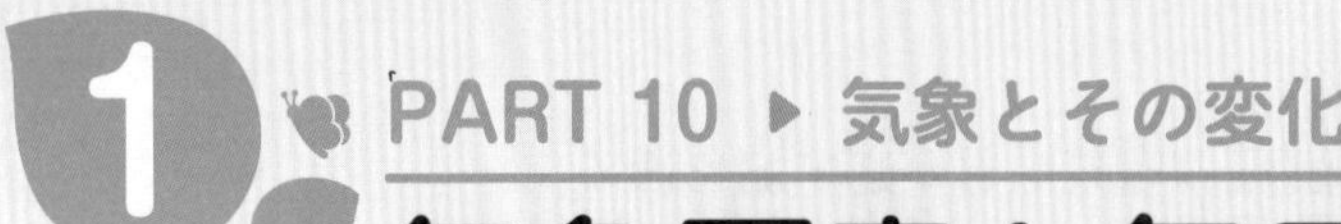

気象要素と気圧

くらべてわかる！

気象要素の一つである気圧(きあつ)は高度により変化し、風の発生の原因にもなる！

気象要素

気象の情報には、**気温**や**湿度**、**風向(ふうこう)**、**風速**、**雲量(うんりょう)**、**気圧**などがあり、これらそれぞれを**気象要素**という。

気温：気温は地上から1.5mの高さのところで、温度計の球部に直射日光を当てないようにはかる。

湿度：空気の湿り気の度合いを百分率〔%〕で表したもの。

風向・風力：
風向は風が吹いてくる向きを矢ばねの向きで、風力は矢ばねの数で表す。

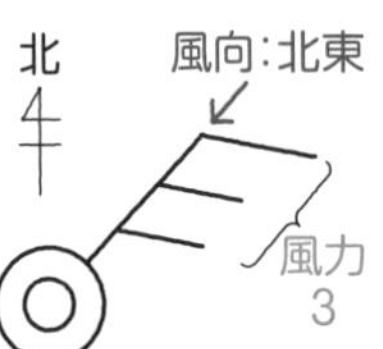

気圧

地球をとりまく空気の層（大気）による圧力を気圧（大気圧）といい、通常、**単位はヘクトパスカル〔hPa〕**が使われる。気圧は、ある地点よりも上にある空気の重さで決まり、高い所ほど上にある空気が減るため、気圧が低くなる。**風は気圧の高い所から低い所へ向かって吹く**ので、2地点の気圧の差があるとき発生する。

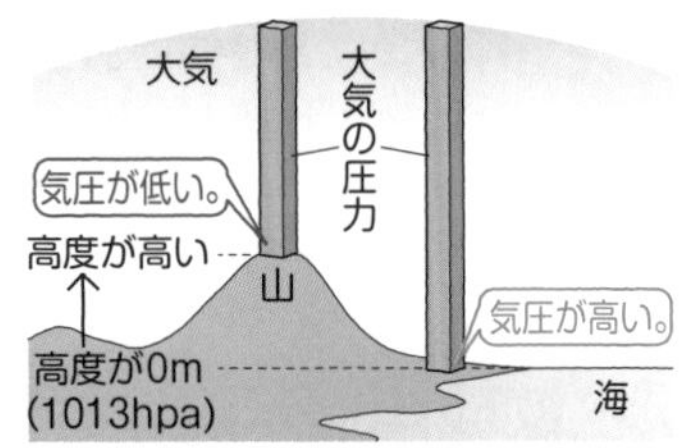

気象を表すのに必要な「気象要素」で、上にあげたもののうち、特に注意が必要なのが風向だよ。例えば北風といったら、北から吹いてくる風のことなんだ。**「風」とは、水平方向の空気の流れで、2地点間の気圧の差で生じる**よ。

気圧の差があるとなぜ風が吹くんだ？

まずは空気がものを押す圧力「気圧」について見ていこう。おっとその前に、以前に学んだ「圧力」とは何か、覚えているかな？

物体が1㎡あたりの面を垂直に押す力で、単位はN/㎡やパスカル〔Pa〕です。

その通り。空気には質量があり、地球上では重力がはたらくので、重力に引きつけられて地表を押す力となる。これが気圧だよ。空気の量を柱で考えると、**気圧が高いということはその場所の空気の柱が重くて空気が多く、気圧が低いということはその場所の空気の柱が軽くて空気が少ないということになる**んだ。

そうか！ **空気が多い気圧の高いほうから、空気が少ない気圧の低いほうへ空気が流れることになる**。これが風か。

ひとこと ポイント！ **晴れかくもりかは、見通しの良い場所で雲量を調べて決める！**

雲量とは、空全体を10としたときの雲の割合です。雲量が0～1のとき快晴、2～8のとき晴れ、9～10のときくもりとなります。ちなみに、左ページの天気図記号(てんきずきごう)はくもりを表します。天気図記号については、169ページの大切な用語で確認しましょう。

確認問題

① 気象要素を３つあげましょう。

② 気圧には、何という単位が用いられるか答えましょう。

③ 上空にいくほど、気圧は高くなりますか、それとも低くなりますか。

答 ① 気温、湿度、気圧などがあります。（風向、風力、雲量なども正解です）

② 気圧の単位は、通常、ヘクトパスカル〔hPa〕が用いられます。

③ 気圧は、ある地点からその上にある空気の量として考えることができます。上空にいくほど積み重なる空気の量は少なくなるので、気圧は低くなります。

練習問題

右の図は、ある地点の気象観測の結果を天気図の記号で表したものです。次の問いに答えましょう。

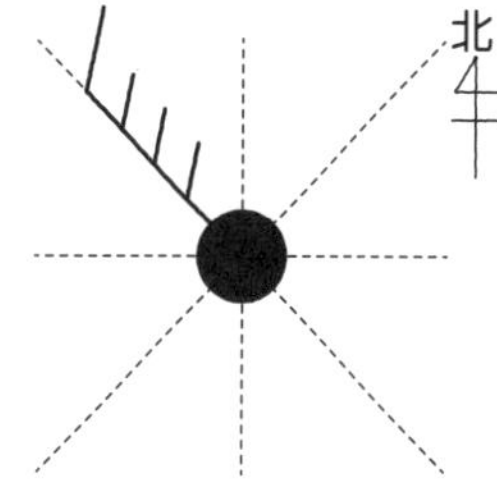

（1） この地点の風向を答えましょう。

（2） この地点の風力を答えましょう。

（3） この地点の大気圧の大きさが1013hPaだったとき、この地点１㎡あたりにはたらく力は何Nになりますか。

解答・解説

（1） 風向は風が吹いてくる方向なので、**北西**だとわかります。

（2） 風力は、矢ばねの数で表すので、**4**だとわかります。

（3） ヘクトは100倍の意味を表すので、1013hPa＝101300Paとなります。１Pa＝１N/㎡なので、101300Pa＝101300N/㎡となり、１㎡あたりにはたらく力は**101300N**と求められます。

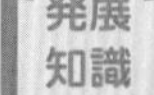
発展知識 冬、暖房がきいたあたたかい部屋から一歩出ると、足元に、一気に冷たい空気が流れてきますね。空気は温められると膨張して上がり、冷やされると下がります。このため、あたたかい場所は上昇気流により地表の気圧が低くなり、冷たい場所は下降気流により地表の気圧が高くなることから、冷たい所（気圧が高い所）からあたたかい場所（気圧が低い所）へ向かって風が吹くわけです。

大切な用語　①風力・天気図記号　→169ページ

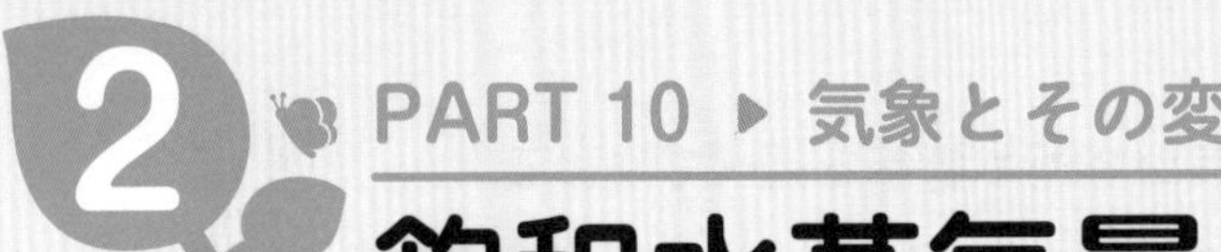

飽和水蒸気量と湿度

くらべてわかる！

晴れて気温が高くなると、飽和水蒸気量がふえて湿度は下がる！

飽和水蒸気量

空気が含むことのできる水蒸気の量には限度があり、**空気1㎥が含むことのできる最大の水蒸気量**を、**飽和水蒸気量**という。飽和水蒸気量は気温が高くなるほど大きくなる。

凝結と露点: 水蒸気（気体）が水滴（液体）になることを凝結という。ある量の水蒸気を含む空気の温度を下げていくと、**含みきれなくなった水蒸気が凝結し、水滴となりあらわれる。**このときの温度を**露点**という。

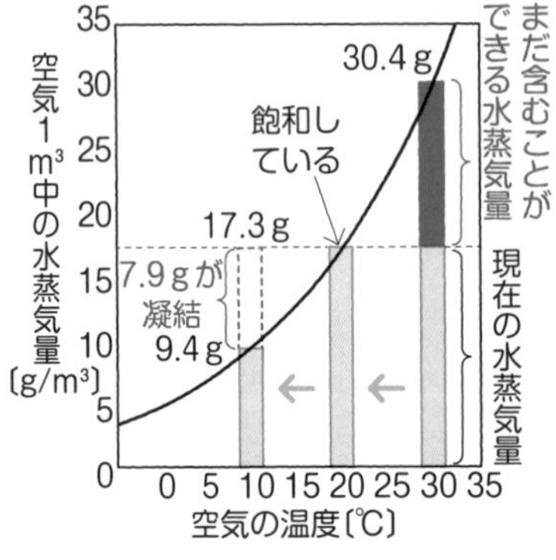

湿度

ある温度の空気1㎥に含まれる水蒸気の量が、そのときの温度における飽和水蒸気量の何％にあたるかを表したものを**湿度**という。湿度〔%〕は次の式で求められる。

$$\frac{\text{空気1㎥中に含まれる水蒸気量}}{\text{その温度での飽和水蒸気量}}\times 100$$

乾湿計: 乾球と湿球からなり、**乾球の示度が気温**を示す。湿度は乾球の示度と、乾球と湿球の示度の差を読み取り、湿度表を使って求める。

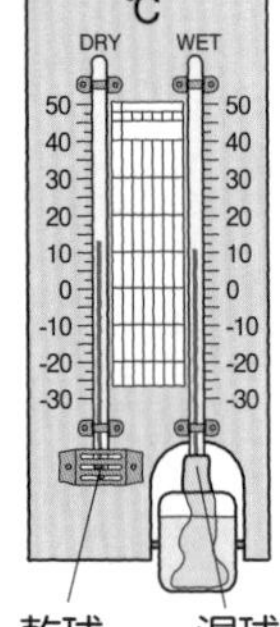

みんな、冷たい飲み物が入ったコップのまわりに水滴がつく理由はわかるかな？

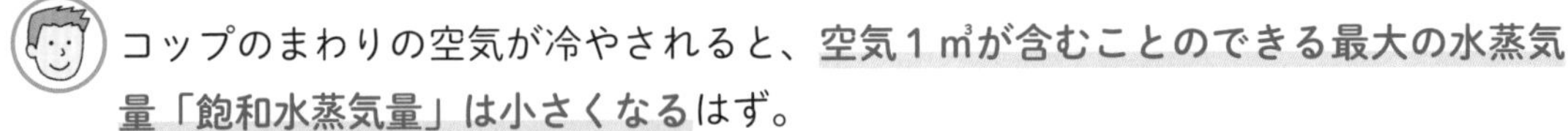

コップのまわりの空気が冷やされると、**空気1㎥が含むことのできる最大の水蒸気量「飽和水蒸気量」は小さくなる**はず。

そしたら、**空気にとけきれなくなったコップのまわりの水蒸気が水滴に変わる「凝結」が起こる**はずだわ。だから水滴がつくわけですね。

その通り。**コップのまわりに水滴がつき始めたときの温度を「露点」**というよ。この現象が自然界で起き、空気中の水蒸気が水滴や氷の結晶になって浮かんだものが霧や雲だよ。霧や雲の発生については、169ページの**大切な用語**で確認しよう。

先生、乾湿計ですが、どうして乾球と湿球で示度に差が出るんですか。

湿球は、ぬれた布から水分が蒸発するとき気化熱をうばうから、温度は乾球以下になって差が出るんだ。くわしくは、右ページの**発展知識**で確認だよ。

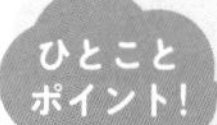

晴れた日中は、気温が高くなると相対的に湿度は下がる！

晴れた日の空気では、その日の露点は１日ほとんど変わりません。露点における飽和水蒸気量が、その空気１㎥が含んでいる水蒸気量になるので、湿度を求める式の分子の値は変化しません。一方、気温が高くなると飽和水蒸気量は大きくなるので、湿度の式の分母の値が大きくなります。そのため、湿度の値は、気温が高くなると相対的に下がるわけです。

確認問題

① 空気１㎥が含むことのできる最大の水蒸気量を何といいますか。
② 同じ日に、気温が高くなると、湿度は相対的に高くなりますか、低くなりますか。

答　① **飽和水蒸気量**といいます。「飽和」とは、いっぱいで余地がない状態のことです。
② 気温が高くなると飽和水蒸気量は大きくなるので、湿度は相対的に**低くなります**。

練習問題

右の表は、気温と飽和水蒸気量の関係を示したものです。次の問いに答えましょう。

気温〔℃〕	5	10	15	20	25
飽和水蒸気量〔g/m³〕	6.8	9.4	12.8	17.3	23.1

（1）気温が15℃で、１㎥に3.2ｇの水蒸気を含んだ空気の湿度を求めましょう。
（2）気温が25℃で、露点が10℃の空気１㎥に含まれる水蒸気の量を求めましょう。

解答・解説

（1）気温が15℃のときの飽和水蒸気量は12.8 g/㎥より、$\frac{3.2}{12.8}\times100=$**25〔%〕**と求められます。
（2）露点における飽和水蒸気量が、その空気１㎥中の水蒸気量なので、**9.4 g**とわかります。

発展知識

乾球と湿球を組み合わせ、気温と湿度を測定する装置を乾湿計といいます。乾球の示度は通常の温度計と同じで気温を示しますが、湿球は、ぬれた布から水分が蒸発し、そのときまわりから気化熱（物質を気体に変化させるために必要なエネルギー）をうばうため、温度は常に乾球以下となります（湿球の示度が乾球の示度と等しくなるのは、湿度100%のときだけです）。

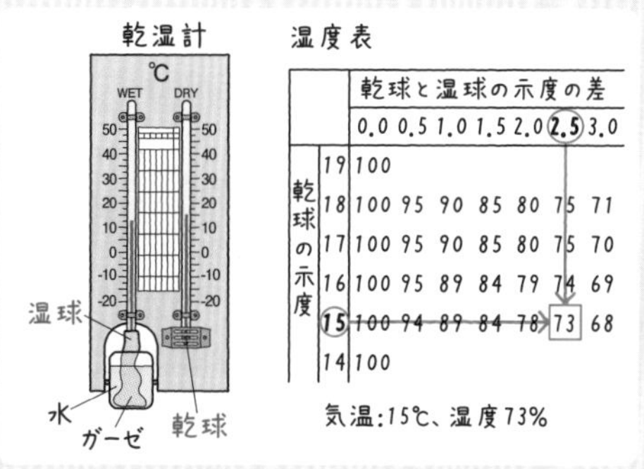

大切な用語　①霧の発生　②雲の発生　→169ページ

高気圧と低気圧

くらべてわかる！

地表付近では、高気圧から低気圧に向かって風が吹く！

高気圧

まわりより気圧の高い所を高気圧という。**高気圧の中心には下降気流**が生じ、雲ができにくく晴れやすい。

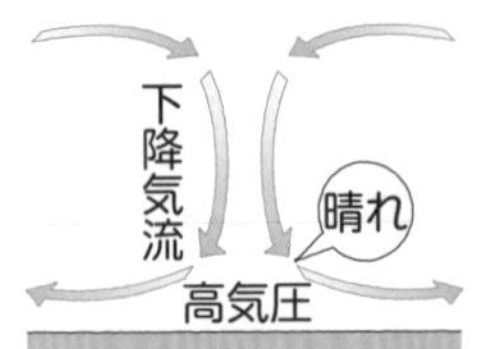

等圧線と高気圧：
北半球の地表付近では、高気圧の中心付近から**風が時計回り（右回り）に吹き出す。**

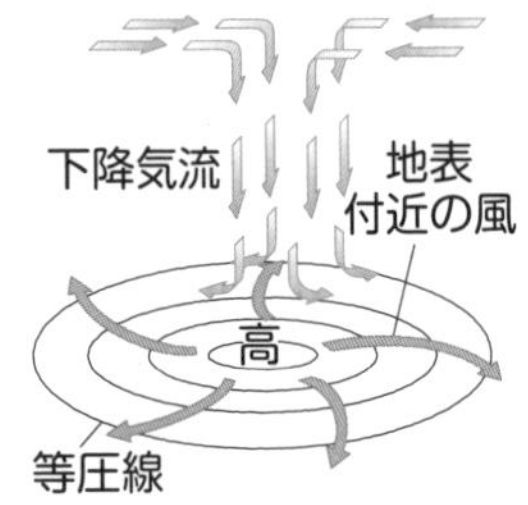

低気圧

まわりより気圧の低い所を低気圧という。**低気圧の中心には上昇気流**が生じ、雲ができやすく、くもりや雨になりやすい。

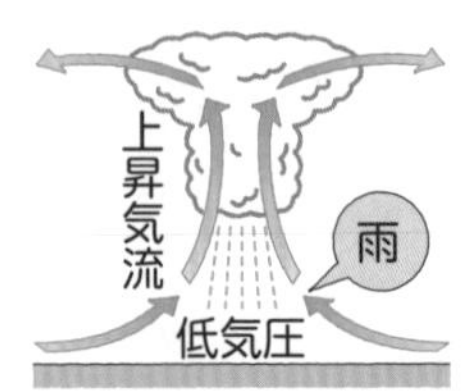

等圧線と低気圧：
北半球の地表付近では、低気圧の中心付近に風が**反時計回り（左回り）に吹きこむ。**

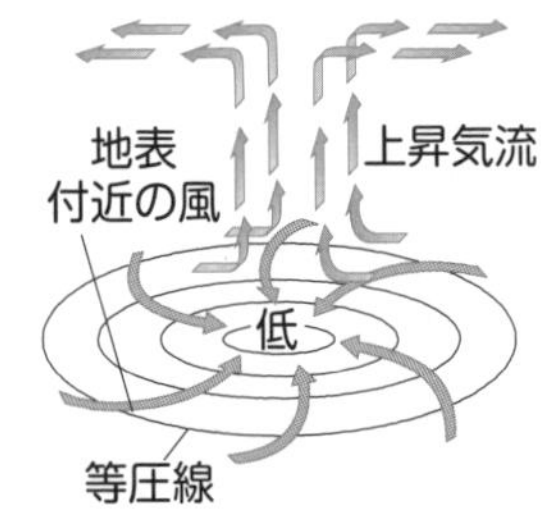

風は気圧の高いほうから低いほうへ吹くことは一度学んだね。高気圧は下降気流が生じ、地表付近は空気で強く押されるため、空気が地表から押し出されて吹き出す。そしてその空気が低気圧に向かって吹きこむので、風が吹くというわけ。

先生。高気圧や低気圧の地表付近にある等圧線というのは何ですか？

等圧線は気圧が等しい地点をなめらかに結んだ曲線で、1000hPa を基準に4hPa ごとに引くよ。等圧線の間かくがせまいほど気圧の差が大きく、風は強く吹くんだ。

高気圧から吹き出す風や、低気圧に吹きこむ風は、なぜ右や左にずれるのかな？

これは少し難しくて、地球の自転が関係している。北半球では、高気圧の中心から風が時計回りに吹き出すけど、南半球では反時計回りに吹き出すんだ。

等圧線の図に「高」や「低」とかかれていなかったら、高気圧と低気圧はどうやって見分ければいいんですか？

中心にいくほど気圧の値が高くなっていたら高気圧、低くなっていたら低気圧だよ。あと、低気圧のほうが等圧線の間かくがせまく、風が強いことが多いよ。

風は気圧の高い所から低い所へ向かって吹く！

高気圧と低気圧がある場所の地上付近では、風は高気圧から低気圧に向かって吹きます。ここで一つ注意したいのは、左の図の上空の空気の流れです。高気圧の上空では、高気圧の中心へ向かう空気の流れができ、低気圧の上空では、低気圧の中心から吹き出す空気の流れができます。そのため、上空では、低気圧から高気圧へ空気の流れができます。

確認問題

① 高気圧の中心付近で発生する空気の流れを何といいますか。
② 低気圧の中心付近で発生する空気の流れを何といいますか。
③ 高気圧の中心付近では、風は右回りと左回りのどちらに吹き出しますか。
④ 一般に、高気圧と低気圧では、どちらのほうが等圧線の間かくがせまくなりますか。

答 ① **下降気流**といいます。下降気流によって雲が飛ばされるため、高気圧になると晴れることが多くなります。
② **上昇気流**といいます。上昇気流によって雲ができやすくなるため、低気圧になるとくもりや雨になることが多くなります。
③ 高気圧の中心付近では、風は**右回り**（時計回り）に吹き出します。
④ 一般に、**低気圧**のほうが等圧線の間かくがせまくなり、風も強くなります。

練習問題

右の図は、ある地点の気圧と等圧線のようすです。
次の問いに答えましょう。

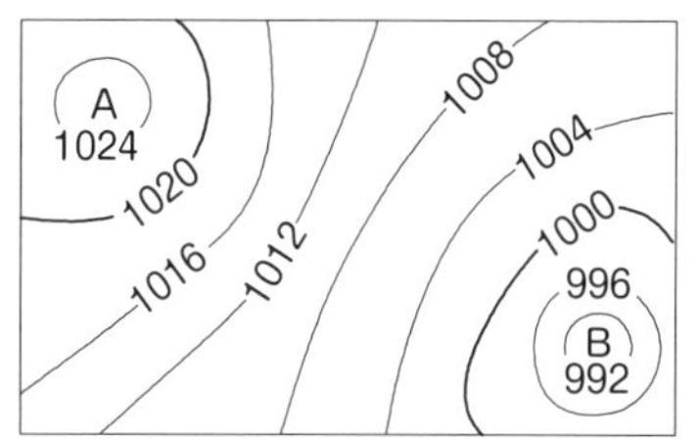

(1) AとBのうち、低気圧を表すのはどちらですか。
(2) Aの付近での空気の流れと、Bの付近での空気の流れを表しているものを、次のア～エの中からそれぞれ一つずつ選びましょう。

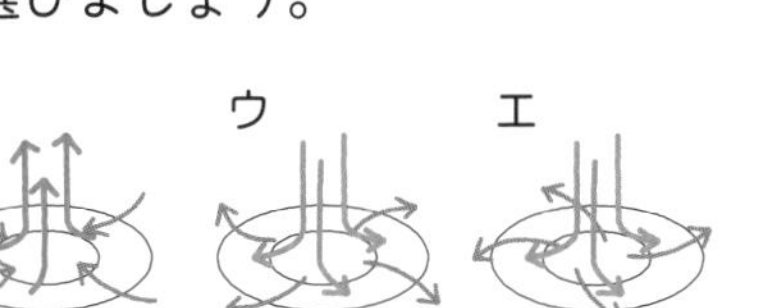

解答・解説

(1) Aは中心にいくほどまわりより気圧が高くなっていき、Bは中心にいくほどまわりより気圧が低くなっていきます。よって、低気圧を表すのは**B**とわかります。
(2) Aは高気圧で、下降気流が発生して風が時計回りに吹き出すので**ウ**とわかります。一方、Bは低気圧で、上昇気流が発生して風が反時計回りに吹きこむので**ア**とわかります。

大切な用語　①等圧線　②地球の自転　→170ページ

前線と前線の種類

くらべてわかる！

寒気と暖気が接してできる前線の種類は、気団の進み方で決まる！

前線

気団：気温や湿度がほぼ一様な空気のかたまりを**気団**という。気団には、冷たい空気をもつ寒気団と、あたたかい空気をもつ暖気団がある。

前線：性質の異なる気団が接したときにできる境の面を前線面、**前線面と地表が交わるところを前線**という。

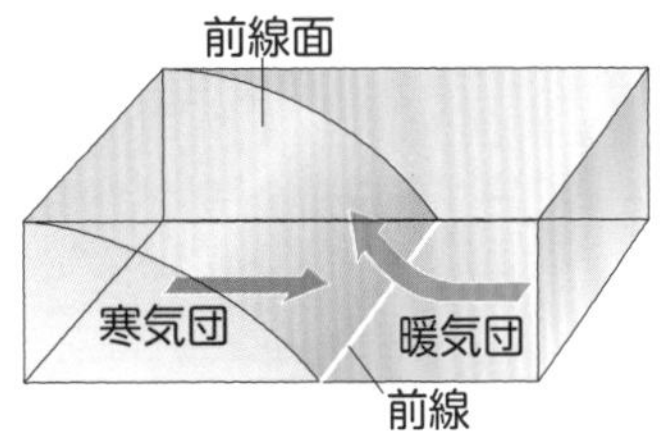

前線の種類

寒冷前線

寒気が暖気を押し上げながら進む前線を**寒冷前線**という。積乱雲ができやすく、前線が通過するとき、**強い雨がせまい範囲に短い時間降る**。前線の通過後は、**気温が下がる**。

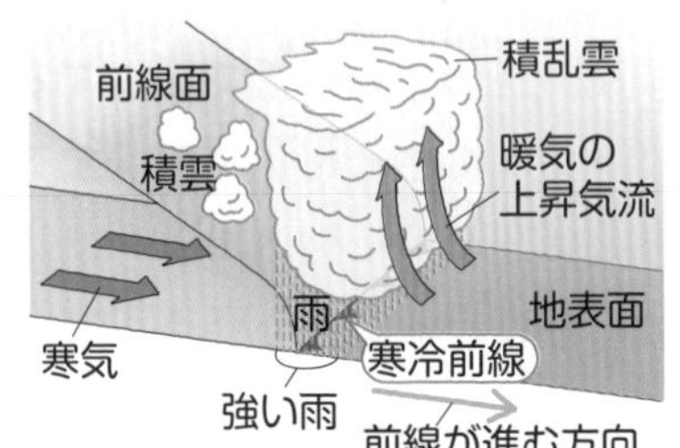

温暖前線

暖気が寒気の上にはい上がりながら進む前線を**温暖前線**という。乱層雲ができやすく、前線が通過するとき、**弱い雨が広い範囲に長い時間降る**。前線の通過後は、**気温が上がる**。

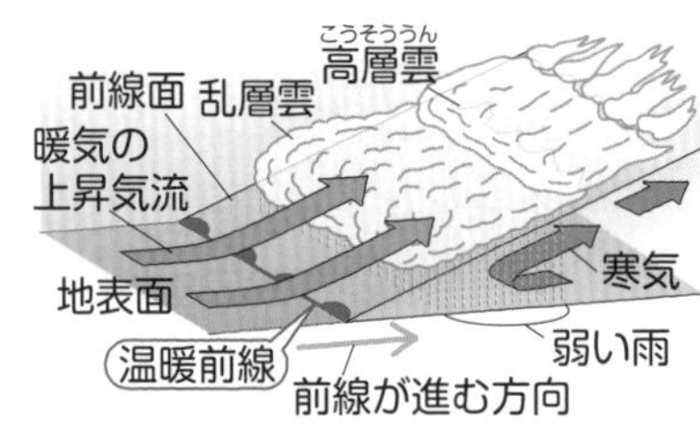

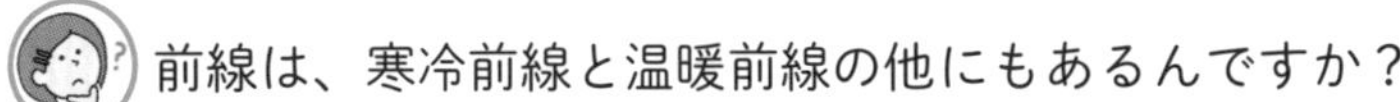

寒気と暖気が接する境の面と地表が交わるところを「前線」というよ。前線には、寒冷前線や温暖前線などがあるけど、暖気側に向かって寒気が進むのが寒冷前線、寒気側に向かって暖気が進むのが温暖前線だよ。

前線は、寒冷前線と温暖前線の他にもあるんですか？

停滞前線や閉そく前線というのもあるよ。寒冷前線と温暖前線の図にある「前線記号」といっしょに、170ページの大切な用語で確認しよう。

寒冷前線でできる積乱雲って、厚くてたてに長い雲だよね。

そう、積乱雲は強い上昇気流でできた雲で、短時間にせまい範囲に強い雨を降らすよ。これに対して、温暖前線では横に長い乱層雲ができ、長時間にわたって広い範囲に弱い雨を降らす。ちなみに、日本付近に発生する低気圧は、温暖前線と寒冷前線をともなっていることが多いぞ。右ページの発展知識で確認しよう。

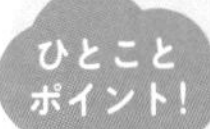

寒気と暖気では、寒気のほうが重い！

冷たい空気とあたたかい空気では、冷たい空気のほうが重く、下へもぐりこもうとします。そのため、寒気が暖気を押し上げながら進むと寒冷前線ができ、重い寒気を押すことができない暖気が、寒気にはい上がりながら進むと温暖前線ができます。

確認問題

① 性質の異なる気団が接したときにできる境の面を何といいますか。
② 通過したあと気温が下がる前線を何といいますか。

答 ① 性質の異なる気団がぶつかり合うと、すぐに混じりあわず、**前線面**という境ができます。
② **寒冷前線**といいます。寒冷前線が通過すると、北よりの風に変わり、気温が下がります。

練習問題

右の図は、温暖前線と寒冷前線のいずれかのようすを模式的に表したものです。次の問いに答えましょう。

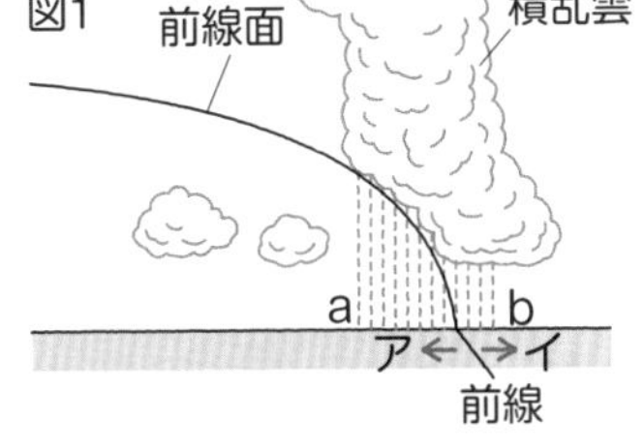

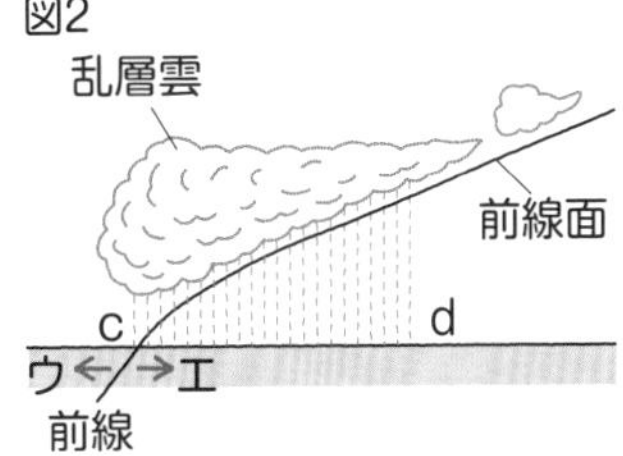

(1) 図１と図２で、寒気を表しているものをａ～ｄのうちからそれぞれ答えましょう。

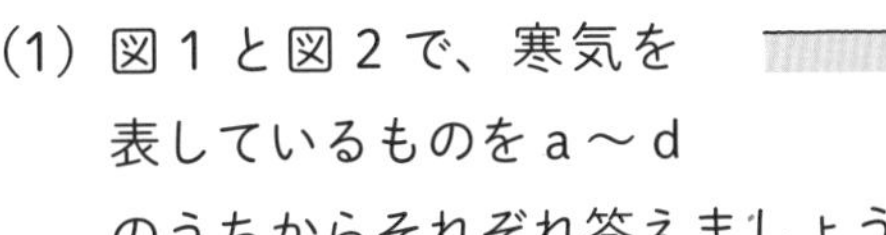

(2) 図１と図２で、前線が進む向きをア～エのうちからそれぞれ答えましょう。

解答・解説

(1) 寒気を表しているのは、図１ではａ、図２ではｄです。
(2) 図１は積乱雲ができているので寒冷前線のようす、図２は乱層雲ができているので温暖前線のようすとわかります。寒冷前線では、寒気ａが暖気ｂを押し上げながら進み、温暖前線では暖気ｃが寒気ｄにはい上がりながら進むので、前線が進む向きは、図１ではイ、図２ではエとなります。

日本付近のような温帯にできる低気圧（温帯低気圧）の多くは、中心から南東側に温暖前線を、南西側に寒冷前線をともないます。また、２つの前線の間には暖気が、それ以外には寒気が広がっています。

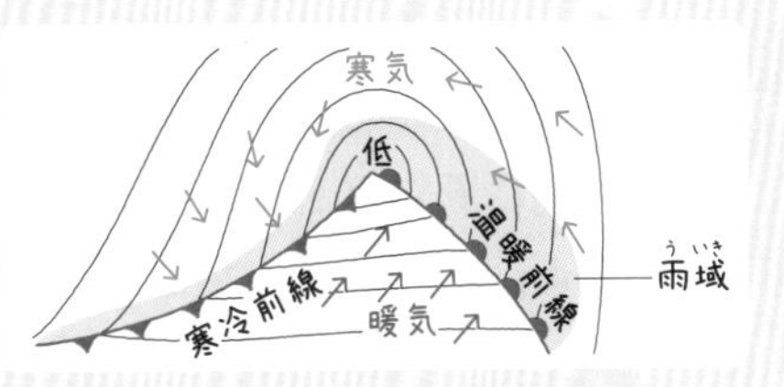

大切な用語 ①停滞前線 ②閉そく前線 ③前線記号 ④積乱雲・乱層雲 →170ページ

日本付近の気団と四季の天気

くらべてわかる！

日本の四季は、おもに日本付近にある３つの気団の勢力で変化！

日本付近の気団

日本をおとずれる気団には、**シベリア気団、小笠原気団、オホーツク海気団**の３つがある。

シベリア気団：冬に発達し、冷たく乾燥している。

小笠原気団：夏に発達し、あたたかく湿っている。

オホーツク海気団：初夏や秋に発達し、冷たく湿っている。

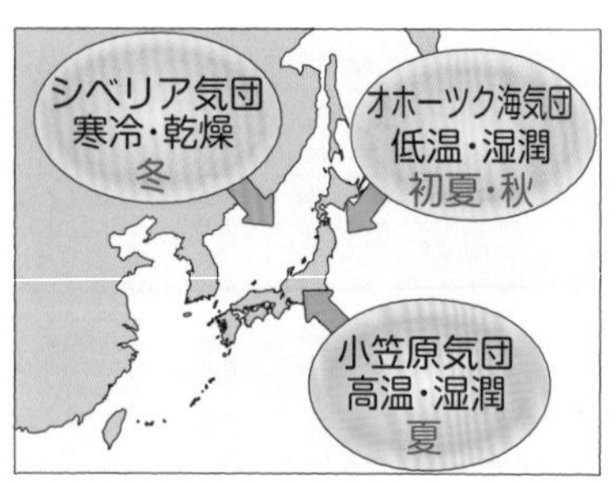

四季の天気

夏の天気：南高北低型

小笠原気団が発達し、**南高北低**の気圧配置。

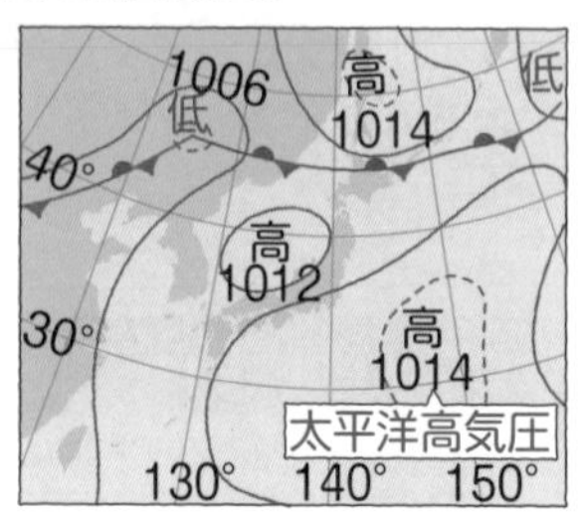

冬の天気：西高東低型

シベリア気団が発達し、**西高東低**の気圧配置。

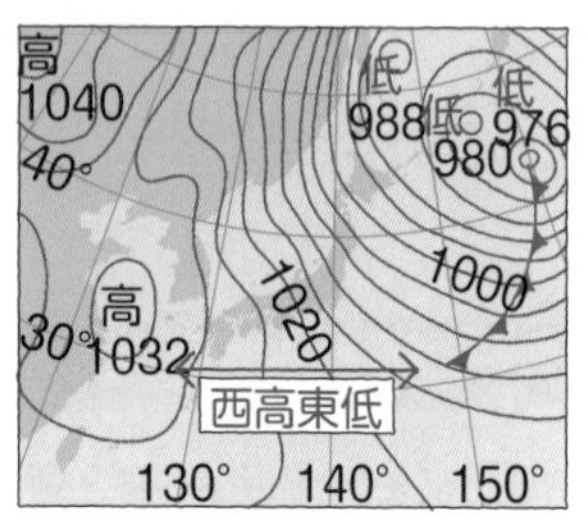

春や秋の天気

移動性高気圧と低気圧が次々に通過し、**天気が変わりやすい**。

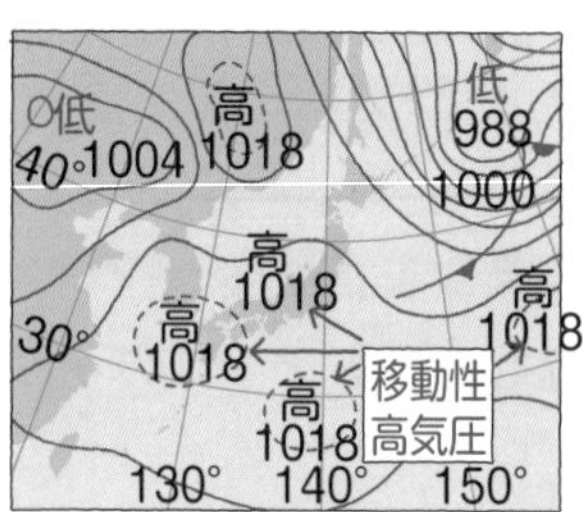

梅雨の天気

梅雨前線が停滞し、ぐずついた天気が続く。

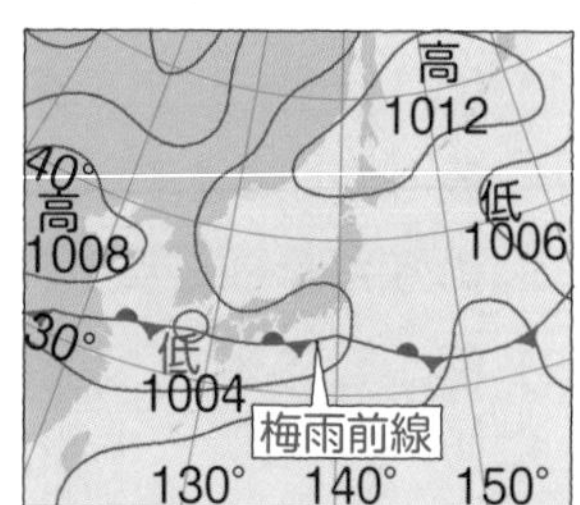

日本のまわりには、**シベリア気団、小笠原気団、オホーツク海気団のおもに３つの高気圧の気団がある**けど、これらはいつも勢力争いをしているんだ。例えばシベリア気団の勢力が強まると、日本の季節は冬になるぞ。**冬の天気図の特徴は、日本の西に高気圧、東に低気圧が位置し、西高東低の気圧配置という**よ。

夏は南に高気圧、北に低気圧があるから南高北低だね。

先生。梅雨の時期はどの気団の勢力が強まるんですか？

梅雨は、**オホーツク海気団と小笠原気団**がほぼ同じ勢力でぶつかり合い、２つの気団の間に長時間とどまる停滞前線ができる。**この時期の停滞前線を「梅雨前線」というよ**。梅雨前線上では次々と低気圧が発生するんだ。

ひとこと
ポイント！

日本の上空を、夏は南東の季節風が、冬は北西の季節風が吹く！

大陸と海洋の温度差によって生じる季節に特徴的な風を「季節風（きせつふう）」といいます。夏はユーラシア大陸のほうが太平洋よりもあたたかくなるので、海洋から大陸へ向かって南東の季節風が吹きます。一方、冬はユーラシア大陸よりも太平洋のほうがあたたかくなるので、大陸から海洋へ向かって北西の季節風が吹きます。季節風のしくみは、171ページの大切な用語で確認しましょう。

確認問題

① 日本付近にある気団のうち、冬に発達する気団を何といいますか。

② 日本の夏の天気に特有な気圧配置を何といいますか。

③ 梅雨は、２つの気団がほぼ同じ勢力でぶつかり合って、２つの気団の間に停滞前線ができ、雨の日が続きます。ぶつかり合う２つの気団を答えましょう。

④ 日本の冬の天気に特有な気圧配置を何といいますか。

答
① シベリア気団といいます。シベリア気団は冷たく、乾燥した気団です。
② 夏は高気圧が南に、低気圧が北にあるので、夏の気圧配置を**南高北低**といいます。
③ **オホーツク気団**と**小笠原気団**です。
④ 冬は高気圧が西に、低気圧が東にあるので、冬の気圧配置を**西高東低**といいます。

練習問題

右の図１は日本付近の気団のようすを、図２は日本のある季節の天気図を表したものです。次の問いに答えましょう。

図1

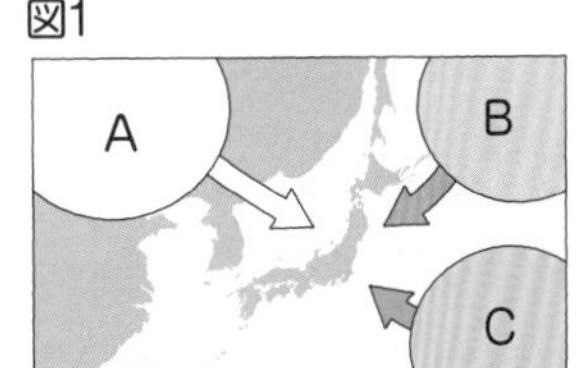

図2

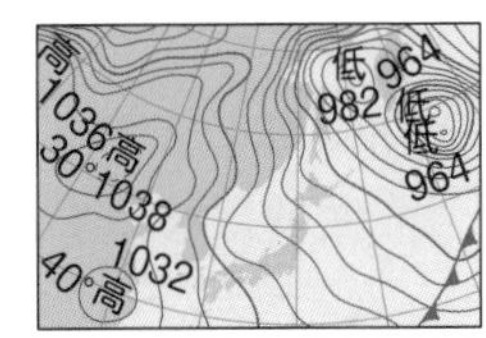

(1) 図１のA～Cのうち、冷たい気団をすべて選びましょう。

(2) 図１のA～Cのうち、湿った気団をすべて選びましょう。

(3) 梅雨の時期にできる停滞前線を何といいますか。また、その前線は、どの気団とどの気団の間にできますか。記号で答えましょう。

(4) 図２の天気図は、春、夏、秋、冬のうち、どの季節のものか答えましょう。

解答・解説

(1) 北にある気団は冷たいので、Aのシベリア気団とBのオホーツク海気団とわかります。
(2) 海洋の気団は湿っているので、Bのオホーツク海気団とCの小笠原気団とわかります。
(3) 梅雨の時期にできる停滞前線を**梅雨前線**といい、BとCの気団の間にできます。
(4) 西高東低の気圧配置から、冬とわかります。

大切な用語　①太平洋高気圧　②移動性高気圧　③季節風　→171ページ

植物の有性生殖と動物の有性生殖

くらべてわかる！

生殖細胞（せいしょくさいぼう）は、植物では精細胞（せいさいぼう）と卵細胞（らんさいぼう）、動物では精子（せいし）と卵（らん）とよぶ！

植物の有性生殖

被子植物の有性生殖（ゆうせいせいしょく）の流れ

① **おしべのやくの中の花粉が、めしべの柱頭につくと「受粉」が起こる。**
② **花粉から胚珠に向かって花粉管（かふんかん）がのび、花粉管の中を精細胞が移動する。**
③ **精細胞の核が、胚珠の中の卵細胞の核と合体すると「受精」が起き、受精卵ができる。**
④ **受精卵が胚に、胚珠が種子に、子房が果実になる。**

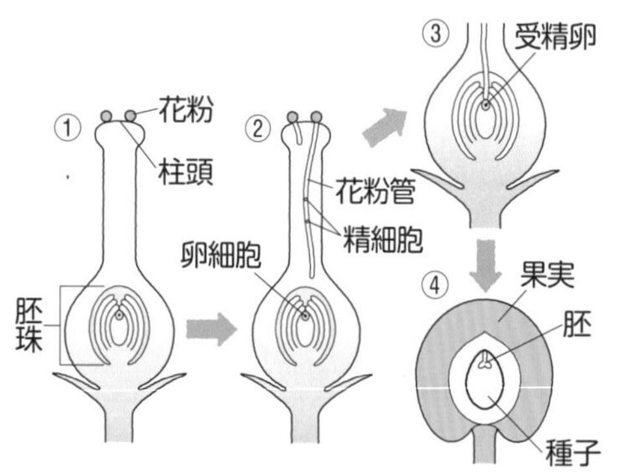

動物の有性生殖

動物の有性生殖では、まず、雄の生殖細胞の**精子の核**と、雌の生殖細胞の**卵の核との合体「受精」**によって**受精卵（じゅせいらん）**ができる。次に受精卵は細胞分裂をして胚になり、胚はさらに分裂をくり返して成体となる。**受精卵から成体になるまでの過程を「発生（はっせい）」**という。

例 カエルの発生

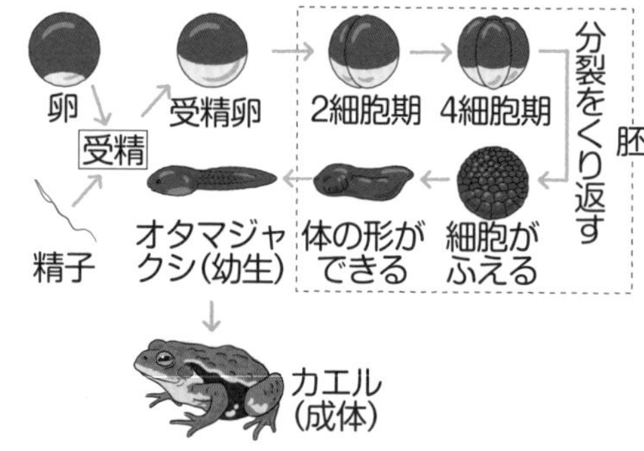

生物が子をつくる「生殖」には、生殖細胞の核の受精による生殖「有性生殖」と、受精を行わず分裂などで子をつくる「無性生殖（むせいせいしょく）」があるよ。ここでは有性生殖について学んで、無性生殖は171ページの大切な用語で確認しよう。

同じ受精でも、植物では精細胞の核と卵細胞の核の合体で、動物では精子の核と卵の核の合体なんですね。

植物と動物では、生殖細胞のよび方が違うので注意が必要だよ。植物では花粉の中で精細胞が、胚珠の中で卵細胞がつくられ、動物では雄の精巣で精子が、雌の卵巣（らんそう）で卵がつくられるんだ。

「受粉」と「受精」もまぎらわしいや。

そう、受粉と受精もよく混同するので注意だよ。有性生殖では、植物も動物も受精によって受精卵ができるけど、受精卵は１つの細胞なんだ。受精卵が細胞分裂をくり返して胚になり、胚がさらに細胞分裂をくり返して個体へと変化するわけだ。

ひとこと ポイント！ **カエルの発生では、受精卵→胚→幼生→成体と変化する！**

受精卵が成体になるまでの過程を「発生」といいます。カエルでは、受精卵→胚（受精卵が分裂してから自分で食物を取り始める前まで）→幼生（ようせい）（オタマジャクシのように成体と形が異なる個体）→成体（せいたい）（カエルのように生殖可能な個体）と変化します。

確認問題

① 植物の、精細胞の核と卵細胞の核が合体することを何といいますか。
② 被子植物で、受精後、胚珠と子房はそれぞれ何に変化しますか。
③ 動物の有性生殖で、受精卵から成体になるまでの過程を何といいますか。
④ オタマジャクシのように、成体とは形が異なった個体を何といいますか。

答 ① 精細胞の核と卵細胞の核が合体することを**受精**といいます。
② **胚珠は種子**に、**子房は果実**になります。覚えにくい人は、胚珠の「珠」を種子の「種」と読み変え、「子房は（果）実」というのを「脂肪は身」と読み変えて覚えるといいでしょう。
③受精卵から成体になるまでの過程を**発生**といいます。
④ 発生の過程で、胚と成体との間の成体とは形が異なる個体を、**幼生**といいます。

練習問題

右の図1は、受粉後の被子植物のようすを、図2は、カエルの生殖のようすを表したものです。次の問いに答えましょう。

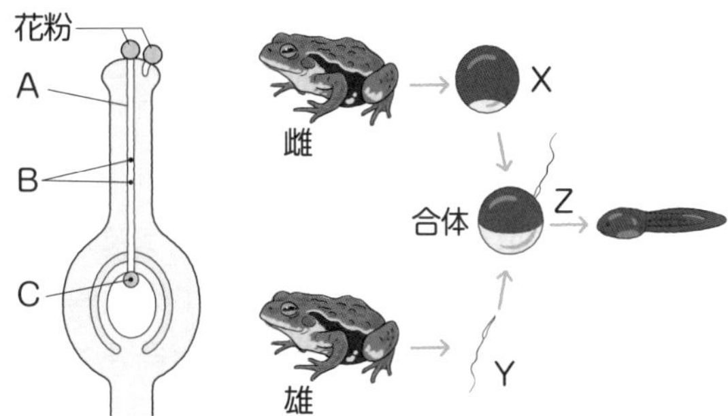

(1) 図1で、管Aを何といいますか。
(2) 図1で、細胞Bと細胞Cの核が合体することを何といいますか。
(3) 図2で、X、Y、Zをそれぞれ何といいますか。
(4) 図2で、Zが細胞分裂を始めてからオタマジャクシとして自分で食物を取り始める前までを何といいますか。

解答・解説

(1) **花粉管**といいます。受粉後、花粉から胚珠に向かって花粉管がのびます。
(2) 細胞Bは精細胞、細胞Cは卵細胞で、精細胞と卵細胞の核が合体することを**受精**といいます。
(3) Xは雌の卵巣でつくられる**卵**、Yは雄の精巣でつくられる**精子**、Zは、精子の核と卵の核が受精してできる**受精卵**です。
(4) **胚**といいます。

大切な用語 ①無性生殖 ②胚 →171ページ

2 体細胞分裂と減数分裂

くらべてわかる！

細胞分裂には、体をつくる体細胞分裂と生殖細胞をつくる減数分裂がある！

体細胞分裂

多細胞生物の**体をつくる体細胞の数がふえる**ときに見られる細胞分裂を、**体細胞分裂**という。

体細胞分裂の過程

①分裂前の細胞→②核に染色体が出現→③染色体が細胞の中央に並ぶ→④染色体が２つに分かれて両端に移動→⑤中央に仕切りができ分裂を始める→⑥２つの細胞ができる。

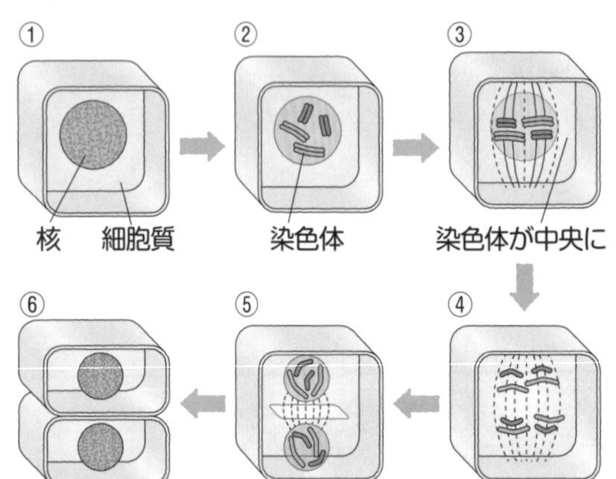

減数分裂

生殖細胞がつくられるとき、**染色体の数が半分になる特別な細胞分裂**が行われ、これを**減数分裂**という。有性生殖では、受精の際に半数になった親の染色体を受けつぐため、**受精してできる受精卵の染色体の数**は、**減数分裂前の親の細胞と同じ**になる。

減数分裂と受精における染色体数の変化

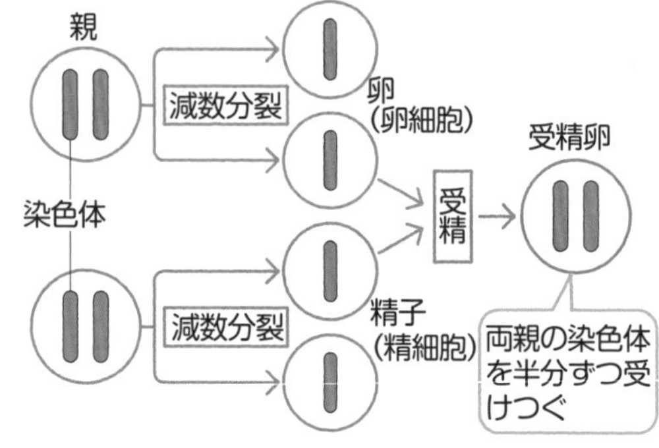

前回、受精卵は細胞分裂をくり返して個体へと変化することを学んだけど、この**体をつくるための細胞分裂を「体細胞分裂」という**よ。体細胞分裂は、上の①〜⑥の過程で行われるけれど、**分裂前の①と分裂後の⑥で染色体の数が変化しない**んだ。染色体については、172ページの大切な用語で確認だよ。

①と⑥をくらべると、細胞の大きさが半分になってるけど、体は大きくなるの？

心配ないよ。⑥のあと、**２つに分かれた細胞は、それぞれもとの大きさにまで成長する**んだ。

体細胞分裂に対して**減数分裂では、分裂の前後で染色体の数が半分になる**んですね。

親の生殖細胞の染色体が減数分裂で半減し、**受精でできた子の受精卵は、染色体の数が親と同じになる**。上手くできているよね！

生物の成長には、体細胞分裂と細胞の成長が必要！

生物の体は、体細胞分裂しただけでは成長しません。成長するためには、まず体細胞分裂で細胞の数をふやし、次に分裂した細胞がもとの大きさまで成長することで、体が成長します。

確認問題

① 生物の体をつくる細胞が、２つに分かれる細胞分裂のことを何といいますか。

② ①の細胞分裂で、核が消えて現れるものを何といいますか。

③ 生殖細胞がつくられるとき、染色体の数が半分になる細胞分裂を何といいますか。

答 ① **体細胞分裂**といいます。

② **染色体**といいます。体細胞分裂では、分裂の前後で染色体の数は変化しません。

③ 生殖細胞がつくられるときの細胞分裂を、**減数分裂**といいます。減数分裂は、染色体の数がもとの細胞の半分になる特別な細胞分裂です。

練習問題

右の図は、タマネギの根の先端に近い部分を用いて、細胞分裂のようすを顕微鏡で観察したときのスケッチです。次の問いに答えましょう。

(1) 図のような細胞分裂を何といいますか。

(2) c の図で、アを何といいますか。

(3) 図の a ～ f の細胞を、a を最初として細胞分裂の順に並べましょう。

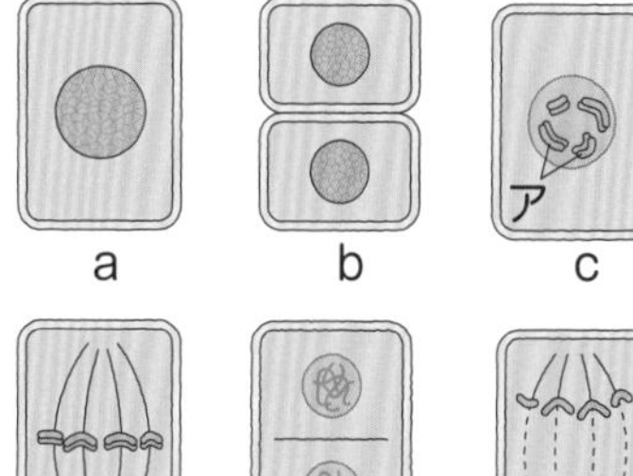

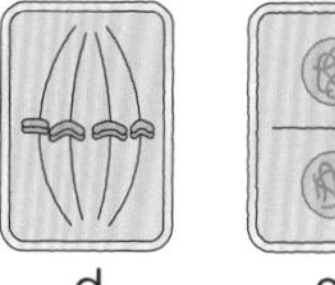

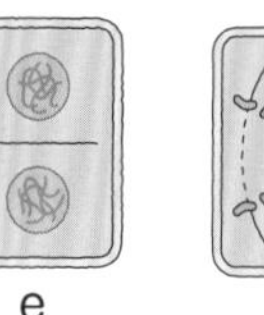

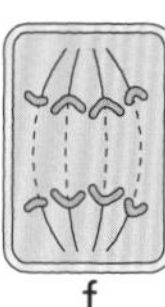

解答・解説

(1) **体細胞分裂**といいます。根の先端に近い部分では、体細胞分裂がさかんに行われています。

(2) **染色体**といいます。分裂が始まる前の準備期間に、核の中でそれぞれの染色体が複製され、同じものが2本ずつできます。分裂が始まると核の形が見えなくなって、かわりに染色体が2本ずつくっついたまま太く短くなって、はっきり見えるようになります。

(3) (a) → c → d → f → e → b の順となります。

細胞分裂の周期には、細胞分裂が起こり始めてから２個の細胞に分かれるまでの分裂期と、細胞分裂が終わってから次の細胞分裂が始まるまでの間期とよばれる期間があります。細胞分裂のための準備期間となる間期には、細胞分裂前の細胞１個あたりの DNA（遺伝子をもつ本体）量が２倍になり、染色体が複製（コピー）されます。そして分裂期に入り、体細胞分裂では複製された染色体が２つの細胞にそれぞれ分かれて入るため、結局、細胞分裂前の細胞の染色体の数と、細胞分裂後にできた細胞の染色体の数は変わらなくなるわけです。

大切な用語 ①染色体 ②細胞の成長 →172ページ

形質と分離の法則

くらべてわかる！

形質を決める親の遺伝子は、分離の法則で子や孫へと伝わる！

形質

形質：**生物のもつ形や特徴**のことを**形質**といい、親の形質が子や孫に伝わることを遺伝という。遺伝は、染色体にある遺伝子が、子に受けつがれて起こる。

対立形質：**一つの個体に同時には現れない一対の形質**を、**対立形質**という。また、対立形質をもつ純系どうしをかけ合わせたとき、**子に現れる形質**を**顕性形質**、**現れない形質**を**潜性形質**という。

メンデルの実験

親　丸い種子の純系

それぞれの種子が発芽・成長したあとに受粉

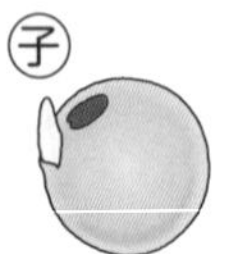

子

すべて丸い種子ができた

親　しわの種子の純系

分離の法則

生物の体をつくる細胞の染色体は、同じ形・大きさのものが2本ずつある。また、遺伝子は染色体にあるため、対立形質に対応する遺伝子も、対になって存在する。**減数分裂で生殖細胞がつくられるとき、対になっている遺伝子は分かれて別々の生殖細胞に入る**。これを**分離の法則**という。

例 **左のメンデルの実験**

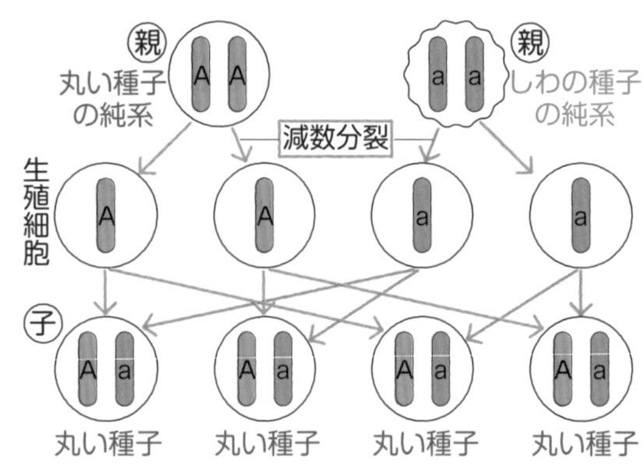

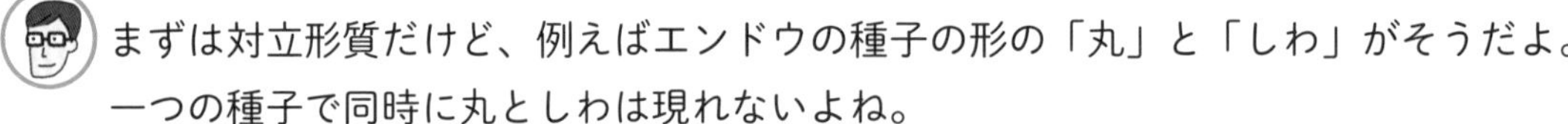

まずは対立形質だけど、例えばエンドウの種子の形の「丸」と「しわ」がそうだよ。一つの種子で同時に丸としわは現れないよね。

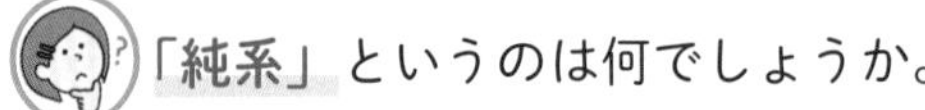

「純系」というのは何でしょうか。

何代にもわたり親と同じ形質を現しているものだよ。メンデルはエンドウのいろんな対立形質について実験をしていて、その一つが上の実験。この実験から、丸の形が顕性形質、しわの形が潜性形質とわかったんだ。

分離の法則の図で、子からさらに孫になると、孫のエンドウは丸としわのどっちになるのかな？

孫には丸としわが3：1で現れるよ。右ページの練習問題で確認しよう。

ひとことポイント！ **遺伝子は、アルファベットの大文字と小文字で表す！**

染色体にある遺伝子のうち、顕性形質を現す遺伝子はアルファベットの大文字で、潜性形質を現す遺伝子はアルファベットの小文字で表します。左ページの図では、A が顕性形質の丸を現す遺伝子、a が潜性形質のしわを現す遺伝子を表しています。

確認問題

① 一つの個体に、同時には現れない一対の形質を何といいますか。

② エンドウの種子の形で、丸を現す遺伝子を A、しわを現す遺伝子を a とします。親 AA と aa をかけ合わせたとき、できる子の遺伝子の組み合わせを表しましょう。

答 ① **対立形質**といいます。エンドウには、丸としわ以外にも、多数の対立形質があります。
② **Aa** となります。A は顕性形質である丸を現す遺伝子、a は潜性形質であるしわを現す遺伝子なので、Aa の子は、丸い種子となります。

練習問題

右の図は、代々丸い種子をつくるエンドウと、代々しわの種子をつくるエンドウをかけ合わせてできた子どうしを、さらにかけ合わせて、孫をつくったときの遺伝子の図を表したものです。ただし、種子が丸くなる遺伝子を A、しわになる遺伝子を a とします。次の問いに答えましょう。

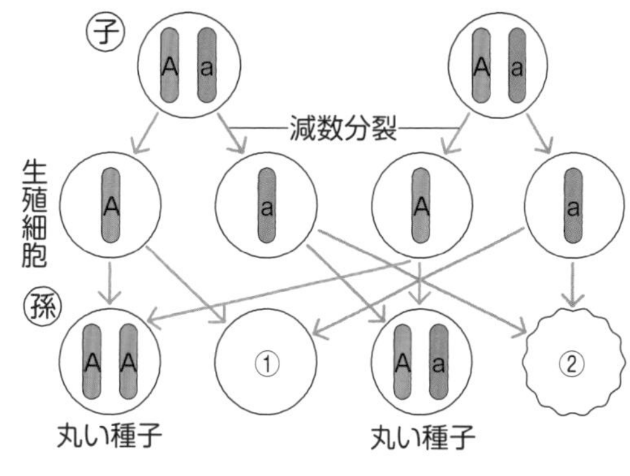

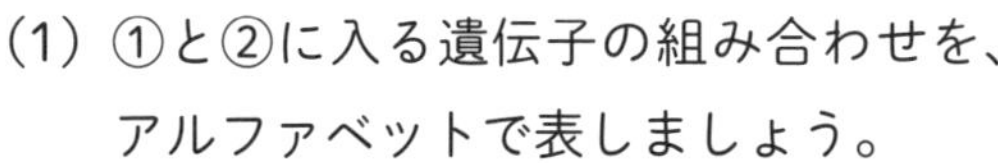

(1) ①と②に入る遺伝子の組み合わせを、アルファベットで表しましょう。

(2) 孫の代で、顕性形質を現すものの数と、潜性形質を現すものの数の比を答えましょう。

解答・解説

(1) ①は Aa、②は aa となります。そのため、①は丸い種子、②はしわの種子となります。

(2) 顕性形質を現す丸い種子と、潜性形質を現すしわの種子の数の比は、3 : 1 となります。

発展知識 子や孫に現れる遺伝子の組み合わせを考えるとき、右のような交配表を書くと、考えやすくなります。

純系の親どうしの交配表

		親の生殖細胞	
		a	a
親の生殖細胞	A	Aa	Aa
	A	Aa	Aa

純系の親の子どうしの交配表

		子の生殖細胞	
		A	a
子の生殖細胞	A	AA	Aa
	a	Aa	aa

生物の共通性と進化

くらべてわかる！

生物の共通性や、中間の生物の存在から進化のようすがわかる！

生物の共通性

脊椎動物の特徴を比較すると、**ほ乳類は、魚類、両生類、は虫類、鳥類と進む**にしたがって、**共通点が段階的に多くなっていく**ことがわかる。また、となり合うなかまほど同じ特徴が多くなっている。

特徴＼種類	魚類	両生類	は虫類	鳥類	ほ乳類
背骨あり	○	○	○	○	○
肺で呼吸	×	△※	○	○	○
恒温動物	×	×	×	○	○
胎生	×	×	×	×	○

※△は、幼生（子）がえらと皮ふ呼吸、成体（親）が肺と皮ふ呼吸

進化

長い年月を経て、代を重ねるうち生物の形質が変化していくことを進化という。生物の**進化の証拠**として、**始祖鳥**（しそちょう）**などの存在**や、**相同器官**（そうどうきかん）などがある。

例 相同器官の脊椎動物の前あし

カエル　ワニ　スズメ　コウモリ　クジラ　ヒト

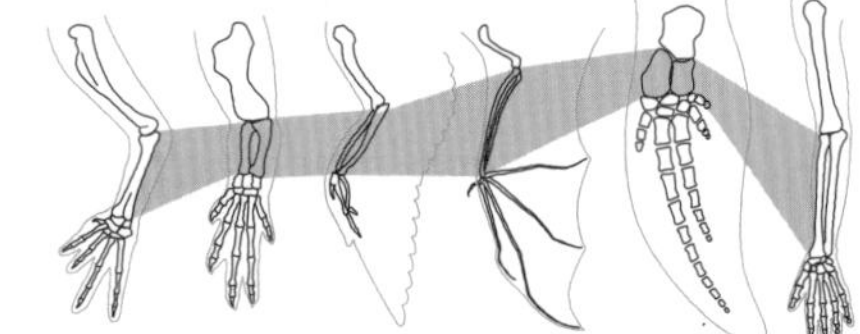

前あし　前あし　翼　翼　胸びれ　うで

脊椎動物には上の表のように、段階的な共通点があるんだ。そして共通点の数だけど、例えば、魚類とほ乳類は１つ、鳥類とほ乳類は３つという具合に、となり合うなかまほど多くなっているのがわかるよね。ここで問題！　５つの脊椎動物を、出現した順に並べるとどうなるかな？

魚類、両生類、は虫類、鳥類、ほ乳類の順かな。

そう思いがちだけど、正解は、**魚類、両生類、は虫類、ほ乳類、鳥類**。これは、前に化石のところで学んだ、地質年代の結果からわかったことだよ。

そうすると、進化の順序も出現した順となるんですか？

進化は少し複雑で、**魚類の出現後、魚類から両生類が、両生類からは虫類とほ乳類が進化**したと考えられているよ。あと、**は虫類と鳥類の両方の特徴をもつ始祖鳥が存在したことから、は虫類から鳥類が進化した**と考えられているよ。

始祖鳥は進化が起こった証拠なんですね。「相同器官」というのは何ですか？

現在は形やはたらきが異なっても、基本的なつくりが同じで、もとは同じ器官から進化したと考えられる器官だよ。これも進化が起こった証拠だね。

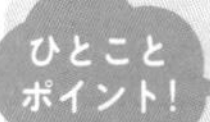

植物では、コケ植物・シダ植物が出現→裸子植物→被子植物へ進化!

植物では、まずコケ植物やシダ植物が出現して、シダ植物の一部が進化して裸子植物が出現、裸子植物の一部が進化して被子植物が出現したと考えられています。

確認問題

① 脊椎動物のうち、恒温動物をすべて答えましょう。

② ほ乳類と魚類、鳥類とは虫類をそれぞれくらべたとき、共通する特徴が多いほうはどちらでしょうか。

③ 始祖鳥は、脊椎動物の5つのなかまのうち、鳥類と何類の特徴をもちますか。

答 ① まわりの温度が変化しても体温がほぼ一定に保たれる恒温動物は、**鳥類とほ乳類**です。

② 一般に、魚類、両生類、は虫類、鳥類、ほ乳類と並べたとき、となり合うなかまほど共通する特徴が多くなるので、**鳥類とは虫類**のほうが、共通する特徴が多くなります。

③ 始祖鳥は、鳥類と**は虫類**の両方の特徴をもちます。

練習問題

右の図は、脊椎動物の骨格の一部を表したものです。また表は、脊椎動物の生活のしかたや体のつくりの特徴をまとめた一部です。次の問いに答えましょう。

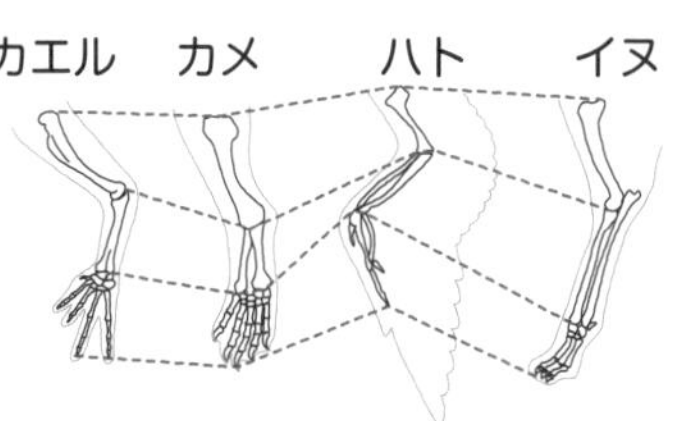

特徴＼グループ	魚類	両生類	は虫類	鳥類	ほ乳類
背骨がある	○	○	○	○	○
肺で呼吸する	×	△		○	○
子は陸上で生まれる	×	×		○	○
恒温動物である	×	×		○	○
胎生である	×	×	×	×	○

(1) 図の、脊椎動物の前あしや翼は、形やはたらきは異なりますが、基本的なつくりは似ていて、その起源が同じ器官と考えられています。このような器官を何といいますか。

(2) 表を完成させたとき、は虫類とほ乳類に共通する特徴は全部でいくつありますか。ただし表の△は、特徴をもつがあてはまらない時期があることを表し、0.5個分と考えます。

解答・解説

(1) **相同器官**といいます。相同器官は進化が起こったことの証拠の一つです。

(2) は虫類の部分には、上から、○、○、×が入ります。よって、**3つ**あります。

大切な用語 ①始祖鳥 →172ページ

地球の自転と公転

くらべてわかる！

地球は1日1回自転しながら、1年に1回公転（こうてん）している！

地球の自転

地球は、北極と南極を結ぶ線「地軸（ちじく）」を中心に、**西から東へ1日1回転**しており、これを**地球の自転**という。**太陽や星が1時間に15度の速さで東から西へ動いて見える**のは、**地球の自転による見かけの動き**である。

1日の太陽の動き：太陽は、**東からのぼって南を通り西へ沈む。**

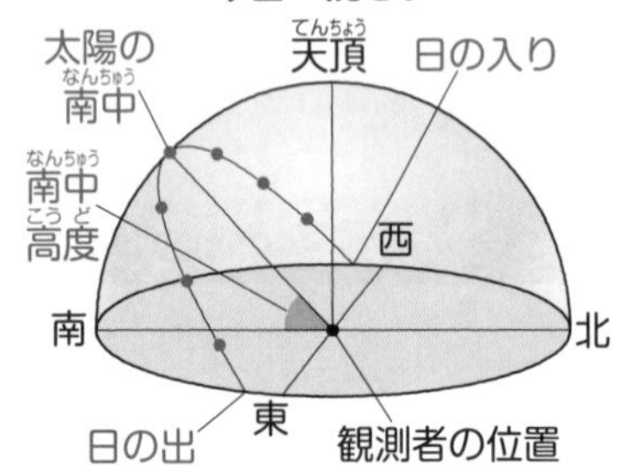

地球の公転

天体が他の天体のまわりをまわることを**公転**といい、公転する通り道がある面を公転面という。地球は地軸を公転面に垂直な線に対して**約23.4度かたむけたまま、太陽のまわりを1年に1回、反時計回りに公転**している。

季節の変化：地球は地軸をかたむけたまま太陽のまわりを公転しているため、季節が生じる。

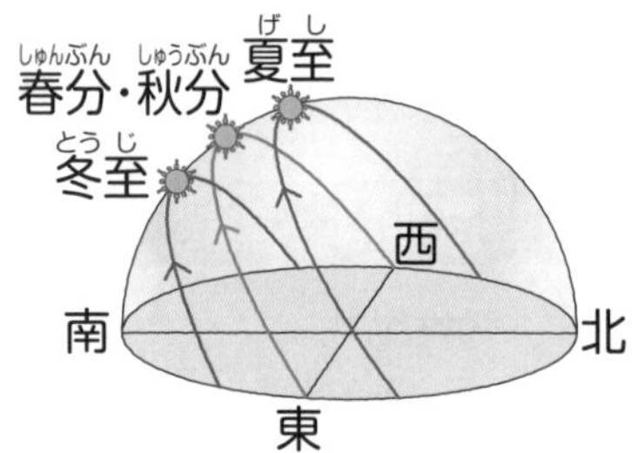

太陽が東からのぼり西へ沈むのは知っているよね。あれは太陽が動いているのではなく、**地球が西から東へ1日1回転する「地球の自転」**が原因。**太陽などの天体が真南にくることを「南中」、そのときの高度を「南中高度」という**けど、天球や透明半球で方位を決める問題では、まず、**南中の方向が南**と決めるといいぞ。

どうして1時間に15度動くってわかるの？

1日24時間で1回転360度、1時間では360÷24=15度というわけだよ。

地球と同じように**太陽も自転**していますか？

しているよ。**黒点（こくてん）の観察でわかる**んだ。173ページの大切な用語で確認しよう。

季節って、どうして変化するんですか？

季節が生じるのは、昼と夜の長さの違いや、南中高度の違いからだよ。**地球は地軸をかたむけたまま公転しているので、毎日、昼の長さや南中高度が少しずつ変化して季節が生じる**というわけ。例えば春分と秋分は、昼と夜の長さや南中高度が同じになるよ。右ページの発展知識で確認しよう。

ひとことポイント！ **地球は自転で１時間に15度、公転で１日１度動いている。**

地球は自転しながら公転しています。自転で１時間に15度、公転では、１年365日で１回転するため、１日約１度動きます。自転と公転の向きですが、ともに反時計回りと覚えるとよいです。

確認問題

① 太陽が東から西へ毎日動いて見えるのは、地球の何という動きが原因ですか。
② 太陽は３時間で何度、東から西へ動いて見えますか。
③ 地球は太陽のまわりを反時計回りに公転していますが、１日約何度動いていますか。

答 ① 地球の自転が原因です。地球は１日１回、西から東へ自転しています。
② 地球の自転により、1時間に15度動いて見えるので、３時間で、15×３＝45〔度〕動いて見えます。
③ 地球は太陽のまわりを反時計回りに、１日約１度動いています。

練習問題

右の図は、太陽の１日の動きを透明半球上に記録したようすです。次の問いに答えましょう。

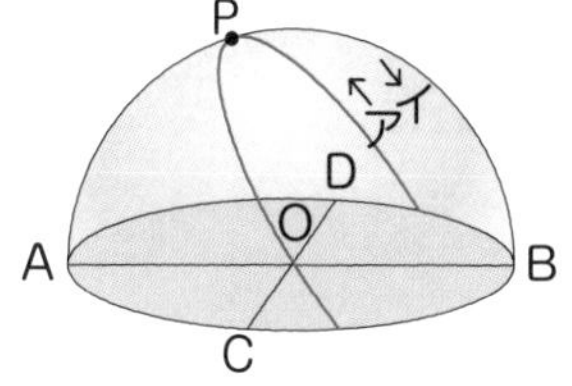

(1) 太陽の動く向きはア、イのどちらですか。
(2) 太陽が点Ｐの位置にくることを何といいますか。
(3) この日の太陽の動きは、夏至と冬至のうちどちらに近いですか。

解答・解説

(1) 南中の方向のＡが南と決まり、Ｃが東、Ｄが西とわかります。よって、イとわかります。
(2) 南中といいます。点Ｐを記録するときの観測者の位置「O」も押さえましょう。
(3) 真東から出て真西に沈むよりも南中高度が高くなるので、夏至に近いことがわかります。

発展知識 右の図のように、地球は地軸をかたむけたまま太陽のまわりを公転しています。そのため日本では、夏至が最も昼が長く、南中高度が最も高くなります。一方、冬至は夏至の逆となります。また、図から、春分と秋分は昼と夜の長さが同じ（12時間ずつ）になることもわかります。

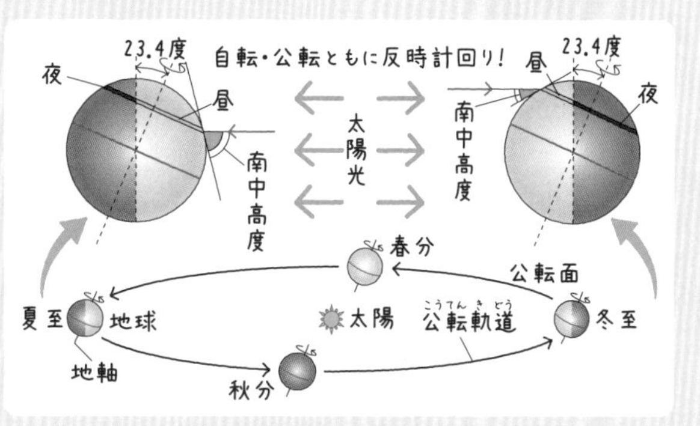

大切な用語 ①南中高度 ②天球・透明半球 ③黒点 →173ページ

星の日周運動と年周運動

くらべてわかる！

星の動きは、日周運動と年周運動を組み合わせて考える！

星の日周運動

空全体の星は、地球の自転によって**1時間に約15度**の速さで**東から西へ動いて見える**。この見かけの動きを、**星の日周運動**という。

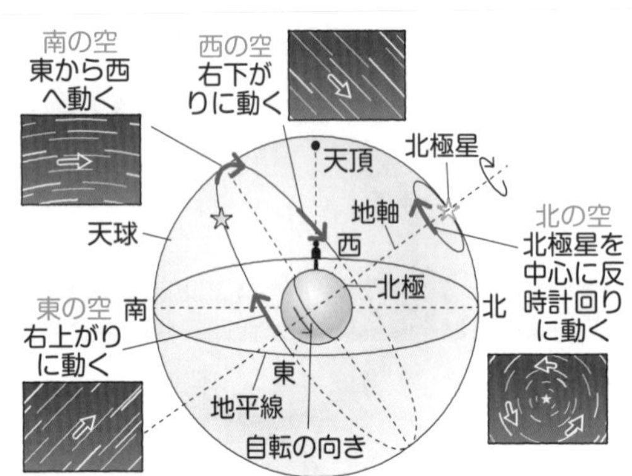

星の年周運動

毎日同じ時刻に見える星座の位置は、地球の公転によって**1日に約1度、東から西へ動いて見え、**1年の周期で1周する。この動きを**星の年周運動**という。また、**真夜中頃に南中する星座**を、**季節の星座**という。

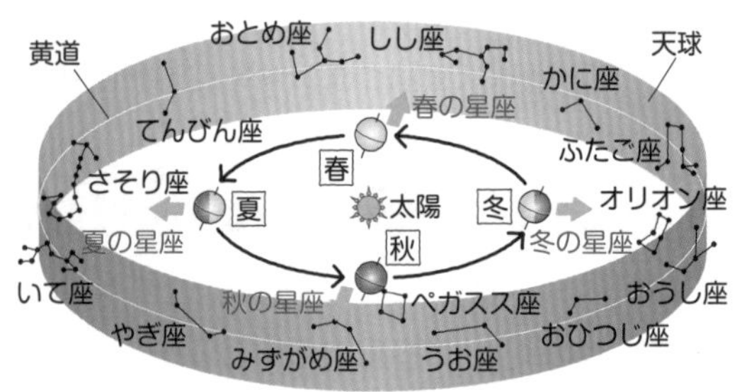

前回、太陽の１日の動きについて学んだね。原因は何だったか覚えてる？

地球の自転！

その通り。太陽と同じように星も地球の自転によって日周運動をしているよ。北の空では北極星を中心に反時計回りに回転し、東・南・西の空では、太陽が東から出て南を通り西へ沈むのと同じ動きをしているんだ。

星は日周運動とともに、地球の公転で年周運動もしているということは、星座は1時間に約15度ずつ動きながら、１日では約１度動くわけですね。

そのため、星の動きを考える問題では、日周運動と年周運動を組み合わせて考える必要があるよ。右ページの発展知識で確認しよう。

冬の夜、オリオン座がきれいに見えるけど、オリオン座は冬の星座ってことかな？

オリオン座は冬の代表的な星座だよ。年周運動の図で、日本が冬のとき、オリオン座は太陽の反対側にあるから、真夜中頃に南中して見えるんだ。逆に、太陽と同じ方向にあるさそり座は、昼なので見えないというわけ。

ひとこと
ポイント！

季節の星座から太陽の位置がわかる！

地球の公転によって、太陽は星座の間を少しずつ動くように見えます（太陽の見かけ上の通り道を黄道(こうどう)といいます）。そのため、真夜中に見える星座がわかれば、太陽がどの星座の方向にあるかわかります。例えば、夜に見られる星座がさそり座のとき、太陽は地球から見てさそり座と反対のおうし座の方向にあることがわかります。

確認問題

① 星は地球の自転により、１時間に約何度、どの方位からどの方位へ動いて見えますか。
② 北の空の星は、何という星を中心にどのように動いていますか。
③ 毎日同じ時刻に見える星座の位置は、１か月で約何度東から西へ動いて見えますか。

答　① 星は地球の自転によって、１時間に約15度、東から西へ動いて見えます。
② 北の空の星は、北極星を中心に反時計回りに動いています。
③ １日に約１度、東から西へ動いて見えるので、１か月で約30度東から西へ動いて見えます。

練習問題

右の図は、東、西、南、北それぞれの方位の星の動きを観測したときのスケッチです。次の問いに答えましょう。
(1) このような星の見かけの運動を何といいますか。
(2) 西の空の星の動きを表したスケッチは、ア〜エのうちのどれですか。

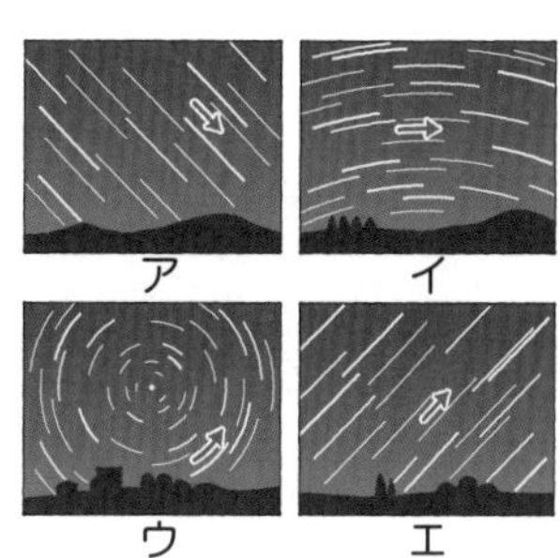

解答・解説

(1) １日の星の見かけの運動を、星の日周運動といいます。
(2) アです。太陽が東から出て南を通り、西に沈むときの動きを考えるとわかりやすいです。

発展知識

星の動きを考える問題では、星の日周運動と年周運動を組み合わせて考えることになります。例えば右の図で、ある日の午前０時に、星XがＡの位置に見えたとします。３か月後の午前２時にはどの位置に見えるか考えてみましょう。
北の空の星は、北極星を中心に反時計回りに動きます。年周運動によって３か月で90度、日周運動によって2時間で30度、合計120度反時計まわりに動くので、Ｅの位置に見えることがわかります。

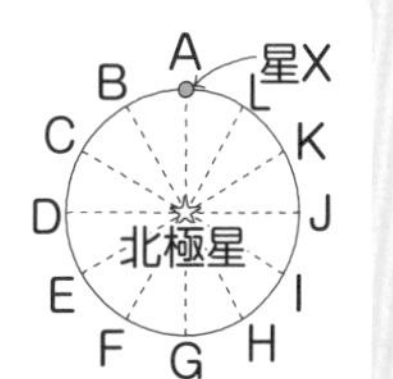

大切な用語　①季節の星座　→174ページ

方位と時刻の決定と月の満ち欠け

くらべてわかる！

月の見える方位と時刻は、地球を真上から見た図で考える！

方位と時刻の決定

星や月などが見える方位と時刻は、地球の半面に影をつけ、地球上に人を立たせ、**地球を真上から見た図**で考える。**自転方向から時刻**を、北極点から方位（**北極点の方向がつねに北**）をそれぞれ決める。

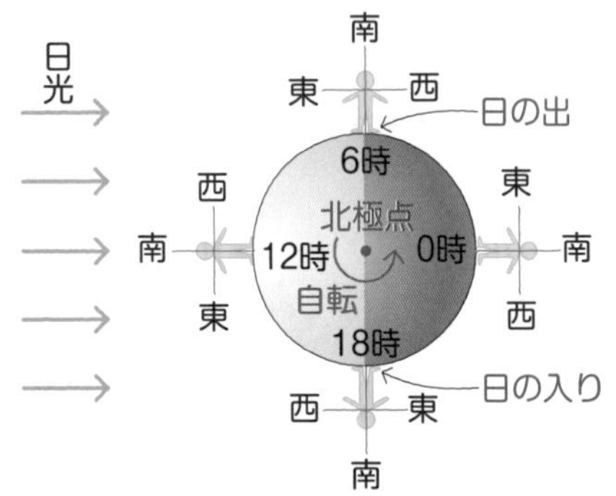

月の満ち欠け

月は地球のまわりを公転しながら太陽の光を反射することによって光っている。地球から月の光っている半面を見る角度は毎日変わるため、月の満ち欠けが起こる。月の満ち欠けは、約29.5日ごとにくり返される。

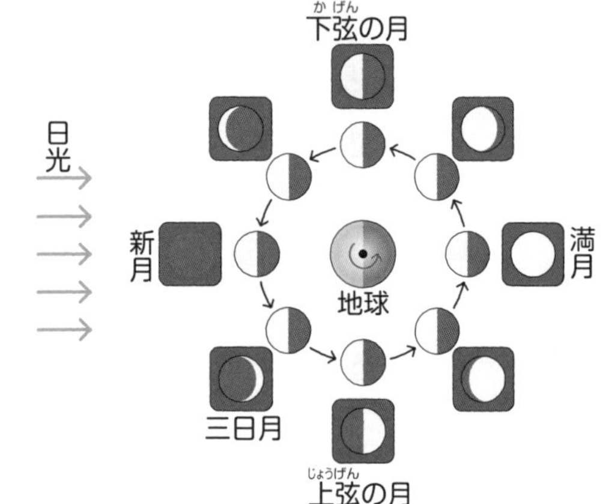

月が光って見える理由はわかるかな？

太陽の光を反射しているから！

その通り。そして**月が満ち欠けする理由だけど、月が地球のまわりを反時計回りに公転しているため、太陽―地球―月の位置関係が変わるから**だよ。では問題。三日月が南の空の方向に見えるのは何時かな？

左側の図の地球を右側の図の地球に置きかえて考えると、15時頃だと思います。

正解。**月はもちろん星座の方位や南中時刻など考えるときも、地球を真上から見た図で考える**といいぞ。あと、三日月になる理由も右ページの**発展知識**で確認だ。

そういえば、前に月食を見たことあるけど、月食ってなぜ起こるの？

月が地球の影に入るからだよ。**月食は、太陽―地球―月がこの順に一直線に並ぶ**とき、つまり、満月のときにしか起こらないんだ。くわしくは、174ページの**大切な用語**で確認しよう。

ひとこと ポイント!

上弦の月と下弦の月は、月が沈むときの弦の向きで区別！

上弦の月と下弦の月は混乱しやすいですが、月が沈むときのようすを考えると簡単に区別できます。西の空に沈むとき、右の図のように、弦にあたる部分が下にくるのが下弦の月、上にくるのが上弦の月というわけです。

確認問題

① 上弦の月は日本から見ると、右半分と左半分のどちらが光って見えますか。

② 月食が起こるとき、月と太陽と地球はどういう順に並びますか。

答 ① 弦が上にくるように沈むのが上弦の月なので、右半分が光って見えます。

② 月食が起こるとき、月と太陽と地球は、太陽—地球—月の順に並びます。

練習問題

右の図のA～Hは、地球を中心としてまわる月の位置を表しています。また、太陽の光は、図の矢印の向きからきているものとします。次の問いに答えましょう。

(1) 月の公転の向きは、a、bのどちらでしょうか。

(2) 18時ごろ南中する月は、A～Hのうちのどれですか。
また、そのときの月を何といいますか。

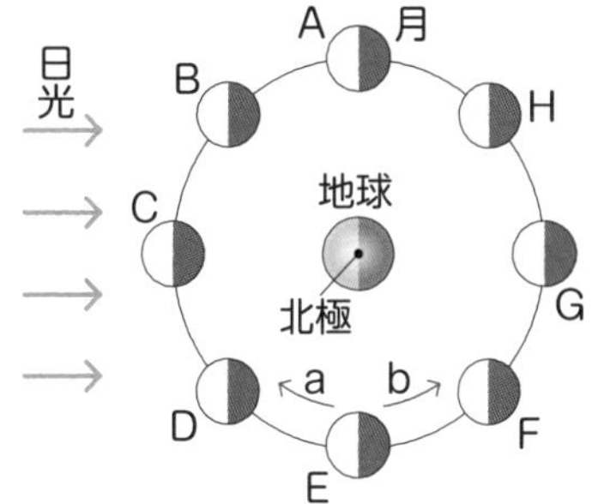

解答・解説

(1) 月は地球のまわりを反時計回りに公転しているので、bです。

(2) 右の図のように、地球を真上から見た図を考えると、18時ごろに南の方向にある月はEとわかります。Eの月は、地球に立たせた人から見て右半分が光って見える、上弦の月といいます。

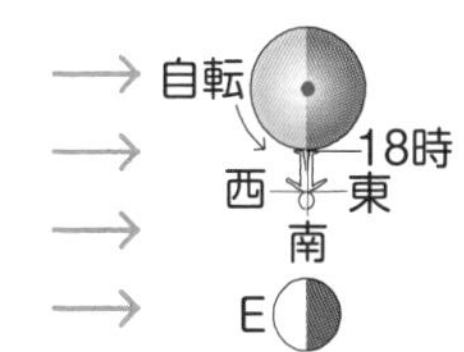

発展知識

地球から月を見ると、月の半面が見えます。そのうちの、光っている部分の見える範囲によって月の形が決まります。例えば、右の図のような位置関係のとき、地球から月を見ると、右側が少し光って見えることになります。これが、三日月というわけです。

次に学ぶ金星の見え方も、考え方は同様です。

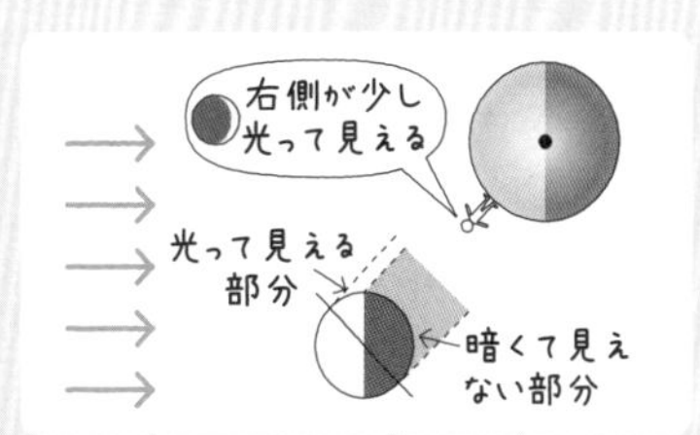

大切な用語 ①月 ②月食 →174ページ

太陽系と金星の満ち欠け

くらべてわかる！

太陽系の惑星のうち、地球の内側を公転する惑星は満ち欠けする！

太陽系

太陽と、そのまわりを公転している**惑星**、惑星のまわりを公転している**衛星**、多数の**小惑星**、**太陽系外縁天体**、**彗星**などの天体の集まりを、**太陽系**という。

惑星：太陽系の惑星には、太陽に近いものから、**水星・金星・地球・火星・木星・土星・天王星・海王星**がある。

地球型惑星：水星・金星・地球・火星
木星型惑星：木星・土星・天王星・海王星

金星の満ち欠け

金星は、**地球より内側の太陽に近い軌道を公転**するため、**満ち欠けをする**。地球からは、**明け方東の空**（明けの明星）か、**夕方西の空**（よいの明星）にしか見えず、真夜中に見えることはない。

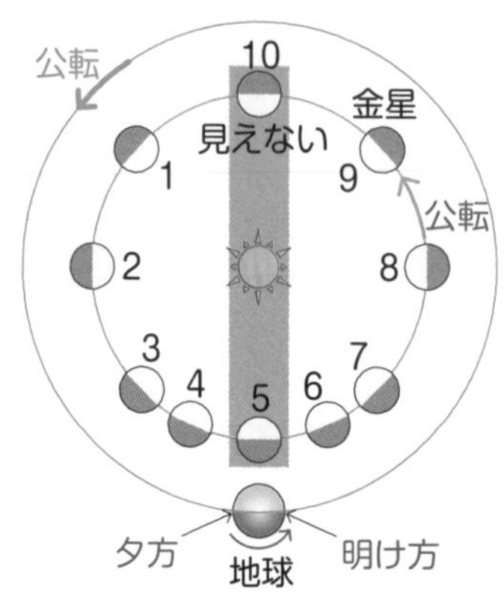

よいの明星 夕方西の空に見える				見えない	明けの明星 明け方東の空に見える			
1	2	3	4	5、10	6	7	8	9

太陽や星のように、自ら光りかがやく天体「恒星」のまわりを公転している天体が「惑星」で、太陽系には8個の惑星があるよ。8個のうち、小さいけど密度は大きい水星・金星・地球・火星を「地球型惑星」、大きいけど密度は小さい木星・土星・天王星・海王星を「木星型惑星」というぞ。

金星が満ち欠けするのは、地球より内側の太陽に近い軌道を公転するからということですが、地球より外側にある火星などは満ち欠けしないんですか？

地球より外側を公転する火星はほとんど満ち欠けしないよ。金星との違いは他にも、火星は一晩中見えることがあるということ。175ページの大切な用語で確認しよう。

金星の満ち欠けの図を見ると、月と違って大きさも変わっているような……？

よく気がついたね！ 金星は、上の図の4や6のように、地球に近いと大きく見え、欠けも大きく、1や9のように、地球から遠いと小さく見え、欠けも小さいぞ。

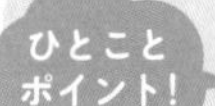

内惑星の金星は満ち欠けするが、外惑星の火星はほとんどしない！

地球より内側の太陽に近い軌道をまわる惑星（水星・金星）を内惑星、地球より外側の軌道をまわる惑星を外惑星といいます。内惑星は満ち欠けをしますが、外惑星はほとんどしません。

確認問題

① 太陽系にある惑星を、太陽に近い順に答えましょう。

② 太陽系の惑星のうち、木星型惑星をすべて答えましょう。

③ 夕方、西の空に見える金星は、右側と左側のどちらが欠けて見えますか。

答 ① 水星・金星・地球・火星・木星・土星・天王星・海王星の順となります。水・金・地・火・木・土・天・海と覚えるとよいです。

② 木星、土星、天王星、海王星の４個です。木星型惑星はおもにガスからできているため、大きさや質量は大きいですが、密度は小さいです。

③ 左ページの図で考えると、左側が欠けて見えることがわかります。

練習問題

右の図は、地球の北極側から見た太陽、地球、金星の位置関係を表したモデル図です。次の問いに答えましょう。

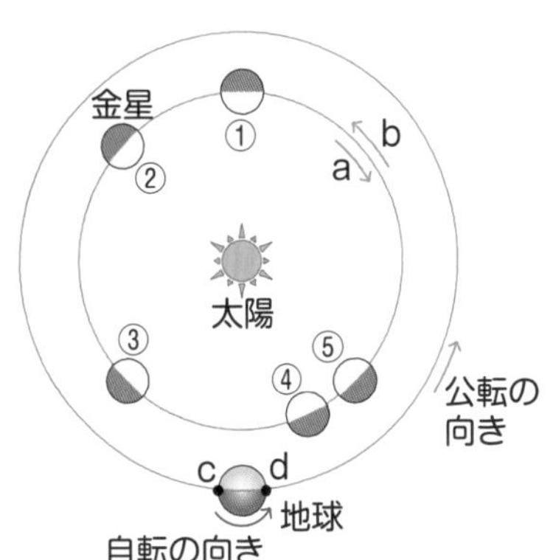

(1) 金星の公転の向きは、a、b どちらですか。

(2) 地球から金星を見ることができないのは、金星が、①～⑤のどの位置にあるときですか。

(3) 図の c は、地球が明け方と夕方のどちらのときを表しますか。

(4) 金星が④の位置にあるとき、d から金星はどのように見えますか。次のア～オから選びましょう。

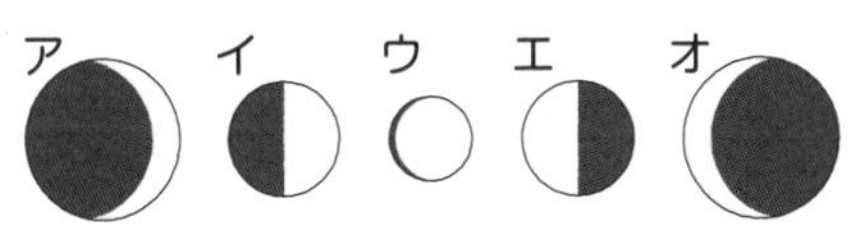

解答・解説

(1) 金星は、太陽のまわりを反時計回りに公転しているので、b です。

(2) 太陽と同じ方向にある金星は見ることができないので、①の位置にあるときです。

(3) 地球の自転の向きから、夕方とわかります。

(4) d は明け方なので、d から見ると、④は右側が大きく欠けたオのように見えます。

大切な用語 ①衛星 ②太陽系外縁天体 ③地球型惑星・木星型惑星 ④火星 → 174 ～ 175ページ

生物どうしのつながりと物質の循環

くらべてわかる！

生態系では、生物どうしが影響し合って炭素などが循環する！

生物どうしのつながり

食物連鎖：生物と環境を一つのまとまりとしてとらえた生態系の中では、生物どうしが**食べる・食べられるの関係でつながっている**。これを、**食物連鎖**という。

例 **水中の生物の食物連鎖**

生産者と消費者：
光合成でデンプンなどをつくり出す**植物を生産者**、植物を食べる**草食動物**や、草食動物を食べる**肉食動物を消費者**という。生産者と消費者の量的関係は**ピラミッドの形**となり、**底辺は必ず生産者の植物**となる。

物質の循環

分解者：**菌類**や**細菌類**、落ち葉や動物の死がいなどを食べる土の中の小動物などを、**分解者**という。分解者は、**呼吸により生物の死がいや排出物などの有機物を、二酸化炭素や水といった無機物に分解**する。

炭素の循環：生態系における炭素は、光合成や食物連鎖、呼吸などにより、**生産者、消費者、分解者の間を受けわたされながら循環**している。

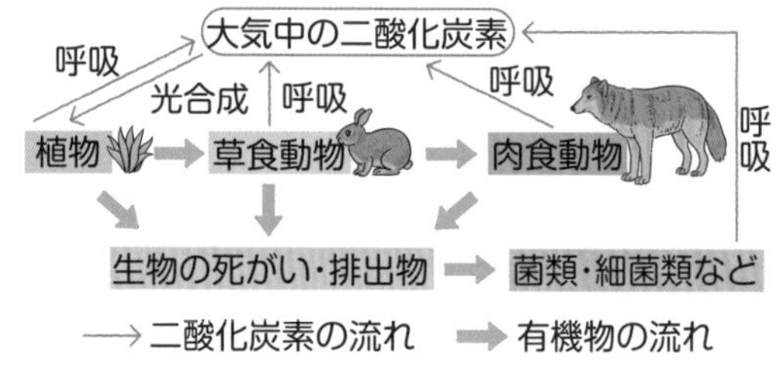

ヒトなどの動物は、自分で有機物をつくれないので、他の生物を食べることで有機物を得ているよね。これらの生物を「消費者」というよ。それに対し、光合成で無機物から有機物をつくり出す植物が「生産者」。上の食物連鎖の例も、個体数のピラミッドも、生産者から始まっている。生産者は個体数が多いんだ。

植物の数が多くて、光合成で使われる二酸化炭素はなくならないの？

大丈夫！ 動物や植物はもちろん、生物の死がいなどの有機物を二酸化炭素や水といった無機物に分解する「分解者」も、呼吸で二酸化炭素を出しているからね。

逆に、二酸化炭素が増加しすぎたために、地球温暖化が起きているとも聞きます。

生態系では本来バランスが取れているんだけど、人間の活動による石油などの化石燃料の使用が原因になっている。「自然環境の保全」が私たちの大きな課題だよ。

ひとこと ポイント！ **生物どうしの数量的なつり合いは、ほぼ一定に保たれる！**

例えば、右の図のように、草食動物が一時的に増加すると、肉食動物は増加し、植物は減少しますが、それによって草食動物は減少します。そして今度は肉食動物が減少していき、植物が増加することで、しだいにもとのつり合いにもどっていくわけです。

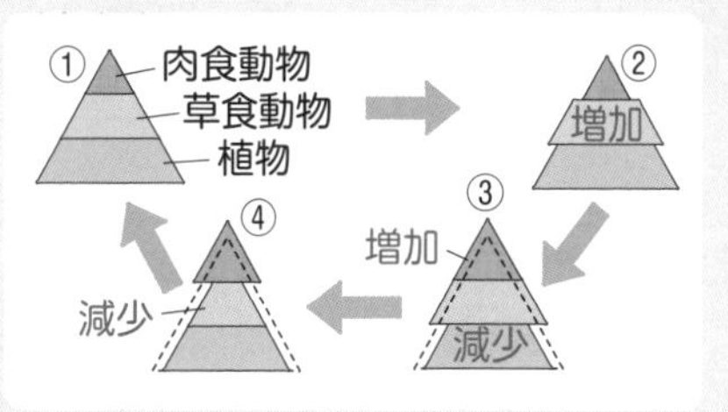

確認問題

① 生態系の中の「食べる・食べられる」の直線的な鎖の関係を何といいますか。

② ①のはじまりが有機物をつくる植物であることから、植物は何とよばれますか。

③ 生物の死がいや排出物などの有機物を、無機物に分解する生物を何といいますか。

答 ① **食物連鎖**といいます。食物連鎖をくわしく調べると、実際の生態系の「食べる・食べられる」の関係は直線的ではなくもっと複雑で、網の目のようになっています。これを食物網（しょくもつもう）といいます。

② 食物連鎖のはじまりの有機物をつくる植物は、**生産者**とよばれます。

③ **分解者**といいます。分解者には、菌類や細菌類、ミミズやダンゴムシなどがいます。

練習問題

右の図は、自然界での物質の流れを模式的に表したものです。次の問いに答えましょう。

(1) 物質 b は、酸素または二酸化炭素のうちどちらですか。

(2) 生物 A が物質 a を放出するはたらきを何といいますか。

(3) 分解者は、生物 A～C のうちのどれですか。

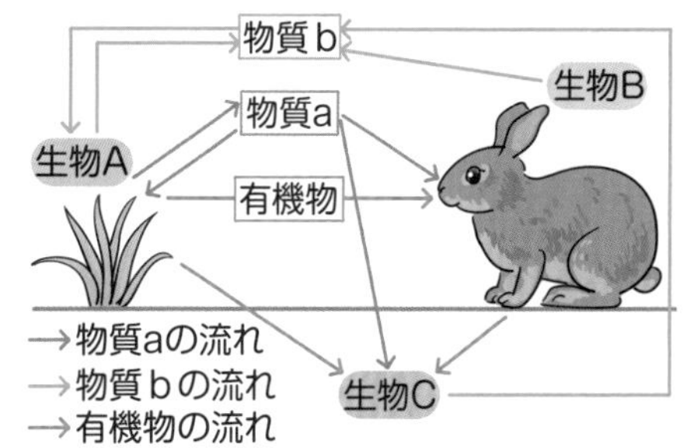

解答・解説

(1) 生物 B のウサギが、物質 a を取り入れて、物質 b を放出していることから、物質 b は**二酸化炭素**とわかります。

(2) 生物 A の植物が、物質 a の酸素を放出するはたらきを、**光合成**といいます。

(3) 分解者は、呼吸によって生物の死がいや排出物などの有機物を、二酸化炭素や水といった無機物に分解します。物質 a の酸素と有機物を取りこみ、物質 b の二酸化炭素を放出している生物 **C** が分解者です。

大切な用語 ①植物・動物プランクトン ②菌類・細菌類 ③地球温暖化 ④自然環境の保全 →175ページ

大切な用語

PART 1 ▶ 身近な物理現象

光の反射と屈折

8～9ページ

1. 光の反射

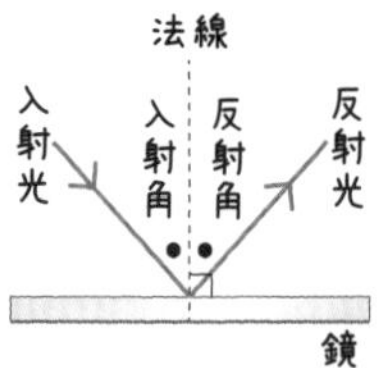

光が鏡や水面などに当たってはね返る現象を、光の反射といいます。このとき、物体に向かう光を入射光、はね返った光を反射光といいます。光が反射するとき、入射光と法線（鏡などの面に垂直な線）のなす角「入射角」と、反射光と法線のなす角「反射角」は等しくなり、これを光の反射の法則といいます。

2. 光の屈折

光が空気中から水中など密度※の異なる物質を進むとき、その境目で折れ曲がって進む現象を光の屈折といいます。ただし、境目に垂直に入るときはそのまま直進します。　※物質１㎤あたりの質量（145ページ参照）

屈折が起こる理由

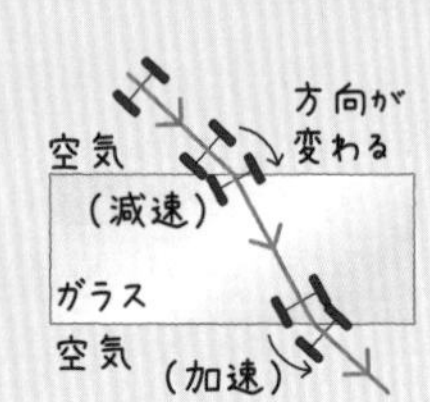

光の速さは光が進む物質により異なり、物質の密度が高くなるほど速さが遅くなります。例えば、密度の低い空気から、密度の高いガラスに入射するとき、光を車輪、空気を舗装された道、ガラスを砂利道と考えると、ガラスに入るときは、ガラスにふれた側の車輪が先に減速して方向が変わります。一方、空気中に出るときは、出た側の車輪が先に加速して方向が変わります。つまり、両輪のスピード差が生じることで進行方向が変わると考えればよいわけです。

3. 光の色

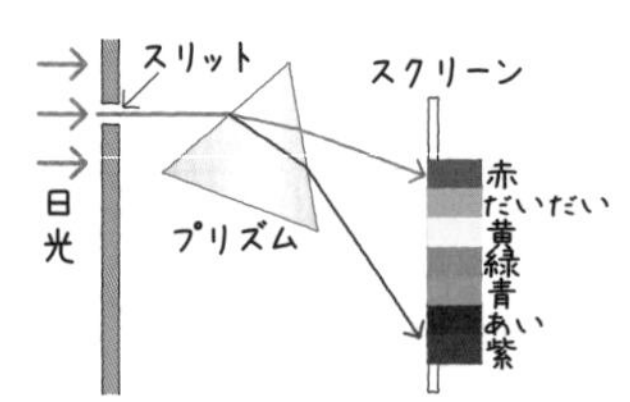

太陽や蛍光灯の光は、実はたくさんの色の光が混ざった光で、「白色光」とよばれます。プリズム（ガラスなどの透明な材料でできた光を通す三角柱状のブロック）に白色光を通すと、虹のような模様が見えます。これは、光が屈折するとき、色によって屈折角が少しずつ異なるために起こる現象で、「光の分散」といいます。

PART 1 ▶ 身近な物理現象

凸レンズの像と平面鏡の像

10～11ページ

1. 凸レンズ

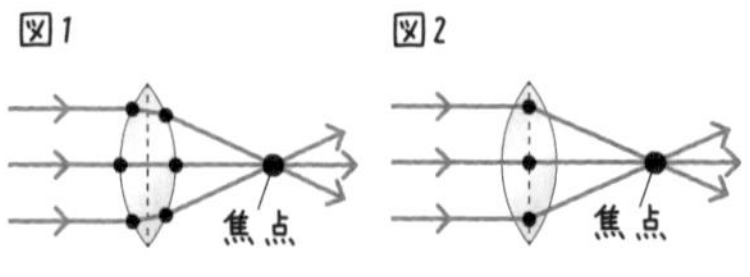

ガラスの中央部分がまわりよりも厚いレンズを凸レンズといいます。凸レンズに平行光線が入射すると、レンズの中心を通る光はそのまま直進して、それ以外の光はレンズに入射するときと出るときの２回屈折します（図１）。ただし、特に指示がない限りは、図２のようにレンズの中心面で１回屈折するように作図すればよいです。

2. 焦点

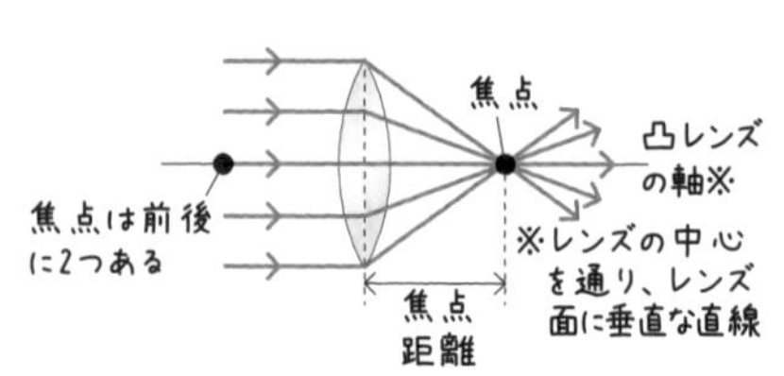

凸レンズの軸（光軸）に平行に入射した光が、凸レンズで屈折して１か所に集まる点を焦点（focus）といいます。焦点は、凸レンズの前後に２つあります。

PART 1 ▶ 身近な物理現象

音の大きさと高さ

12～13ページ

1. 振幅

音源が振動する幅を振幅といいます。例えば太鼓の振動では、たたく前の皮の位置から最も外側（内側）までが振幅にあたり、太鼓を強くたたくと振幅は大きくなって、大きな音が出ます。

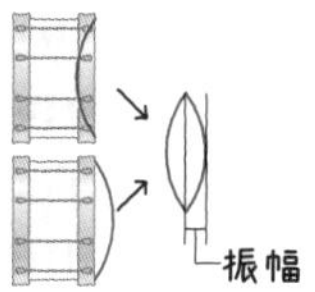

2. モノコード

共鳴箱の上に１本または２本の弦を張って音が出るようにした楽器をモノコードといいます。モノコードは、ことじを動かして弦の長さを変えたり、ねじを回して張りを変えたりして音の高さを変えることができます。

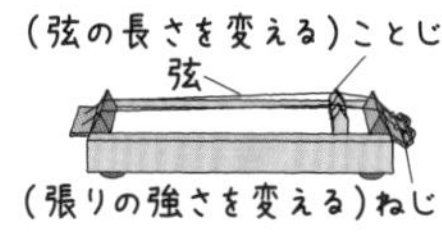

3. 音さ

音さとは、Ｕ字状に分かれた金属製の器具で、腕の部分をたたくなどして振動させると音を発します。振動数が等しい音源の一方を鳴らすと、もう一方の音源も鳴り出す現象を共鳴といいますが、共鳴の実験では音さがよく使われます。

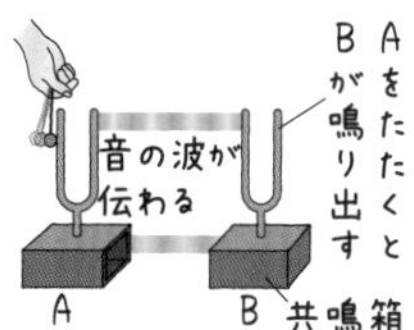

4. オシロスコープ

音の大小や高低などを波形として見ることのできる装置です。

PART 1 ▶ 身近な物理現象

重さと質量

14～15ページ

1. ばねばかり

ばねののびが、ばねを引く力に比例することを利用して、力の大きさ〔N〕をはかる器具です。ばねばかりで物体をはかると、はかる場所によって物体を引く力「重力」が異なるので、ばねばかりが指す数値も異なります。ばねばかりの数値は、物体にはたらく重力の大きさ「重さ」を表します。

2. 上皿てんびん

あらかじめ質量が決まっている分銅と物体をつり合わせることで、物体の質量をはかる器具です。上皿てんびんで質量がはかれるのは、物体とともに分銅にも同じ重力がかかるので、物体と分銅とのつり合いは場所に影響されないからです。

3. 電子てんびん

上皿てんびんと同様に、物質の質量をはかる計器です。電子てんびんで質量がはかれるのは、電子てんびんの内部のしくみのためです。電子てんびんに物質をのせると、内部のさおが傾きます。すると、傾きに応じて内部のコイルに電流が流れて電磁石となり、さおを水平にもどします。このとき、コイルに流れる電流と質量の関係があらかじめ数値化されていて、それにもとづいて質量を表示することで、質量がはかれます。電子てんびんは、次の手順で使用します。

手順①電子てんびんを水平な台に置く　**手順②**表示が0になっているのを確認する

手順③はかるものを静かにのせ、表示された数値を読む

※粉末の物質をはかるときは薬包紙をのせ、リセットボタンで０にしてからはかる

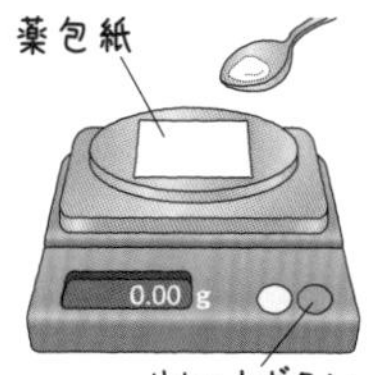

PART 1 ▸ 身近な物理現象

ばねにはたらく力と圧力

16 〜 17ページ

1. フックの法則

ばねにつるすおもりの質量を２倍、３倍、……、にすると、ばねののびは２倍、３倍、……、となり、ばねの弾性力[※1]も２倍、３倍、……、となります。弾性限界内[※2]でのばねの伸縮 x〔cm〕は、弾性力 F〔N〕に比例して、$F = kx$（k：ばね定数とよばれる比例定数）という関係が成り立ち、これをフックの法則といいます。ばね定数 k の値が大きいほど、ばねはのびにくくなります。

※1. 変形した物体がもとの形にもどろうとする力を弾性力といいます。

※2. ばねは加える力がある大きさを超えると、もとの形にもどらなくなります。この限界を、弾性限界といいます。

2. 力の矢印

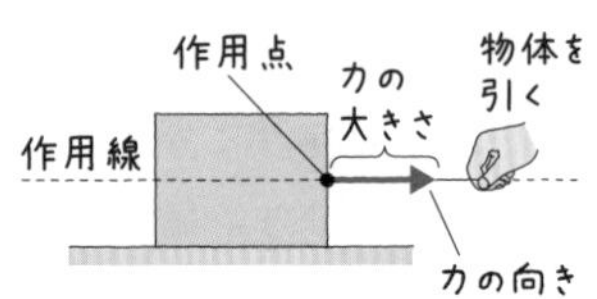

力は矢印で表します。このとき、力の三要素のうち、力の大きさを矢印の長さで、力の向きを矢印の指す向きで、作用点を矢印の始点としてそれぞれ表します。また、力の矢印がのっている直線を作用線といいます。

PART 1 ▸ 身近な物理現象

力のつり合いと作用・反作用

18 〜 19ページ

1. 垂直抗力

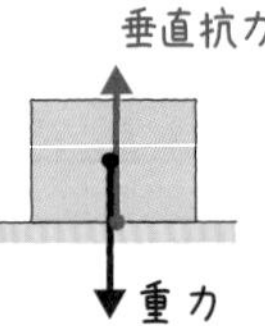

物体を床に置くと、床は物体にはたらく重力によって押されると同時に、物体は床から垂直方向に押し返されます。この押し返される力を垂直抗力といいます。物体が床に静止しているときは、物体にはたらく重力と垂直抗力がつり合うことになります。

2. 作用・反作用

物体Ａが物体Ｂに力をおよぼす（作用する）と、物体Ｂは物体Ａに力をおよぼし返します（反作用する）。作用・反作用は同じ作用線上にあって、大きさが等しく向きが反対の２力です。力がはたらく相手が異なるため、作用と反作用の２力はつり合いとは無関係ということに注意が必要です。

PART 2 ▸ 身のまわりの物質

有機物と無機物

20 〜 21ページ

1. 石灰水

石灰水は、水酸化カルシウムというアルカリ（66ページ参照）の物質の水溶液です。水酸化カルシウムは水にとけにくく、さらにふつうの固体と異なり温度が高くなると溶解度（24ページ参照）が小さくなります。そのため、多量の水酸化カルシウムの粉末を水に入れてよくかき混ぜ、しばらく放置して二層に分かれた上ずみ液を石灰水として用います。

2. プラスチック

おもに石油などを原料として人工的につくられた有機物で、合成樹脂ともよばれます。プラスチックにはさまざまな種類がありますが、共通する性質として、①熱を加えると変形しやすく加工しやすい ②くさりにくい ③さびない ④電気を通しにくい ⑤加熱すると燃えて二酸化炭素が発生する、などがあります。代表的なプラスチックの性質や用途は、右の表のようになります。

種類(略語)	性質	熱する	密度	用途
ポリエチレンテレフタラート(PET)	透明で圧力に強い	燃えにくい(多少のすすが出る)	1.38〜1.40 (g/cm³)	ペットボトル
ポリエチレン(PE)	油や薬品に強い	とけながらよく燃える	0.92〜0.97	レジ袋 キャップ
ポリ塩化ビニル(PVC)	薬品に強い	燃えにくい	1.20〜1.60	消しゴム
ポリスチレン(PS)	断熱材になる	すすを出して燃える	1.05〜1.07	ラベル CDケース
ポリプロピレン(PP)	熱に強い	とけながらよく燃える	0.90〜0.91	キャップ

3. 金属

金属は、水銀を例外として常温で固体の物質です。金属に共通する性質として、①みがくと光る（金属光沢）②のばしたり（延性）、ひろげたり（展性）できる③電気や熱をよく通す（電気伝導性・熱伝導性）などがあります。「磁石につく」は金属に共通する性質ではなく、鉄・ニッケル・コバルトなど、一部の金属の性質です。

4. 非金属

金属以外の物質で、ガラスやプラスチック、木、ゴムなど金属に共通する性質をもたない物質をいいます。

5. 密度

ある温度における物質1㎤あたりの質量を、密度といいます。密度は温度によって物質に固有の値を示すので、密度を求めることができれば、その物質を見分けることができます。密度は次の式で求めます。

$$\textbf{密度〔cm}^3\textbf{〕} = \frac{\textbf{物質の質量〔g〕}}{\textbf{物質の体積〔cm}^3\textbf{〕}}$$

物質の密度と浮き沈みには、次のような関係があります。

物質の密度＜液体の密度：浮く

物質の密度＝液体の密度：液体中で静止

物質の密度＞液体の密度：沈む

例 氷は水に浮き、灯油に沈む

水の密度：1.0g/㎤

灯油の密度：0.8g/㎤

氷の密度：0.9g/㎤

密度は、灯油＜氷＜水の順

PART 2 ▶ 身のまわりの物質

酸素と二酸化炭素

22〜23ページ

1. 水上置換法・上方置換法・下方置換法

薬品等を用いて気体を発生させたとき、発生した気体の捕集法には、その性質によって、水上置換法、上方置換法、下方置換法の3つがあります。

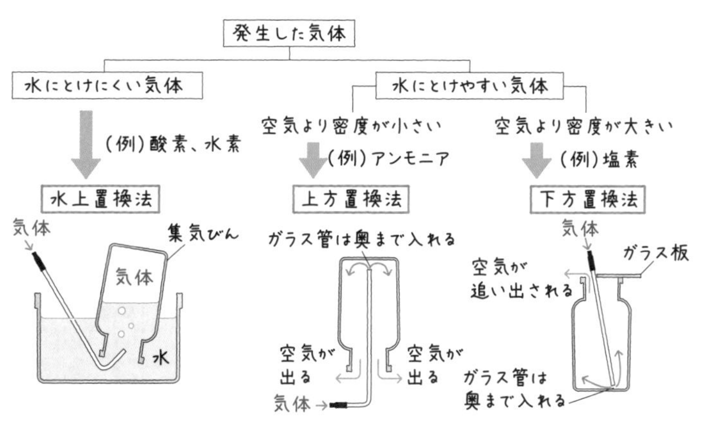

PART 2 ▶ 身のまわりの物質

溶解度と再結晶

24～25ページ

1. 溶媒・溶質

液体に物質をとかしたとき、とけている物質を溶質、とかしている液体を溶媒といいます。溶媒は、常温・常圧で液体ですが、溶質は、固体、液体、気体のどの状態でもかまいません。

2. 溶液

溶質が溶媒にとけた液体を溶液といいます。いいかえると、溶質と溶媒を合わせて溶液というわけです。また、溶媒が水の溶液を水溶液といいます。例えば食塩水では、溶質が食塩、溶媒が水、溶液が食塩と水の全体になります。

3. 質量パーセント濃度

溶液の濃度を表す方法の一つで、溶質の質量が、溶液全体の質量の何パーセントにあたるかを表したものです。質量パーセント濃度は、次の式で求めます。

$$\text{質量パーセント濃度〔\%〕} = \frac{\text{溶質の質量〔g〕}}{\text{溶液（溶媒＋溶質）の質量〔g〕}} \times 100$$

PART 2 ▶ 身のまわりの物質

混合物の沸点と蒸留

26～27ページ

1. 蒸留

液体を沸騰させ、出てくる気体を冷やして再び液体にして集める方法を蒸留といいます。蒸留は、物質の沸点の違いを利用して、混合物を純粋な物質に分ける方法です。

PART 2 ▶ 身のまわりの物質

状態変化と化学変化

28～29ページ

1. 化学変化

もとの物質とは性質の違う別の物質ができる変化を、化学変化といいます。状態変化と化学変化の違いは、右の図のようなモデルを考えるとよくわかります。液体の水が状態変化で気体の水（水蒸気）になった場合、水分子自体の構造は変化せず、分子の動きが激しくなって、密集していた分子どうしの集まりが散らばるようになります。これに対して、例えば水の電気分解という化学変化では、水からまったく別の物質である水素と酸素に変化します。

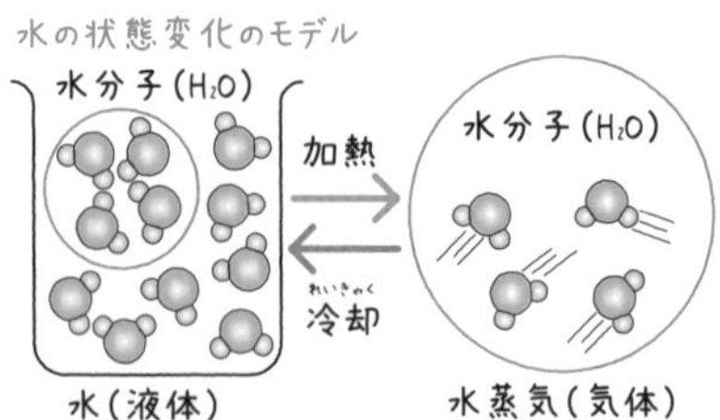

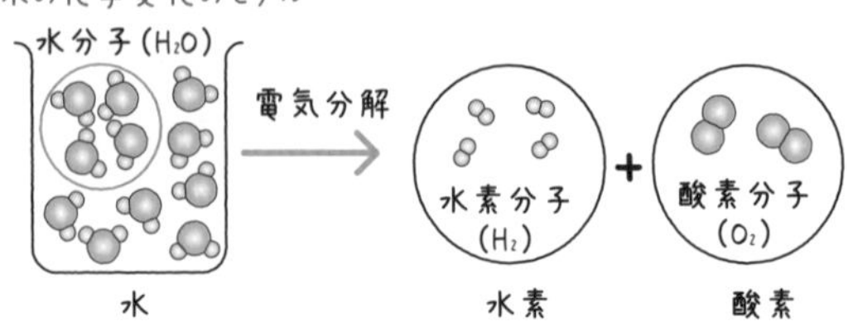

2. 陽極・陰極

例えば水の電気分解で、電源装置の極は「＋極」、「－極」とよびますが、電気分解装置の電極は「陽極（ようきょく）」、「陰極（いんきょく）」とよびます。３年生で電池のしくみについて学習しますが、電気分解の回路と電池のしくみの回路は似ています。しかし、電極のはたらきは異なるので、電気分解の電極と、電池の電極を混同しないように、電気分解の電極は「陽極」と「陰極」、電池の電極は「＋極」と「－極」としています。右の図のように、電気分解の装置では、電源装置の＋極とつながる極が陽極、－極とつながる極が陰極になります。

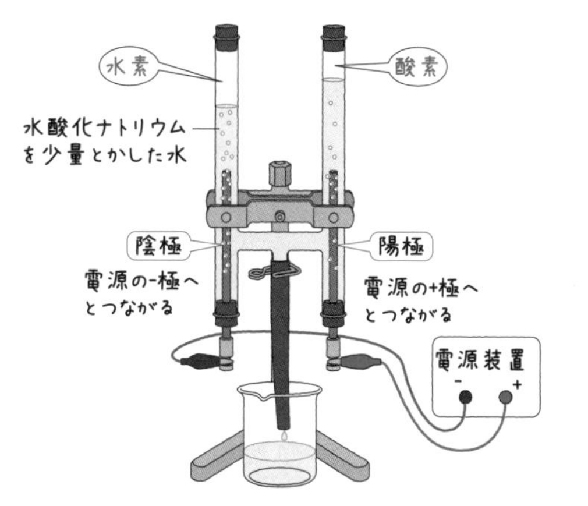

PART 3 ▶ 化学変化と原子・分子

原子と分子

30～31ページ

1. 原子

物質をつくる最小の粒子を原子（げんし）といい、物質はそれ以上分けることができない原子からできています。原子は英語で「atom」といいますが、これはギリシャ語の「a」（否定語）と「tom」（分ける）を組み合わせた語で、分けられないという意味をもちます。原子は中心に原子核（げんしかく）があり、そのまわりに電子（でんし）が存在します。原子核は＋（プラス）の電気を帯びた陽子（ようし）と、電気を帯びていない中性子（ちゅうせいし）からできていて、原子核のまわりに、陽子の数と等しい－（マイナス）の電気を帯びた電子が存在します。電子１個の電気量と陽子１個の電気量は等しいため、原子全体としては電気的に中性となります。

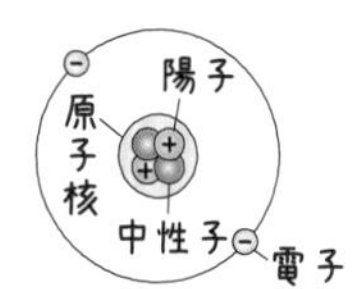

2. 分子

分子（ぶんし）は、いくつかの原子が結びついた粒子で、その物質の性質を示す最小の粒子です。例えば、酸素原子が2つ結びついて酸素分子になり、この酸素分子が集まって気体の酸素になります。

3. ドルトン

イギリスの化学者で、1803年に「物質はそれ以上分けることのできない小さな粒（原子）からできている」という原子説を発表しました。ドルトンは、同じ種類の原子は結合しないと考えていて、単体はすべて１個の原子であると提唱しました。

4. アボガドロ

イタリアの化学者で、1811年に「気体は２個以上の原子が集まった分子でできている」という分子説を発表しました。これによって、ドルトンが提唱した原子の存在だけでは説明できなった、「気体の反応において、反応する気体および生成する気体の体積は簡単な整数比となる」というゲーリュサックの法則を、矛盾なく説明できるようになりました。

5. 元素

原子の種類を元素（げんそ）といいます。例えば、水（H_2O）は水素原子２個と酸素原子１個でできていますが、元素でいうと、水素元素と酸素元素からできていることになります。

PART 3 ▶ 化学変化と原子・分子

元素記号と化学式

32 ～ 33ページ

1. 元素記号

原子の種類である元素をアルファベットで表した、世界共通の記号を元素記号（げんそきごう）といいます。1文字で表される元素記号はアルファベットの大文字1文字で、2文字で表される元素記号は、1文字目はアルファベットの大文字で、2文字目はアルファベットの小文字で表します。

2. 化学式

物質の成り立ちを元素記号と数字で表し、物質をつくっている元素の種類や数がわかるようにしたものを、化学式といいます。化学式で表される物質には、分子をつくる物質と分子をつくらない物質があります。

①分子をつくる物質の化学式

分子をつくる元素記号をかき、同じ種類の元素の原子が複数結びついている場合、右下に小さい数字で個数をかきます。

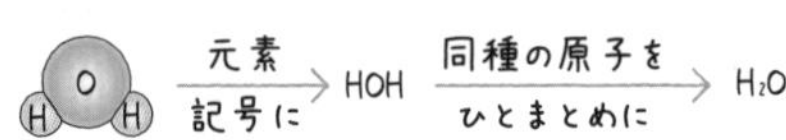

②分子をつくらない物質の化学式

たくさんの原子が集まってできる鉄などは、1個1個の原子が単位となっていると考え、化学式は1個の原子を代表させて、鉄の元素記号Feとします。一方、塩化ナトリウムのように、たくさんのナトリウム原子と塩素原子が交互に並んでいる場合は、1個のナトリウム原子と1個の塩素原子の組で代表させ、化学式はNaClとかきます。

テストによく出る化学式

	単体（1種類の元素からできている）	化合物（2種類以上の元素からできている）
分子をつくる物質	O_2:酸素　H_2:水素 Cl_2:塩素　N_2:窒素	H_2O:水　CO_2:二酸化炭素 NH_3:アンモニア　HCl:塩化水素
分子をつくらない物質	Cu:銅　Fe:鉄　Ag:銀　Zn:亜鉛 Na:ナトリウム　Mg:マグネシウム Al:アルミニウム	CuO:酸化銅　MgO:酸化マグネシウム Ag_2O:酸化銀　NaOH:水酸化ナトリウム NaCl:塩化ナトリウム　$CuCl_2$:塩化銅

PART 3 ▶ 化学変化と原子・分子

結びつく化学変化と分解

34 ～ 35ページ

1. 炭酸水素ナトリウム

炭酸水素（たんさんすいそ）ナトリウム（化学式：$NaHCO_3$）は白色の粉末で、水溶液は弱いアルカリ性を示します。ホットケーキをつくるときに使うベーキングパウダーなどに含まれ、加熱すると二酸化炭素が発生するため、ホットケーキをふくらませることができます。

2. 酸化銀

酸化銀（さんかぎん）（化学式：Ag_2O）は黒色の粉末で、加熱すると白色の銀と酸素に分解します。

PART 3 ▶ 化学変化と原子・分子

36～37ページ

結合の手の数と化学反応式

1. 結合の手の数

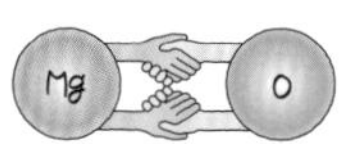

原子どうしが結びつくとき、それぞれの原子は結合の手の数が決まっています。例えば、水素原子は結合の手の数が1本、酸素原子は結合の手の数が2本なので、酸素原子1個に対し、水素原子が2個結合してH_2Oができます。酸化マグネシウムの場合、マグネシウム原子と酸素原子がともに2本ずつ結合の手をもっているので、右上のようにそれぞれ1個ずつ結びつきます。

原子の結合の手の数は、元素を原子番号（げんしばんごう）（原子核にある陽子の数）の順に並べた表「周期表（しゅうきひょう）」の列で同じような数になります（ただし例外も多くあります）。

1列：1本　2列：2本　13列：3本　14列：4本　15列：3本　16列：2本　17列：1本　18列：0本

例 H：1本　Na：1本　Mg：2本　Ca：2本　Al：3本　C：4本　N：3本　O：2本　Cl：1本

周期表　※入試で必要のない元素および第3列～6列は省略しています。

	1	2	7	8	9	10	11	12	13	14	15	16	17	18
1	$^{1}_{1}\mathrm{H}$ 水素													$^{4}_{2}\mathrm{He}$ ヘリウム
2	$^{7}_{3}\mathrm{Li}$ リチウム	$^{9}_{4}\mathrm{Be}$ ベリリウム							$^{11}_{5}\mathrm{B}$ ホウ素	$^{12}_{6}\mathrm{C}$ 炭素	$^{14}_{7}\mathrm{N}$ 窒素	$^{16}_{8}\mathrm{O}$ 酸素	$^{19}_{9}\mathrm{F}$ フッ素	$^{20}_{10}\mathrm{Ne}$ ネオン
3	$^{23}_{11}\mathrm{Na}$ ナトリウム	$^{24}_{12}\mathrm{Mg}$ マグネシウム							$^{27}_{13}\mathrm{Al}$ アルミニウム	$^{28}_{14}\mathrm{Si}$ ケイ素	$^{31}_{15}\mathrm{P}$ リン	$^{32}_{16}\mathrm{S}$ 硫黄	$^{35}_{17}\mathrm{Cl}$ 塩素	$^{40}_{18}\mathrm{Ar}$ アルゴン
4	$^{39}_{19}\mathrm{K}$ カリウム	$^{40}_{20}\mathrm{Ca}$ カルシウム	$^{55}_{25}\mathrm{Mn}$ マンガン	$^{56}_{26}\mathrm{Fe}$ 鉄			$^{64}_{29}\mathrm{Cu}$ 銅	$^{65}_{30}\mathrm{Zn}$ 亜鉛					$^{80}_{35}\mathrm{Br}$ 臭素	
5							$^{108}_{47}\mathrm{Ag}$ 銀						$^{127}_{53}\mathrm{I}$ ヨウ素	
6		$^{137}_{56}\mathrm{Ba}$ バリウム					$^{197}_{79}\mathrm{Au}$ 金	$^{201}_{80}\mathrm{Hg}$ 水銀		$^{207}_{82}\mathrm{Pb}$ 鉛				

（凡例）原子量※　原子番号　元素記号　元素名（例：16 / 8 O 酸素）
※炭素原子12を基準としたときのおよその質量
□ 単体が金属　■ 単体が非金属

覚え方
H He Li Be B C N O F Ne Na Mg Al Si P S Cl Ar K Ca
水 兵 リーベ 僕の 船 七 曲がる シップス クラークか

2. 化学反応式

化学式を用いて物質の変化のようすを表した式。化学反応式では、→ の左辺と右辺で同種の原子の数が等しくなります。

テストによく出る化学反応式

電気分解：$2H_2O \rightarrow 2H_2 + O_2$（水 → 水素＋酸素）　$2HCl \rightarrow H_2 + Cl_2$（塩酸 → 水素＋塩素）　$CuCl_2 \rightarrow Cu + Cl_2$（塩化銅 → 銅＋塩素）

結びつく反応：$Fe + S \rightarrow FeS$（鉄＋硫黄 → 硫化鉄）　$2Cu + O_2 \rightarrow 2CuO$（銅＋酸素 → 酸化銅）　$2Mg + O_2 \rightarrow 2MgO$（マグネシウム＋酸素 → 酸化マグネシウム）

中和：$HCl + NaOH \rightarrow NaCl + H_2O$（塩酸＋水酸化ナトリウム → 塩化ナトリウム＋水）

PART 3 ▶ 化学変化と原子・分子

酸化銅と酸化マグネシウム

38 〜 39ページ

1. 酸化銅

銅粉を空気中で強く熱すると、光は出さずに空気中の酸素と結びつき、黒色の酸化銅（化学式 CuO）ができます（銅を空気中に放置しておくとゆるやかに酸化し、銅特有のつやがなくなりますが、これは銅の表面に赤さび〈化学式 Cu_2O〉ができるためです）。

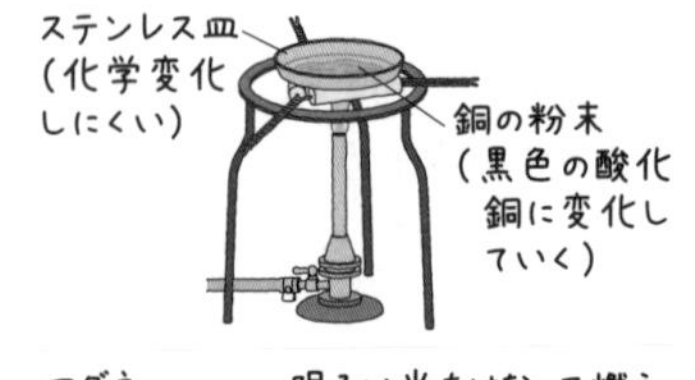

- **化学反応式：**$2Cu + O_2 \rightarrow 2CuO$
- **結びつくときの質量比**
  銅：酸素：酸化銅＝4：1：5

2. 酸化マグネシウム

マグネシウムを燃焼（激しく熱や光を出しながら物質が酸化する化学変化）させたときにできる白色の粉末が酸化マグネシウムで、化学式はMgOです。

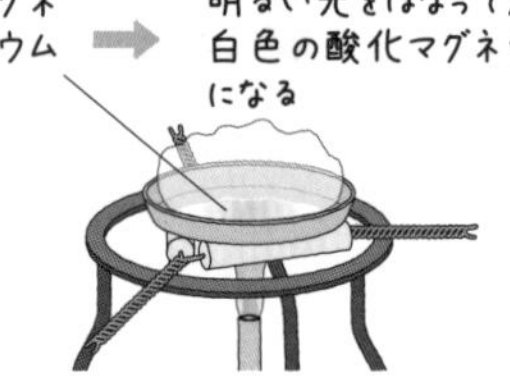

- **化学反応式：**$2Mg + O_2 \rightarrow 2MgO$
- **結びつくときの質量比**
  マグネシウム：酸素：酸化マグネシウム＝3：2：5

PART 3 ▶ 化学変化と原子・分子

炭素による還元と水素による還元

40 〜 41ページ

1. 還元

酸化物（酸化によってできた物質）から酸素を取りのぞくと、再びもとの物質にもどります。このように、酸化物から酸素を取りのぞく化学変化を還元といいます。例えば酸化銅は、炭素や水素によって還元されて銅にもどります。炭素や水素のように、酸化物から酸素を取りのぞくはたらきをする物質を還元剤といいます。

酸化銅の炭素による還元の化学反応式と実験装置

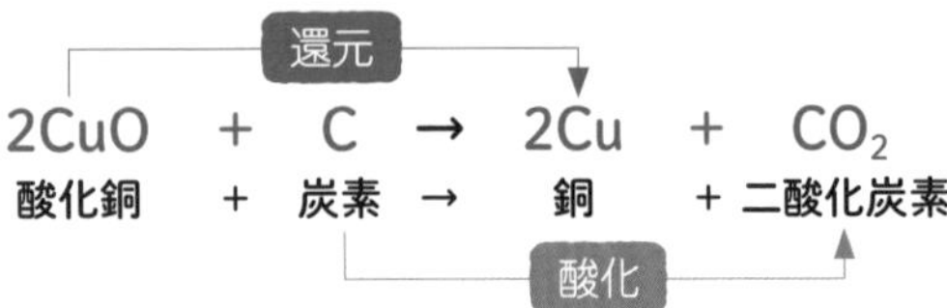

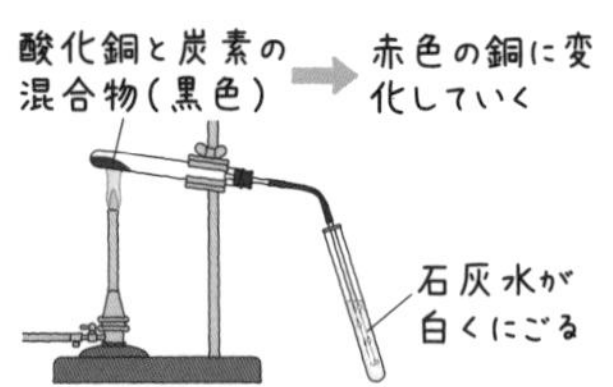

酸化銅の水素による還元の化学反応式と実験装置

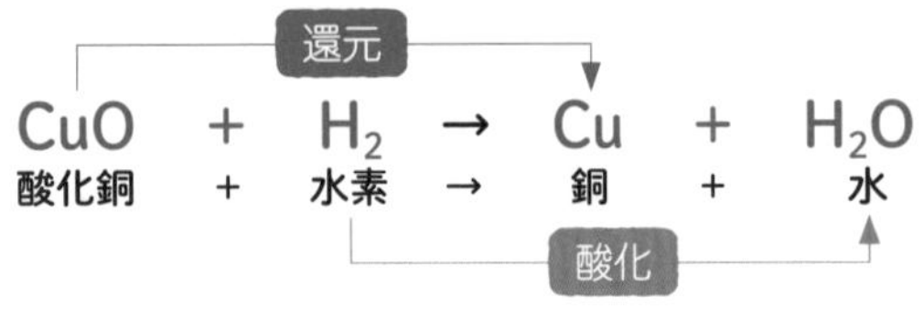

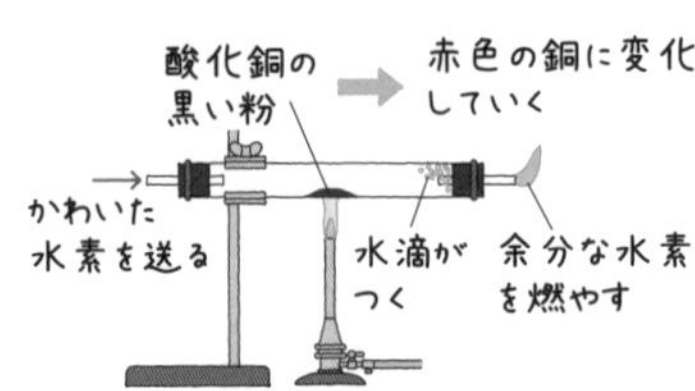

PART 3 ▶ 化学変化と原子・分子

質量保存の法則と定比例の法則

42 〜 43ページ

1. 質量保存の法則

化学変化では、反応の前後で物質全体の質量は変化しないという質量保存の法則は、1774年にフランスの化学者ラボアジエによって発見されました。

例えば、右の図のように、塩化バリウム水溶液と硫酸を混ぜ合わせると、硫酸バリウムの白い沈殿と塩酸ができますが、反応の前後で物質全体の質量は変化しません。

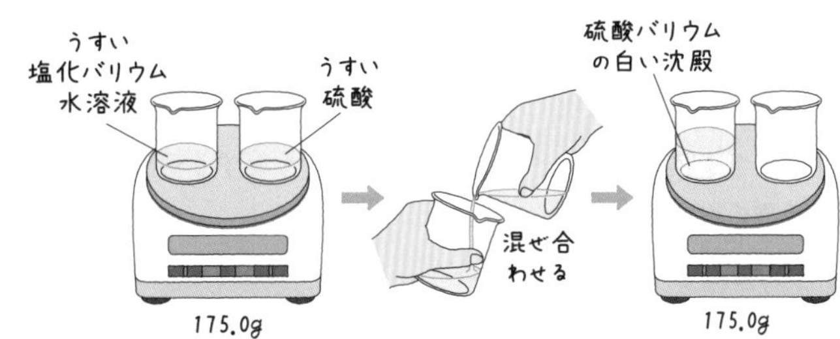

注意が必要なのは、気体が発生する反応です。下の図のように、石灰石に塩酸を加えると、二酸化炭素が発生します。この反応を、ふたを閉めたまま行うと、反応の前後で物質全体の質量は変化しませんが、ふたを開けると、発生した二酸化炭素が空気中へと出ていくため、反応後の質量は小さくなります。

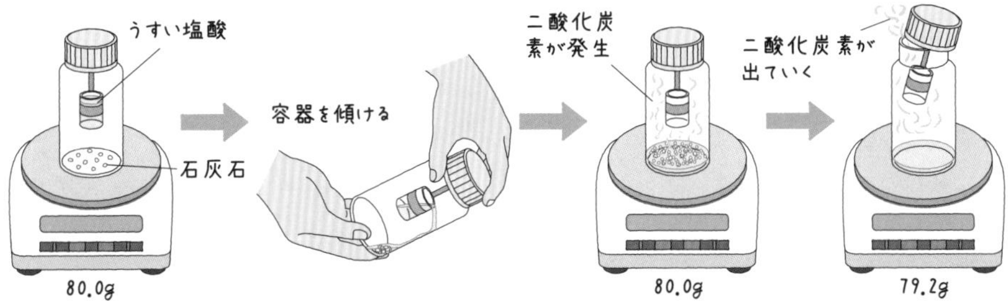

2. 定比例の法則

物質の中に含まれている成分の割合は化合物ごとに決まっていて、化合物の質量にかかわらず一定になるという定比例の法則は、1799年にフランスの化学者プルーストによって発見されました。

PART 4 ▶ 電流とその利用

直列回路と並列回路

44 〜 45ページ

1. 電気用図記号

回路を図に表すときに用いられる記号を電気用図記号といいます。おもに、下の図のようなものがあります。

電気器具	電池　直流電源	電球	スイッチ	電気抵抗	電流計	電圧計
電気用図記号	─┤├─ 長いほうが＋極	─⊗─	─╱ ─	─▭─	─Ⓐ─	─Ⓥ─

PART 4 ▸ 電流とその利用

電流と電圧

46～47ページ

1. 電圧

回路に電流を流そうとするはたらきを電圧といい、大きさを表す単位にはボルト〔V〕が使われます。

2. 電流計

電流の大きさをはかる計器で、電流をはかろうとする部分に直列につなぎます。

つなぎ方のポイント

①測定部分に対して直列につなぐ。

②電流計の＋端子は、電源の＋極側につなぐ。

③電流計の－端子は３つあり、電流の大きさが予想できないときは、計器がこわれないように、一番大きな電流がはかれる５Ａの端子につなぐ。

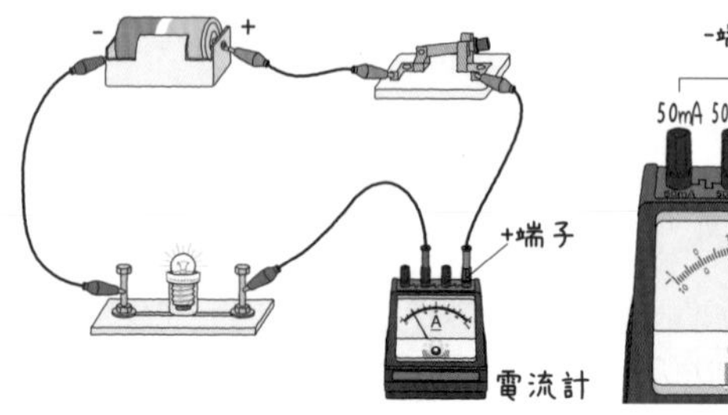

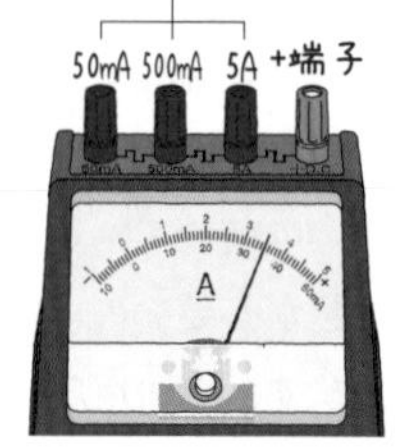

3. 電圧計

電圧の大きさをはかる計器で、電圧をはかろうとする部分に並列につなぎます。

つなぎ方のポイント

①測定部分に対して並列につなぐ。

②電圧計の＋端子は、電源の＋極側につなぐ。

③電圧計の一端子は３つあり、電圧の大きさが予想できないときは、計器がこわれないように、一番大きな電圧がはかれる300V の端子につなぐ。

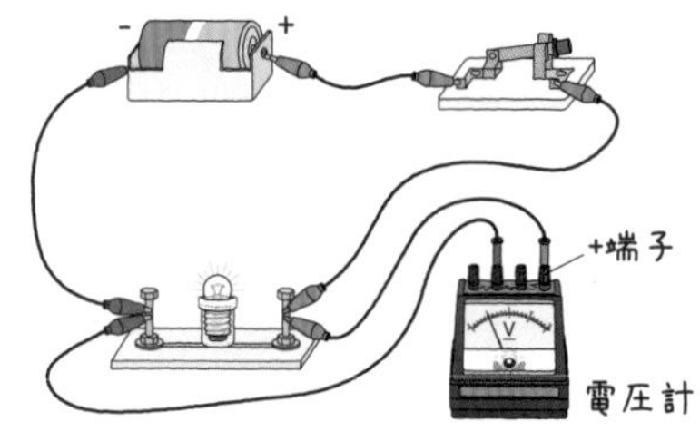

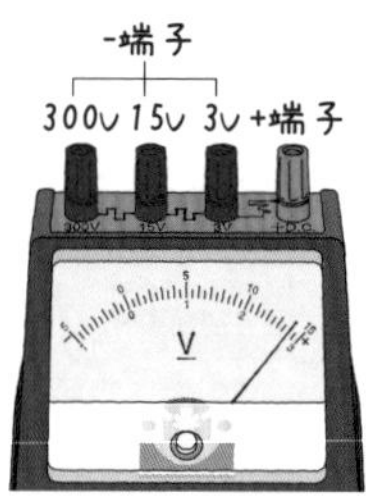

PART 4 ▸ 電流とその利用

直列回路と並列回路の電流・電圧

48～49ページ

1. 電位

水が高い所から低い所へ向かって流れるのと同様に、電流も、高い位置（高電位（こうでんい））から低い位置（低電位（ていでんい））に向かって流れます。電位（でんい）とは、基準面からの電気的な位置で、電圧は別名、電位差ともよばれます。回路に高さを与える装置が電源で、電源の電圧が高いと、より高い位置（高電位）から電流が勢いよく流れるので、回路に流れる電流が大きくなります。そして、低い所に流れた水を、ポンプによって高い所へもち上げることで、水の流れを絶えず起こすことができるように、圧力（電圧）をかけることによって、電流を高電位に押し上げ、電流の流れを絶えず起こすことができるわけです。

PART 4 ▶ 電流とその利用

抵抗とオームの法則

50 〜 51ページ

1. 抵抗器

電流の流れにくさのことを電気抵抗（抵抗）といい、電流を流れにくくする電子部品を抵抗器といいます。同じ物質でも抵抗は長さや断面積で異なるため、物質の抵抗を比較するには、同じ長さ、断面積の抵抗を比較する必要があります（右の表）。
金属は一般に抵抗が小さく、中でも銀、ついで銅が小さいです。導線として銅がよく用いられるのは、安価で抵抗が小さく、電気をよく導くからです。同じ物質の抵抗の大きさは、太さ（断面積）が一定の場合、長さに比例し、長さが一定の場合、断面積に反比例します。

導体の抵抗（断面積1mm^2，長さ1m）

物　質	抵抗〔Ω〕
銀（0℃）	0.0147
銅（0℃）	0.0155
アルミニウム（0℃）	0.0250
鋼（室温）	0.1〜0.2
ニクロム（0℃）	1.073
タングステン（20℃）	0.055
〃　（1000℃）	0.35
〃　（3000℃）	1.23

2. オームの法則

オームの法則は、ドイツの物理学者オームによって、1827年に発表された法則で、電熱線などの抵抗に流れる電流の大きさは、抵抗に加わる電圧に比例するという法則です。電気抵抗の単位のオームは、彼の名を記念してつけられたものです。電流を I〔A〕、電圧を V〔V〕、抵抗を R〔Ω〕とすると、

$$V = RI \longleftrightarrow I = \frac{V}{R} \longleftrightarrow R = \frac{V}{I}$$

という関係が成り立ちます。これらの関係は、右の図のように、求めたいものをかくす方法で考えてもよいです。

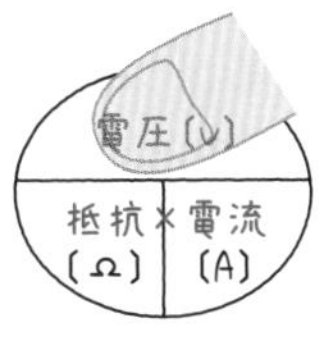

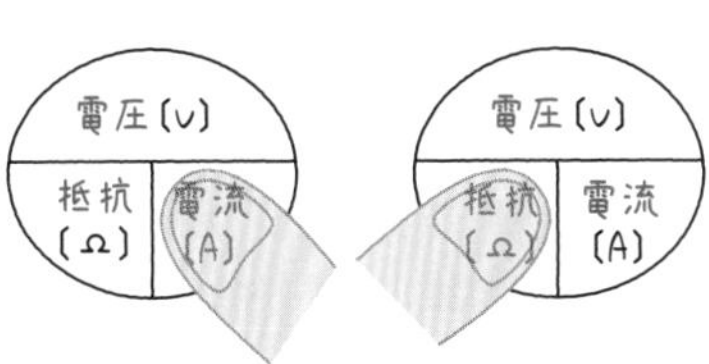

PART 4 ▶ 電流とその利用

電力と発熱

52 〜 53ページ

1. 電力

1秒間あたりの電気エネルギーのはたらきを電力といいます。また、電力は電気エネルギーを消費することなので、消費電力ともよばれます。電気器具をよく見ると、「100V －40W」のように表示されています。これは、100V の電圧で使用したときに消費する電力が40W であるということを表しています。

2. 熱量

電熱線などに電流を流すと、電気エネルギーが熱エネルギーに変換されて熱が発生します。この熱エネルギーを熱量といい、電流が流れたときに出る熱をジュール熱といいます。「ジュール」は熱エネルギーの理論をうち立てたイギリスの物理学者で、その功績によって熱量の単位にジュール〔J〕が用いられています。
ちなみに、熱量の単位はカロリー〔cal〕で表されることもあり、1 g の水を 1 ℃上昇させるために必要な熱量が 1 cal で、 1 cal ＝約4.2J、 1 J ＝約0.24cal となります。

cal ⇄ J（×4.2 / ×0.24）

6 PART 4 ▶ 電流とその利用

静電気と放電

54 ～ 55ページ

1. 静電気

不導体（電気を通しにくい物質）どうしの摩擦によって生じる電気を静電気といいます。静電気には、＋の電気と－の電気があります。導体（電気を通しやすい物質）どうしの摩擦では、電気がたまらないため、静電気は生じません。

2. 陽子・電子

あらゆる物質は原子でできていて、原子は、原子核と原子核のまわりにある電子で構成されています。電子は－（マイナス）の電気をもった非常に小さな粒子です。一方、陽子は＋（プラス）の電気をもった粒子で、原子核にあります。原子核には陽子の他にも中性子がありますが、電気をもっていないため、原子核全体では＋の電気を帯びています。原子はふつうの状態では、電子の数と陽子の数は等しく、電子１個の電気量と陽子１個の電気量は等しいため、原子全体では電気を帯びていません。

3. X線

1895年、ドイツの物理学者のレントゲンが、真空放電をしているクルックス管から、目に見える光の他に、紙や布などを透過する目に見えない光のようなものが出ていることを発見し、X線と名づけました。X線は、物質中を通り抜ける透過性などの性質をもつ放射線の一種で、放射線には他にもα線やβ線、γ線などがあります。放射線を出す物質を放射性物質、放射性物質が放射線を出す能力を放射能といいます。右の図のように、X線は強い透過性をもち、レントゲン撮影などに利用されています。

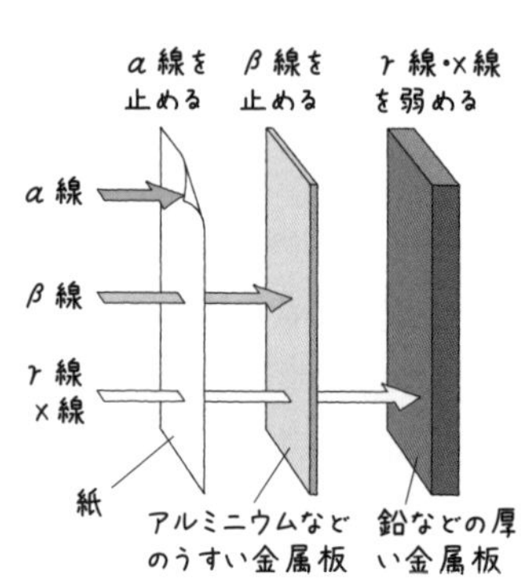

PART 4 ▶ 電流とその利用

磁石による磁界と電流による磁界

56 ～ 57ページ

1. 磁界

磁石と磁石の間や、磁石と鉄の間などには力がはたらいています。この力を磁力といって、磁力のはたらいている空間を磁界といいます。

2. 右ねじの法則

右ねじの法則とは、電流を右ねじが進む方向に直進させると、磁界が右ねじの回転方向に生じるという性質を指します。直線電流がつくる磁界の向きは、通常、右ねじの法則を用いて決めます。

8 PART 4 ▶ 電流とその利用

右手の法則と左手の法則

58 〜 59ページ

1. コイル

導線を同じ向きに何回も巻いたものをコイルといいます。また、コイルのつつの中に鉄心を入れたものを、電磁石といいます。

2. モーター

磁界の中でコイルに電流を流したとき、コイルにはたらく力を利用してコイルを回転させる装置にモーター（電動機）があります。コイルが回転するためには、図１のように、コイルの上部と下部で逆向きの力を受ける必要があります。モーターには整流子とブラシとよばれる部品が使われていて、それらのはたらきで半回転ごとにコイルに流れる電流の向きを変え（図１では A → B → C → D と流れ、図２では流れず、図３では D → C → B → A と流れます）、常に一定の向きに回転するようになっています。

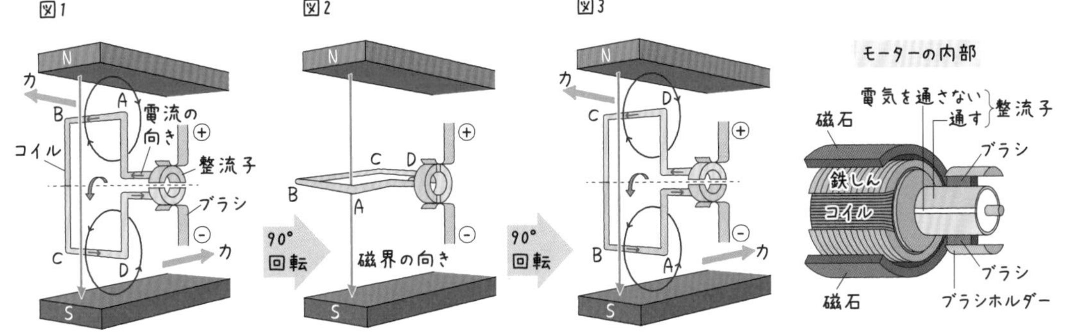

9 PART 4 ▶ 電流とその利用

電磁誘導と誘導電流

60 〜 61ページ

1. 発電機

電磁誘導を利用して、電気を発生させる装置を発電機といいます。例えば自転車の発電機は、右の図のように、2つのコイル A、B の間で磁石を回転させています。それぞれのコイルに N 極と S 極が交互に近づいたり、遠ざかったりすることで、周期的に流れる向きが変わる誘導電流が生じ、ライトを光らせます。この誘導電流は、流れる向きが変わる交流※です。

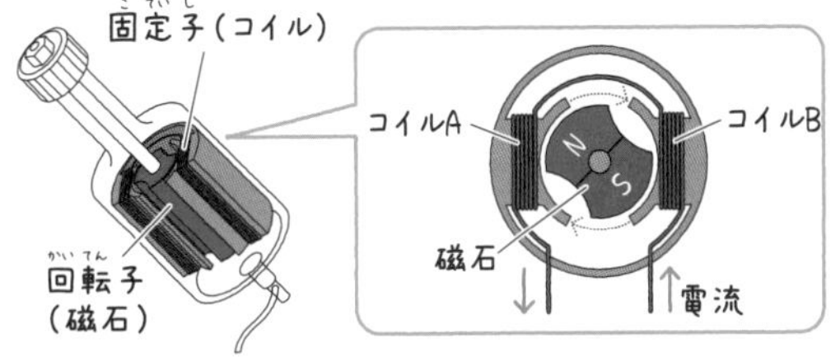

※電流には、直流と交流があります。乾電池の電流のように、一定の向き（＋極から回路を通って－極）に流れる電流を直流、家庭に送られてくる電流のように、向きが周期的に変わる電流を交流といいます。

2. 検流計

検流計は電流計の一種で、非常に弱い電流を検出するのに用いられます。検流計には＋端子と－端子があって、＋端子に電流が流れこむと、指針が中央から右にふれ、－端子に電流が流れこむと、指針が中央から左にふれます。検流計は非常に敏感なため、磁石を動かす実験は、検流計から１ｍ以上離れたところで行ったほうがよいです。

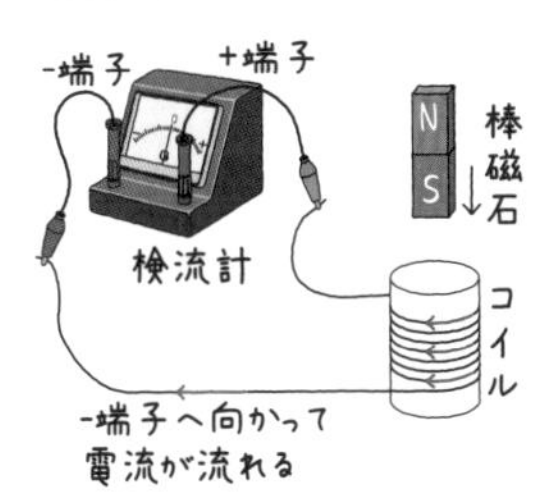

PART 5 ▶ 化学変化とイオン

原子の構造とイオン

62 ～ 63ページ

1. 陽イオン・陰イオン

原子や原子団が電子を失って＋の電気を帯びたものを陽イオン、電子を受け取って－の電気を帯びたものを陰イオンといいます。イオンは電圧を加えると、陽イオンは陰極に、陰イオンは陽極にそれぞれ移動します。イオンという言葉の由来は、ギリシャ語の「行く」という意味で、電圧を加えるとイオンが移動することから、イギリスの科学者ファラデーが名づけたものです。

テストによく出るイオン

陽イオン				陰イオン	
イオン名	化学式	イオン名	化学式	イオン名	化学式
水素イオン	H^+	銅イオン	Cu^{2+}	塩化物イオン	Cl^-
ナトリウムイオン	Na^+	亜鉛イオン	Zn^{2+}	水酸化物イオン	OH^-
カリウムイオン	K^+	マグネシウムイオン	Mg^{2+}	硝酸イオン	NO_3^-
銀イオン	Ag^+	カルシウムイオン	Ca^{2+}	炭酸イオン	CO_3^{2-}
アンモニウムイオン	NH_4^+	バリウムイオン	Ba^{2+}	硫酸イオン	SO_4^{2-}

2. 同位体

同じ元素の原子には、原子核の中の陽子の数（原子番号）は同じでも、中性子の数が異なるものがあります。このような原子どうしのことを、たがいに同位体といいます。同位体どうしの化学的性質はほとんど変わりません。右の図は、ヘリウムの同位体です。自然界には、陽子2個・中性子2個のヘリウムと、陽子2個・中性子1個のヘリウムが、約100万：1の割合で存在します。

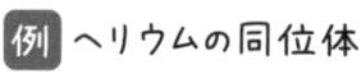

陽子2個, 中性子2個

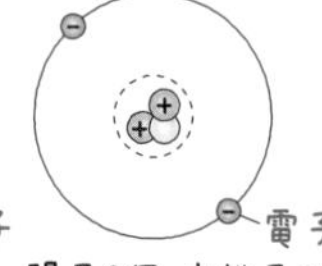

陽子2個, 中性子1個

3. 原子団

原子が2個以上結びついて、1つの原子と同じようなはたらきをするする集団のことを原子団といいます。例えば、水酸化ナトリウム NaOH 中の OH や、硫酸 H_2SO_4中の SO_4、炭酸水素ナトリウム $NaHCO_3$中の CO_3などがあります。原子団は化学変化のときばらばらの原子に分かれず、まとまって化学変化することが多く見られます。また、原子団がイオンになったものを、多原子イオンといいます。例えば、水酸化物イオン OH^-、硫酸イオン SO_4^{2-}などがあります。

PART 5 ▶ 化学変化とイオン

電解質と電気分解

64 ～ 65ページ

1. 電解質・非電解質

電解質とは、水にとけると陽イオンと陰イオンに分かれ（電離といいます）、水溶液が電流を流す物質のことです。一方、水にとかしても電離せず、水溶液が電流を流さない物質を非電解質といいます。

代表的な電解質の電離

$NaCl \rightarrow Na^+ + Cl^-$　　$CuCl_2 \rightarrow Cu^{2+} + 2Cl^-$　　$HCl \rightarrow H^+ + Cl^-$

$NaOH \rightarrow Na^+ + OH^-$　　$H_2SO_4 \rightarrow 2H^+ + SO_4^{2-}$

2. 塩酸の電気分解

塩酸は、気体の塩化水素の水溶液です。塩酸を電気分解すると、陽極で塩素が、陰極で水素が発生します。

塩酸の電気分解は、次のような流れで進みます。

① 塩化水素が水溶液中で電離

$HCl \rightarrow H^+ + Cl^-$

② 電圧を加えるとイオンが移動

$H^+ \rightarrow$ 陰極へ　　$Cl^- \rightarrow$ 陽極へ

③ 塩化物イオンが陽極へ電子を受け渡し、漂白(ひょうはく)作用のある塩素が発生（$Cl^- \rightarrow Cl + ⊖$　$Cl + Cl \rightarrow Cl_2$）

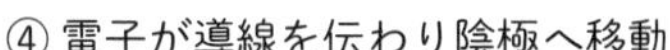

④ 電子が導線を伝わり陰極へ移動

⑤ 水素イオンが陰極で電子を受け取り、水素が発生（$H^+ + ⊖ \rightarrow H$　　$H + H \rightarrow H_2$）

PART 5 ▶ 化学変化とイオン

66 ～ 67ページ

酸とアルカリ

1. 酸

水溶液中で電離して水素イオン（H^+）を生じる物質を酸(さん)といいます。酸は、塩化水素や硫酸のように、それ自身がＨをもつものが多いですが、二酸化炭素のように、それ自身はＨをもたなくても、水にとけると炭酸になって H^+を生じるものもあります。

2. アルカリ

水溶液中で電離して水酸化物イオン（OH^-）を生じる物質をアルカリといいます。アルカリは、水酸化ナトリウムのように、それ自身がOHをもつものが多いですが、アンモニアのように、それ自身はOHをもたなくても、水にとけるとアンモニア水になって OH^-を生じるものもあります。

PART 5 ▶ 化学変化とイオン

68 ～ 69ページ

中和と塩

1. 中和

酸の水溶液とアルカリの水溶液を混ぜ合わせると、水素イオンと水酸化物イオンが結びついて水ができ、たがいの性質を打ち消し合います。この反応を中和(ちゅうわ)といいます。中和が起こると水溶液は必ず中性になるわけではなく、混ぜ合わせる水溶液中の水素イオンの数と水酸化物イオンの数で、中和後の液性が決まります。酸から放出された H^+と、アルカリから放出された OH^-が過不足なく反応したとき、中性になります。

2. 塩

酸とアルカリが中和すると、酸の陽イオンである H^+と、アルカリの陰イオンである OH^-が結びついて水ができると同時に、酸の陰イオンとアルカリの陽イオンが結びついてもう１つの物質ができます。この物質を塩(えん)といいます。塩には、水にとけやすいものと、とけにくいものがあります。

代表的な塩

塩酸 ＋ 水酸化ナトリウム → 塩化ナトリウム（水にとけやすい塩）＋ 水

硫酸 ＋ 水酸化バリウム → 硫酸バリウム（水にとけにくい塩）＋ 水

塩酸 ＋ 水酸化カルシウム → 塩化カルシウム（水にとけやすい塩）＋ 水

PART 5 ▶ 化学変化とイオン

金属と電池

70 ～ 71ページ

1. ボルタ電池

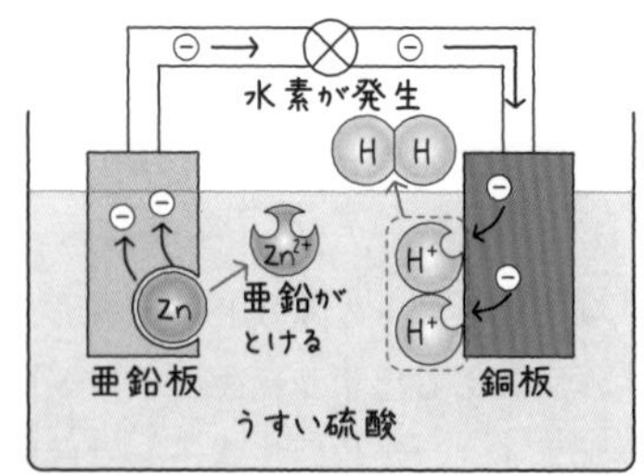

うすい硫酸の溶液に、亜鉛板と銅板を入れて導線でつないだ電池を、発明者の名前をとってボルタ電池といいます。ボルタ電池は電流が流れ始めてからしばらくすると、＋極で発生した水素が銅板の表面に膜になって付着してしまい、電流が流れにくくなるという欠点のために実用化されませんでした。

電子の流れ

①亜鉛と銅では、亜鉛のほうがイオンになりやすいので、－極では、亜鉛板が電子を放出してとけ出す。
（$Zn \rightarrow Zn^{2+} + 2e^{-}$） ※化学反応式では、電子は e^{-} で表します
②電子が－極から＋極（銅板）へと移動。
③硫酸中の水素イオンが銅板に流れてきた電子を受け取り、銅板表面で水素が発生。（$2H^{+} + 2e^{-} \rightarrow H_2$）

2. ダニエル電池

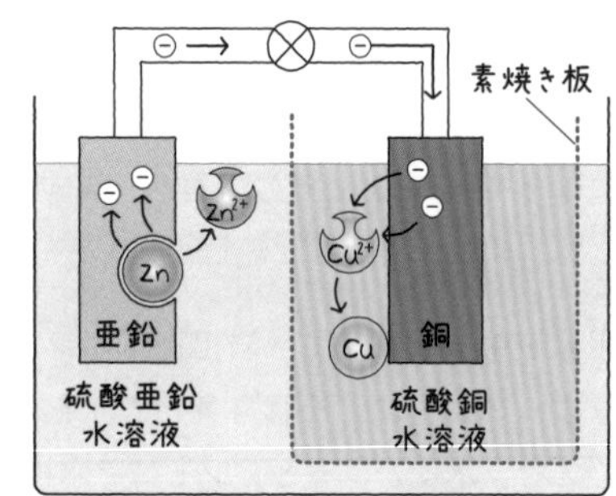

ボルタの電池では、発生した水素が細かい泡となって＋極をおおってしまい、水素イオンが電子を受け取れなくなって、電流がすぐに流れなくなりました。その欠点を改良したのがダニエル電池です。ダニエル電池はボルタ電池と異なり、２種類の水溶液を用いています。－極ではボルタ電池と同じように亜鉛がとけて電子を放出します。＋極では、硫酸銅水溶液中の銅イオンが電子を受け取り、銅板上に銅が付着します。ボルタ電池のように銅板の表面に水素をつくらないため電流が長く流れるわけです。

PART 6 ▶ 運動とエネルギー

水圧と浮力

72 ～ 73ページ

1. アルキメデスの原理

流体（液体や気体）の中にある物体は、流体から浮力を受け、その大きさは物体が押しのけた流体の重さに等しいという原理を、アルキメデスの原理といいます。アルキメデスは、古代ギリシアの数学者です。

PART 6 ▶ 運動とエネルギー

力の合成と力の分解

74 ～ 75ページ

1. 力の合成

物体に２つ以上の力が同時にはたらいているとき、それら全部の力と同じはたらきをする1つの力を合力といい、いくつかの力の合力を求めることを力の合成といいます。力には、大きさだけではなく、力が加わる方向もあるので、単に力の大きさだけを加えたり引いたりするだけでは、合力を求めることができない場合があります。そのようなときは、平行四辺形の対角線の作図を利用して、合力を求めます。

2. 力の分解

１つの力を、それと同じはたらきをする２力に分けることを力の分解といいます。また、分けられた２力をもとの力の分力といいます。力の分解では、もとの１つの力を対角線とする平行四辺形をつくると、対角線をはさむ２辺が分力となります。対角線から平行四辺形をつくるとき、右の図のように同じ対角線をもつ平行四辺形は無数にあるため、２つの分力の方向が決まっていないといけません。

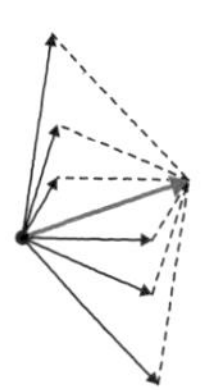

PART 6 ▶ 運動とエネルギー

力がはたらく運動とはたらかない運動

76～77ページ

1. 等速直線運動

一定の速さで一直線上を動く運動を、等速直線運動といいます。物体が運動方向に力を受けていないときや、いくつかの力がはたらいていてもつり合っているときに見られます。等速直線運動をしている物体の移動距離は、時間に比例します。

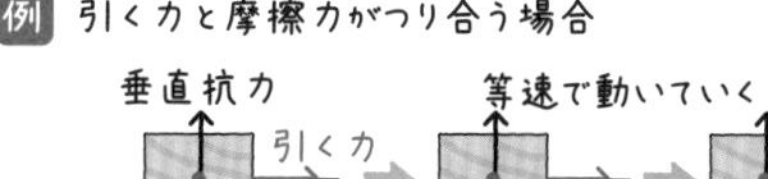

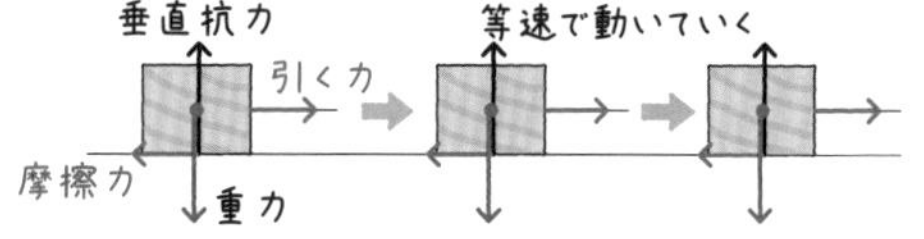

2. 自由落下運動

物体が重力の向きに落下する運動を、自由落下運動といいます。自由落下運動は、単位時間あたりの速さの変化（加速度といいます）が一定の運動で、このような運動を等加速度運動といいいます。自由落下運動では、運動の向きに重力だけがはたらきます。物体に、一定の向きと大きさをもった力がはたらき続けるとき、物体は一定の割合で速くなる等加速度運動をします。

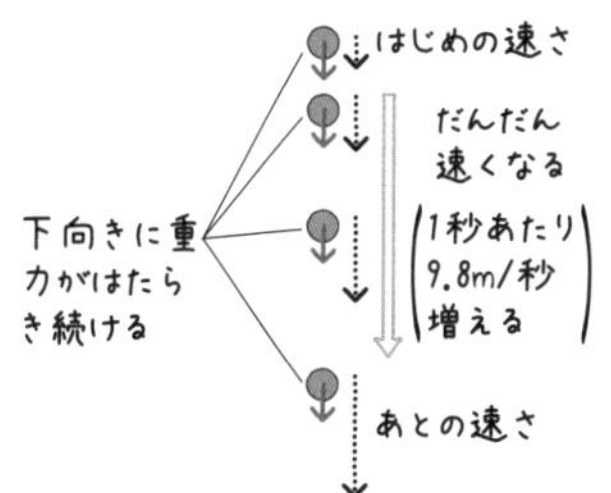

3. 慣性の法則

静止している物体がいつまでも静止し続けようとする性質や、動いている物体がいつまでもその状態で動き続けようとする性質を慣性といいます。慣性の法則は、イギリスの物理学者ニュートンがまとめた法則で、物体に外部から力がはたらかないとき（合力０も含みます）、静止している物体は静止し続け、運動している物体はそのまま等速直線運動を続けるという法則です。

慣性の代表例

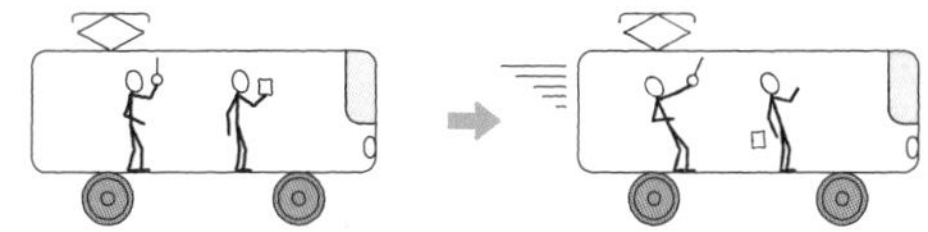

止まっていた電車が急発進すると、体は慣性で静止し続けようとするが、足だけは電車といっしょに前に進もうとして、後ろに倒れそうになる。

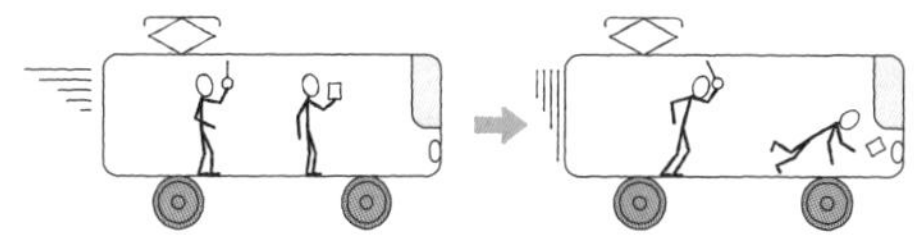

電車が急ブレーキをかけると、体は慣性で止まる前の速さを保とうとするが、足だけは電車といっしょに止まろうとして、前へ倒れそうになる。

PART 6 ▶ 運動とエネルギー

仕事と仕事の原理

78～79ページ

1. 仕事

物体に力を加えてその向きに移動させたとき、力は物体に対して仕事をしたといいます（図1）。力を加えても仕事が0になる場合として、力を加えてもじっとしていて動かない（図2）、力を加えた向きと移動の向きが垂直の場合（図3）などがあります。

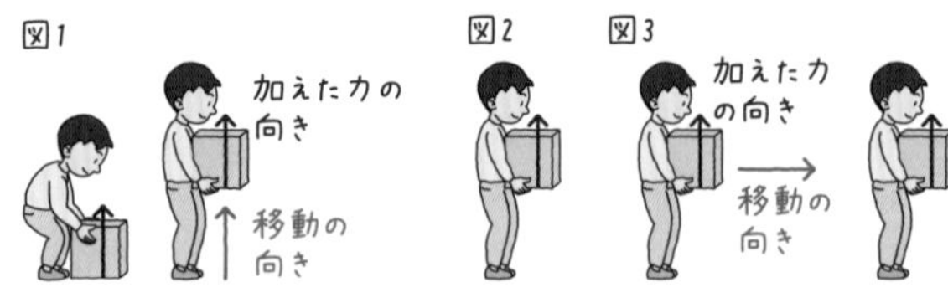

2. 仕事率

1秒間あたりにした仕事の量を仕事率といいます。仕事率の単位はワット〔W〕で、1秒間あたり1Jの仕事をするときの仕事率は1Wになります。電力の単位もワット〔W〕ですが、電力は電流のする仕事率のことだからです。仕事率は次の式で求めます。

$$\text{仕事率〔W〕} = \frac{\text{仕事の大きさ〔J〕}}{\text{仕事にかかった時間〔s〕}}$$

3. 動滑車

回転軸が固定されていないため、ひもを引くと物体といっしょに上下に動く滑車を動滑車（どうかっしゃ）といいます。動滑車を使って物体を引き上げると、力の大きさは半分ですみますが、ひもを引く距離は物体の移動距離の2倍必要になります。例えば右の図のように、動滑車を使って重さ2Nの物体を5㎝引き上げる場合、手でひもを引く力は1Nですみますが、ひもを引く距離は10㎝必要になります。

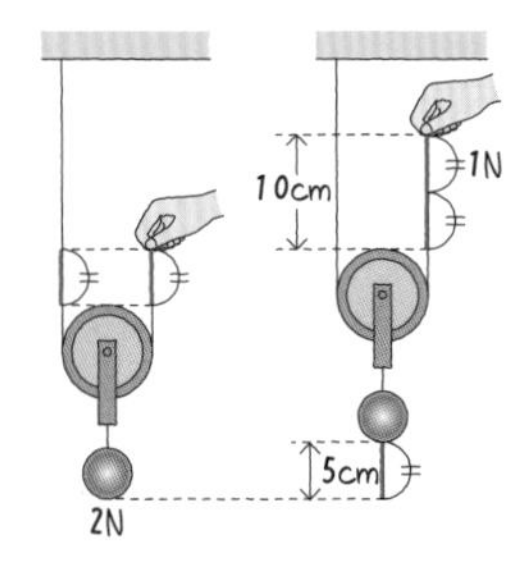

PART 6 ▶ 運動とエネルギー

位置エネルギーと運動エネルギー

80～81ページ

1. エネルギー

他の物体を動かしたり、熱や光、電流を発生させたりする能力のことをエネルギー（単位はジュール〔J〕）といいます。エネルギーには、位置エネルギー、運動エネルギー、化学エネルギー、電気エネルギーなどさまざまなものがあり、たがいに移り変わることができます。私たちがふだん使っている電気は、おもに水力発電、火力発電、原子力発電でつくられていますが、これらはエネルギーの移り変わりを利用して、電気をつくっています。さらに、新しい発電として、太陽光や風力、地熱など何度でもくり返して利用でき、環境を汚すおそれが少ない「再生可能（さいせいかのう）エネルギー」を用いた発電方法も開発されてきています。

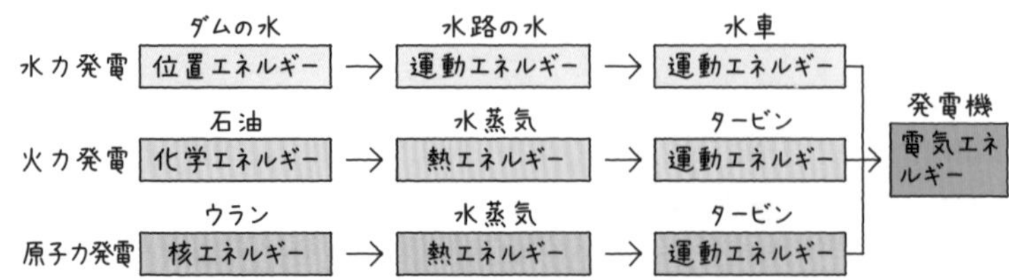

PART 7 ▶ いろいろな生物とその共通点

82～83ページ

植物の体の共通点と相違点①

1. 観点・基準

生物を分類するとき、例えば生育場所など、生物による共通点や相違点が見られる特徴を「観点」として選びます。次に、選んだ観点にもとづいて、分類を行う際の「基準」を設定します。例えば生育場所を観点にしたときは、水中や陸上といった基準を設定することができます。生物は、観点を選んで基準を設定することで分類できますが、観点と基準が変わると分類のされ方も変わります。

2. 受粉

おしべの花粉がめしべの柱頭(ちゅうとう)につくことを受粉(じゅふん)といいます。受粉のしかたには、同じ花の中のおしべとめしべの間や、同じ株の雄花(おばな)と雌花(めばな)の間で行われる自家受粉(じかじゅふん)、同じ種類の他の株の花との間で行われる他家受粉(たかじゅふん)、人の手により行われる人工受粉(じんこうじゅふん)などがあります。

PART 7 ▶ いろいろな生物とその共通点

84～85ページ

植物の体の共通点と相違点②

1. シダ植物・コケ植物

種子をつくらず胞子(ほうし)でなかまをふやす植物には、シダ植物やコケ植物があります。シダ植物は、根・茎・葉の区別があって維管束(いかんそく)をもち、コケ植物は、根・茎・葉の区別がなくて維管束をもちません。

2. 植物の分類の樹形図

植物は、右のような図（樹形図）で分類できます。

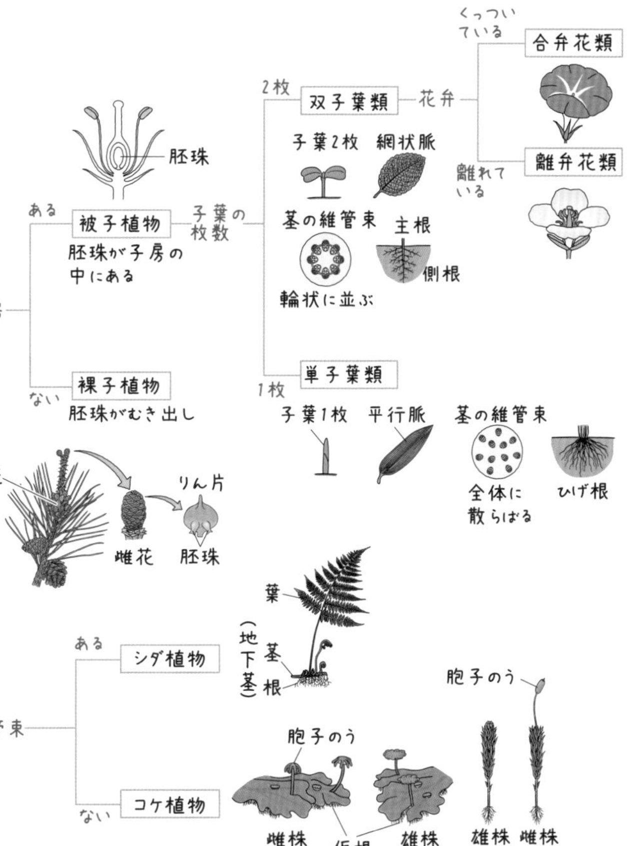

PART 7 ▶ いろいろな生物とその共通点

動物の体の共通点と相違点

86 ～ 87ページ

1. 変温・恒温

周囲の温度が変化すると体温も変化する動物を変温動物、周囲の温度が変化しても体温はほぼ一定に保たれる動物を恒温動物といいます。変温動物は、体内で熱を生み出すしくみが発達していないため、カエルやヘビのように冬には冬眠するものが多く見られます。

2. 節足動物

無脊椎動物のうち、足に節をもつ動物を節足動物といいます。節足動物は体のつくりにより、昆虫類、クモ類、甲殻類、多足類に分類できます。

3. 軟体動物

無脊椎動物のうち、体や足に節がなく、内臓が外とう膜でおおわれている動物のなかまを軟体動物といいます。軟体動物は卵生で、イカやタコ、アサリなど、多くは水中で生活してえらで呼吸をしていますが、マイマイやナメクジのように、陸上で生活して肺で呼吸しているものも見られます。

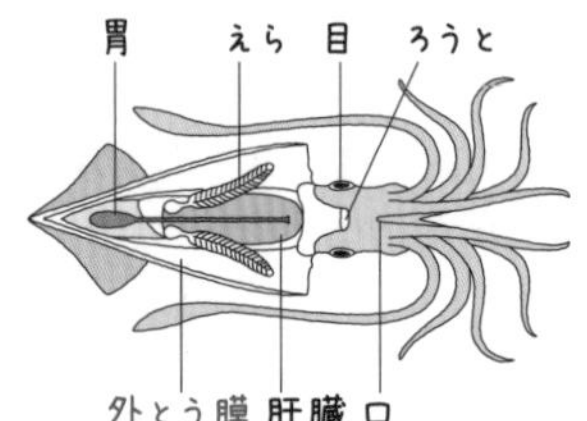

PART 8 ▶ 大地の成り立ちと変化

地層と堆積岩

88 ～ 89ページ

1. 風化

地表付近の岩石が自然のはたらきによって細かくこわされたり、けずられたりすることを風化といいます。風化には、温度変化による風化、水の凍結による風化、植物の根による風化、雨水による風化などがあります。

2. 流れる水のはたらき

流れる水は、侵食・運搬・堆積の各はたらきを行っており、これらをまとめて流水の３作用といいます。川の上流では侵食作用がさかんなためＶ字谷という深い谷が、川の中流や下流では堆積作用によって扇形の地形の扇状地が、河口付近では堆積作用によって三角形の低い土地の三角州がそれぞれつくられます。

3. 石灰岩・チャート

貝・サンゴ・フズリナの死がいなど、石灰質（炭酸カルシウム）の堆積岩を石灰岩、ホウサンチュウ・ケイソウの死がいなど、ケイ酸質（二酸化ケイ素）の堆積岩をチャートといいます。石灰岩は炭酸カルシウムが主成分のため、塩酸と反応して二酸化炭素が発生しますが、チャートは塩酸と反応しません。また、石灰岩はくぎでこすると傷がつきますが、チャートは非常にかたく、くぎでこすっても傷がつきません。

4. ルーペ

野外で植物などを観察するときは、ルーペを使います。ルーペは次の手順で使用します。

手順①ルーペを目に近づけてもつ。

手順②観察する試料（物質や生物など）をもう一方の手でもち、試料を前後に動かしてピントを合わせる。

手順③観察するものが動かせないときは、ルーペを目に近づけたまま自分が動いてピントを合わせる。

PART 8 ▶ 大地の成り立ちと変化
化石と大地の変動
90～91ページ

1. 地質年代
示準化石（地層が堆積した年代を知ることができる化石）などをもとに区別された地球の歴史を、地質年代といいます。地質年代は、約5億4000万年前から現在にかけ、古いほうから順に、古生代、中生代、新生代とよばれています。

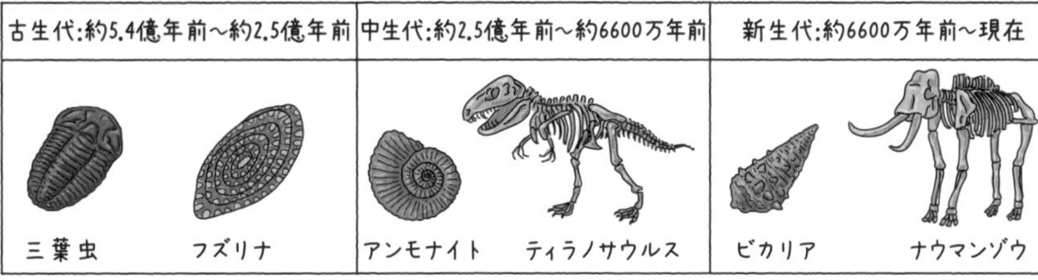

2. 露頭
がけや道路わきなど、地層や岩石が地表面に現れているところを露頭といいます。

PART 8 ▶ 大地の成り立ちと変化
火山と火成岩
92～93ページ

1. 火山噴出物
噴火によって火口から噴き出されるものには、火山ガス、火山灰、火山れき、火山弾、軽石、溶岩などがあり、これらを火山噴出物といいます。

2. 火山の形
火山の形や色、噴火の仕方はマグマの粘り気で決まります。マグマの粘り気が小さいと、気体成分がぬけやすく、穏やかに噴火して溶岩が流れ出します。一方、マグマの粘り気が大きいと、気体成分がぬけにくく、爆発的な激しい噴火となります。また、溶岩は流れにくく、火口近くに盛り上がったかたまりをつくることがあります。

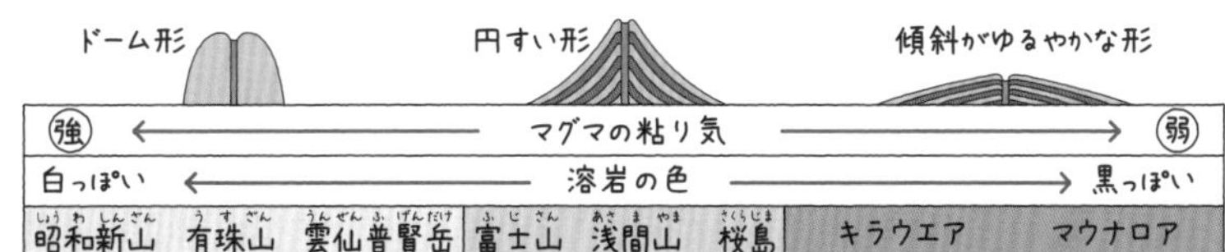

3. 鉱物
鉱物は、マグマが冷えてできた小さな結晶で、白色や無色透明な無色鉱物と、色のついた有色鉱物があります。岩石は数種類の鉱物が集合してできますが、火成岩（マグマが冷えて固まってできた岩石）をつくる鉱物は、セキエイ・チョウ石・クロウンモ・カクセン石・キ石・カンラン石の、おもに6種類です。

	無色鉱物		有色鉱物				その他の鉱物
	セキエイ	チョウ石	クロウンモ	カクセン石	キ石	カンラン石	磁鉄鉱
鉱物							
特徴	無色か白色で不規則に割れる	白色かうす桃色で決まった方向に割れる	黒色で決まった方向にうすくはがれる	暗緑色で規則的に割れやすい	暗緑色で規則的に割れやすい	うすい緑色で不規則に割れる	黒色で表面は光沢があり磁石につく

PART 8 ▶ 大地の成り立ちと変化

地震の発生とゆれの伝わり方

94 ～ 95ページ

1. プレート

地球の表層部は、厚さ約10km～ 100kmくらいのかたい岩盤十数枚でおおわれていて、この岩板をプレートといいます。プレートは、年数cmというゆっくりとした速度で決まった方向に動いています。上に大陸をのせているものを大陸プレート、海底をつくるものを海洋プレートとよびます。

2. 活断層型地震（内陸型地震）

大陸プレートと海洋プレートの押し合いにより、日本列島の地下には強いひずみがかかっています。このひずみで日本列島をのせている大陸プレート内の岩の層がこわれてずれると、断層が発生します。断層のうち、過去約200万年ほどの間に活動し、今後も動く可能性のあるものを活断層といいます。活断層の断層面は、普段はしっかりくっついていますが、断層面をはさむ両側の岩盤には常に大きなひずみがかかっているため、限界にくると運動を起こします。これが活断層型地震（内陸型地震）です。活断層による地震は、震源が生活の場である内陸にあり、さらに震源の深さも浅いため、直下型地震となって大被害をもたらすことがあります。

3. P波・S波

地震の波のうち、初期微動を伝える速い波（6～8km/s）をP波、主要動を伝える遅い波（3～5km/s）をS波といいます。P波はPrimary wave（最初の波）の頭文字、S波はSecondary wave（二番目の波）の頭文字です。

PART 9 ▶ 生物の体のつくりとはたらき

植物細胞と動物細胞

96 ～ 97ページ

1. プレパラート

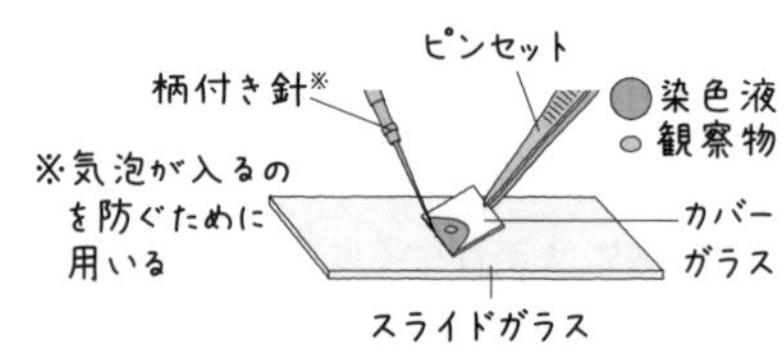

スライドガラス（スライドグラスともいいます）の上に観察物をのせて、カバーガラス（カバーグラスともいいます）をかけたものをプレパラートといいます。プレパラートを作成するときの注意点は、カバーガラスをかけるとき、中に気泡が入らないように、カバーガラスをゆっくり下ろすことです。

2. 顕微鏡

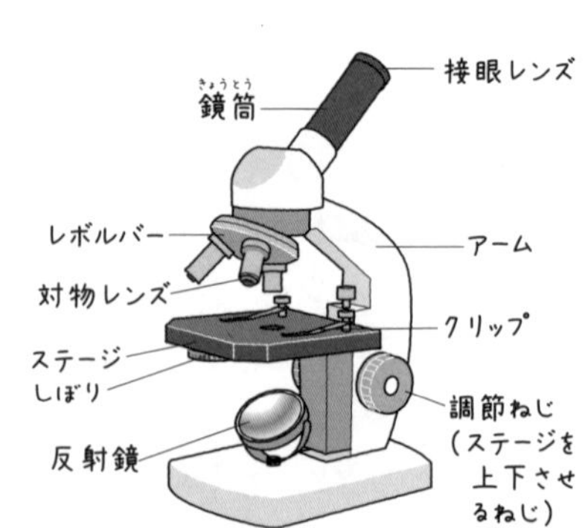

顕微鏡（ステージ上下式）は、次の手順で使用します。

手順①顕微鏡を直射日光のあたらない水平な台に置く。

手順②接眼レンズをつけ、次に対物レンズをつける。（対物レンズを先につけると、接眼レンズをつける側からほこりなどが対物レンズに入るおそれがあるため）

手順③反射鏡で視野の明るさを調節する。

手順④プレパラートをステージにのせてクリップで止める。

手順⑤横から見ながら調節ねじを回し、対物レンズをプレパラートに近づける。

手順⑥顕微鏡をのぞきながら調節ねじを回し、対物レンズを遠ざけながらピントを合わせる。このとき、対物レンズは低倍率のものから使用する。

3. 単細胞生物・多細胞生物

ゾウリムシなどのように、体が1つの細胞からできている生物を単細胞生物といいます。単細胞生物は、呼吸・消化・排出・運動などのすべてのはたらきを1つの細胞で行います。一方、多くの細胞が集まり1つの体をつくっている生物を多細胞生物といいます。多細胞生物では、形やはたらきが同じ細胞が集まって組織を、組織が集まって器官を、器官が集まって個体をつくります。

PART 9 ▶ 生物の体のつくりとはたらき

葉のつくりと蒸散

98 〜 99ページ

1. 気孔

植物が、外部との気体の交換を行う小さな穴を気孔といいます。気孔は三日月形をした2つの孔辺細胞が向かい合った構造をしていて、孔辺細胞が水を吸ってふくれると、細胞が外側へのび、向かい合った孔辺細胞どうしが離れて開きます。これは、中心部（気孔側）の細胞壁がまわりの細胞壁より厚くてのびにくいためです。一方、孔辺細胞から水が減少すると、細胞の形がもとにもどり、気孔が閉じます。

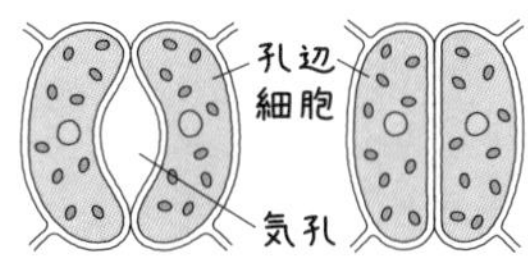

2. 蒸散

植物が、体内の余分な水分を水蒸気として気孔から蒸発させるはたらきを蒸散といいます。蒸散は、①気温が高いとき ②日光が当たるとき ③雨のあと ④風が強いとき ⑤空気がかわいているときなどにさかんに起こります。蒸散には、体内の水分量調節・体温調節・水分移動の促進などのはたらきがあります。

PART 9 ▶ 生物の体のつくりとはたらき

光合成と呼吸

100 〜 101ページ

1. 光合成

植物が、光エネルギーを利用してデンプンなどの栄養分をつくるはたらきを光合成といいます。光合成でできたデンプンは水にとけにくいので、水にとけやすい物質に変えられ、師管を通って体の各部へ運ばれます。

2. ふ入りの葉を使った実験

光合成は葉緑体で行われますが、それを確かめる実験に、ふ入りの葉を使った実験があります。「ふ」は、葉の緑色の部分に違った色が混じったところで、アサガオでは「ふ」の部分は白く、葉緑体をもちません。実験は、次のような手順で行います。

手順①ふ入りのアサガオの葉の一部をアルミニウムはくでおおい、1日暗室に置いて葉のデンプンをなくし、翌日、日光に当てる。

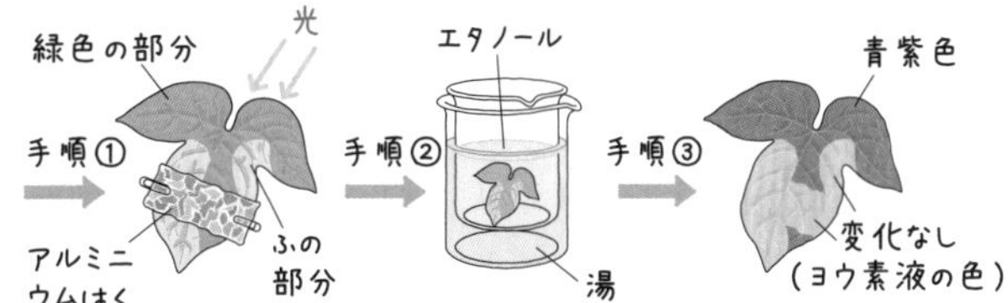

手順②葉をやわらかくするため熱湯につけたあと、あたためたエタノールにつけて脱色する。

手順③葉を水で洗ったあと、ヨウ素液にひたす。

結果：ふの部分の色が変化しないことから、光合成には葉緑体が必要なことがわかり、アルミニウムはくでおおった部分の色が変化しないことから、光合成には光が必要なことがわかります。

4 PART 9 ▶ 生物の体のつくりとはたらき

茎のつくりと根のつくり

102 〜 103ページ

1. 茎の道管・師管

茎のつくりは、双子葉類では道管と師管が束になっている「維管束」が輪になって並んでいますが、単子葉類では維管束が全体に散らばっています。また、双子葉類では維管束の師管と道管の間に管状の層「形成層」がありますが、単子葉類では形成層がありません。道管は、根から吸い上げられた水や養分の通り道ですが、その確認方法として、赤色に着色した水の吸い上げ実験があります。

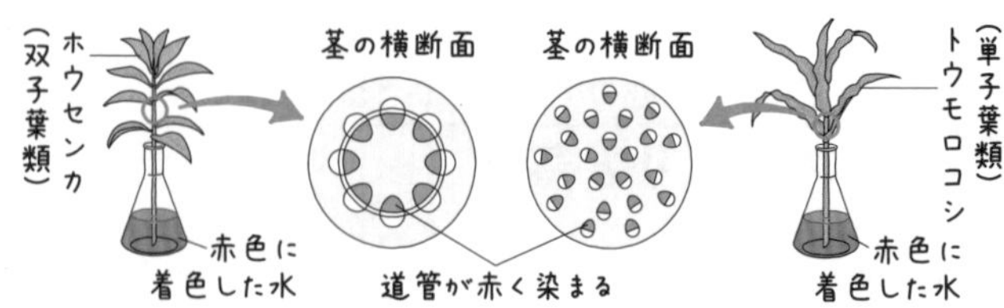

2. 根毛

根は、その表面から水や水にとけた肥料分を吸収します。右の図のように、発芽した根を拡大すると、細かい毛のようなものが無数に見られ、これを根毛といいます。根毛によって、根の表面積は非常に大きくなり、水や養分を効率よく吸収できるわけです。

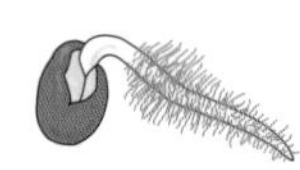

PART 9 ▶ 生物の体のつくりとはたらき

消化と吸収

104 〜 105ページ

1. 消化酵素

ほとんどの消化液に含まれ、栄養分を分解する物質を消化酵素といいます。例えばデンプンは、だ液に含まれる消化酵素アミラーゼによって麦芽糖などに分解され、そのあとさまざまな消化酵素のはたらきでブドウ糖にまで分解されます。また、タンパク質は胃液中のペプシン、すい液中のトリプシンなどの消化酵素によってアミノ酸にまで分解されます。そして脂肪は、消化酵素は含まない胆汁の他、すい液中の消化酵素リパーゼなどのはたらきにより、脂肪酸とモノグリセリドに分解されます。以上のように、消化酵素には特定の物質にはたらく性質があります。

2. 消化器官

食物を消化し、食物中の栄養分を体内に取り入れるはたらきをしている器官を消化器官といいます。消化器官には、消化管（口→食道→胃→小腸→大腸→肛門へとつながる1本の管）と、消化液をつくったりたくわえたりする肝臓、胆のう、すい臓などがあります。

3. 柔毛

小腸の内側の壁には多くのひだがあって、その表面には微小な突起「柔毛」があります。ひだ状の壁に加えて無数の柔毛があることで、表面積が非常に大きくなり、消化された栄養分の吸収を効率よく行うことができます。ブドウ糖とアミノ酸は、柔毛内部の毛細血管に入り、門脈や肝臓を通って全身の細胞に運ばれます。また、脂肪酸とモノグリセリドは、柔毛の表面から吸収されたあと、再び脂肪となって柔毛内部のリンパ管に入り、さらに血管に入って全身の細胞に運ばれます。

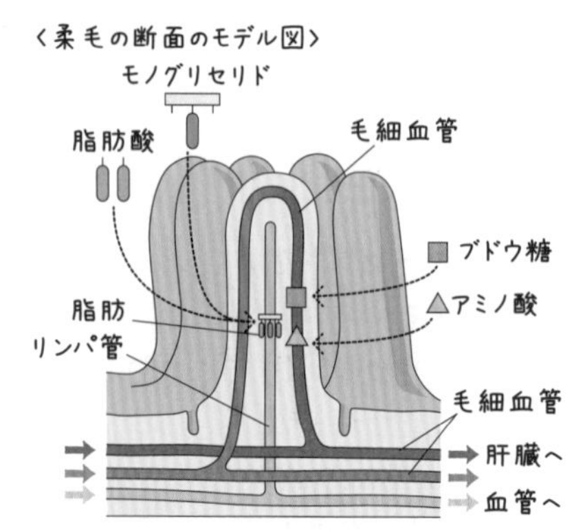

PART 9 ▶ 生物の体のつくりとはたらき

呼吸器官と呼吸運動

106 ～ 107ページ

1. 細胞呼吸

消化管で吸収された栄養分は、血液にとけて全身の細胞に運ばれます。各細胞は、肺呼吸によって取り入れた酸素を使って、栄養分を水と二酸化炭素に分解し、生活に必要なエネルギーを取り出しており、このはたらきを細胞呼吸（さいぼうこきゅう）といいます。アミノ酸は細胞呼吸で分解されると、不要物としてアンモニア（NH_3）を生じますが、アンモニアは非常に毒性が強いため、そのままでは排出されず、肝臓で無毒の尿素（にょうそ）につくりかえられてからじん臓でこしとられ、尿として排出されます。

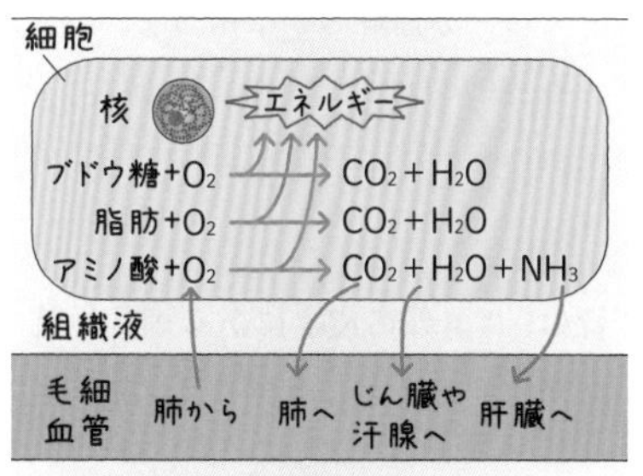

2. ゴム膜を使ったヒトの呼吸運動のモデル

肺には筋肉がないため、横隔膜（おうかくまく）やろっ骨を上下させることで胸（きょう）こう（肺が入った部屋）の容積を変化させ、呼吸を行います。呼吸運動のモデルでは、ストローが気管、ゴム風船が肺、ゴム膜が横隔膜、ペットボトル内の空間が胸こうを表しています。ゴム膜を引く（息を吸う）と、ゴム膜が下がり（横隔膜が下がり）、ボトル内（胸こう）の気圧が下がって風船がふくらみ（肺がふくらみ）ます。ゴム膜をもどす（息を吐く）と、反対の変化が起こります。

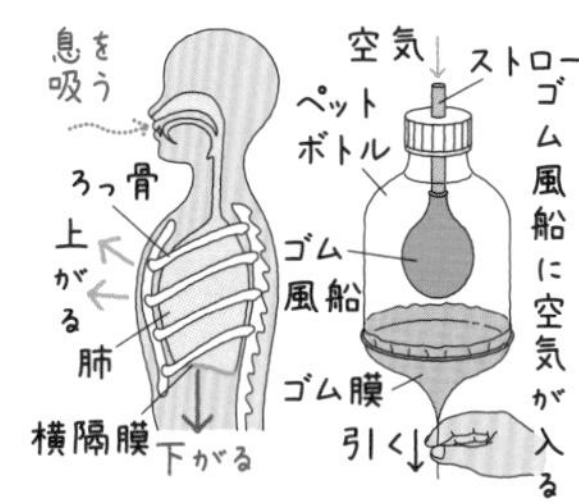

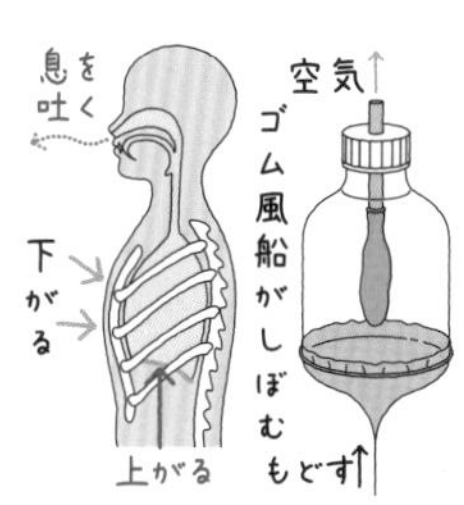

PART 9 ▶ 生物の体のつくりとはたらき

心臓のつくりと血液の循環

108 ～ 109ページ

1. 拍動

ヒトの心臓は厚い筋肉でできていて、2つの心房（しんぼう）と2つの心室（しんしつ）（2心房2心室）からなります。心房と心室は、交互に周期的に収縮することによって、ポンプのように血液を取りこんだり送り出したりしています。このような心臓の周期的な収縮を、心臓の拍動（はくどう）といいます。なお、脈拍（みゃくはく）は動脈（どうみゃく）の拍動で、心臓の拍動が血液に伝わり、血液の強い弱いのリズムができ、手首や首で感じられる動きのことです。

2. 動脈・静脈

心臓から送り出された血液が流れる血管を動脈といって、心臓にもどる血液が流れる血管を静脈（じょうみゃく）といいます。動脈の壁は厚くて弾力がありますが、静脈の壁は動脈よりもうすく、壁にはところどころに血液の逆流を防ぐための弁がついています。

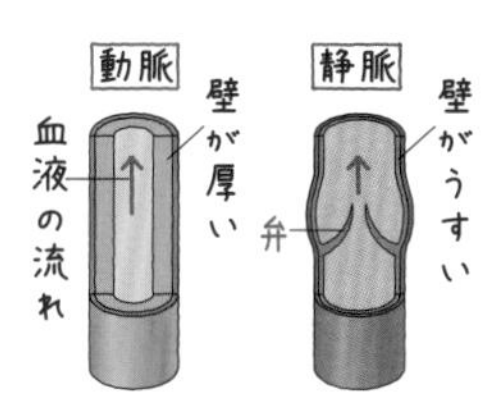

3. 肝臓のはたらき

肝臓のおもなはたらきとして、次の4つがあります。

①古い赤血球を分解し、胆汁をつくる　②ブドウ糖をグリコーゲンに変えてたくわえ、必要に応じて送り出す
③有害物質を無害にする（解毒作用（げどくさよう））　④有毒なアンモニアを無毒の尿素にかえる

8 PART 9 ▶ 生物の体のつくりとはたらき
血液のはたらきと排出系
110～111ページ

1. ヘモグロビン
ヒトでは、赤血球の中にあって、酸素の運搬を効率よく行う血色素をヘモグロビンといいます。ヘモグロビンは、赤色のヘムと、グロビンというタンパク質が結合してできていて、血液の赤色は、ヘムが含む鉄原子の色です。ヘモグロビンは、二酸化炭素が多いところや、酸性のもとでは酸素と結びつきにくい性質をもちます。

2. 汗腺
汗腺は、ほ乳類の皮ふにある細長い管で、血液中の不要な水や塩類をこし出して汗として分泌するはたらきや、汗が気化するときにうばう気化熱によって体温を調節するはたらきなどをもちます。

9 PART 9 ▶ 生物の体のつくりとはたらき
神経系と反射
112～113ページ

1. 目
物は、目に光の刺激が次のように伝わって見えます。

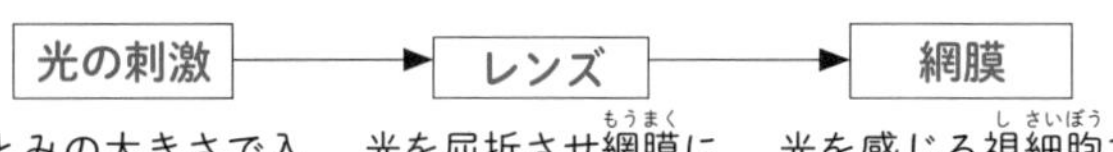

ひとみの大きさで入る量を調節　　光を屈折させ網膜に倒立像をつくる　　光を感じる視細胞で光の刺激を受け取る

視細胞で受け取った刺激を大脳に伝える　　「見えた」という視覚が生じる

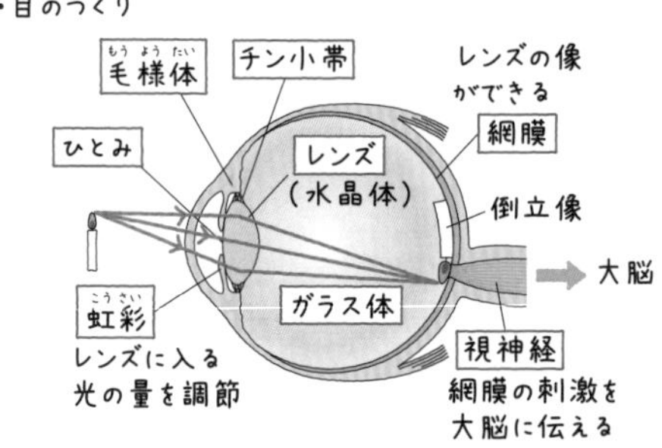

2. 耳
音は、耳に音の刺激が次のように伝わって聞こえます。

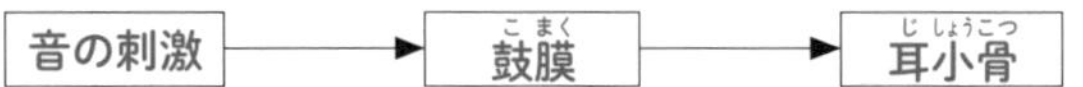

空気の振動として耳に入る　　音波により振動する　　振動を増幅し、うずまき管のリンパ液を振動させる

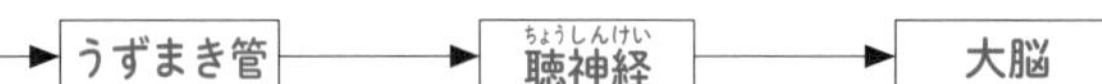

リンパ液の振動を聴細胞が受け取る　　聴細胞の刺激を大脳に伝える　　「音が聞こえた」という聴覚が生じる

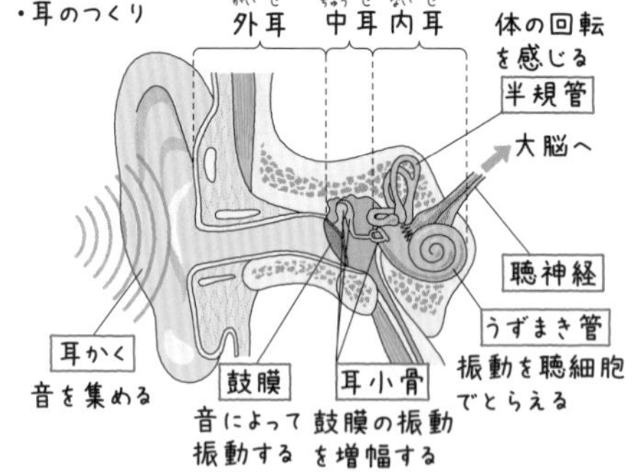

3. 骨格筋
人の体は約200個の骨が組み合わさって骨格をつくっています。骨には骨格筋という筋肉がついていて、縮んだりゆるんだりすることで付着した骨格を動かします。骨格筋の両はしには「けん」があり、けんによって骨格筋は関節をへだてたとなりの骨と付着し、てこの原理でその部分に応じた運動をします。

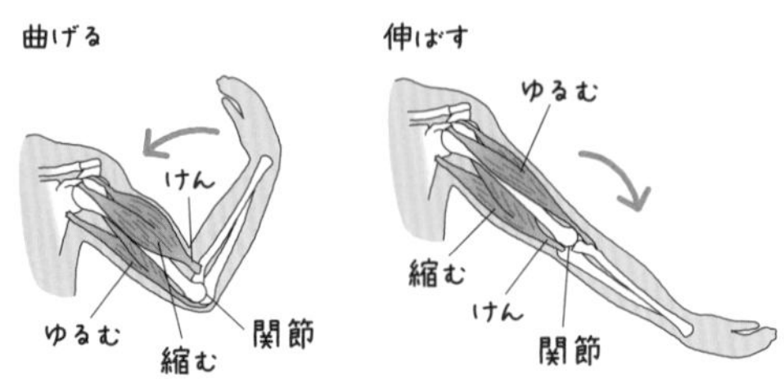

PART 10 ▶ 気象とその変化

114 ～ 115ページ

気象要素と気圧

1. 風力・天気図記号

天気を表す天気記号と、風力を表す風力記号を組み合わせて、観測地点での天気・風向・風力を表した記号を天気図記号といいます。天気は雲量（空全体を10としたとき、雲がおおっている割合）で決まり、雲量が0～1のときが快晴、2～8のときが晴れ、9～10のときがくもりとなります。風力と風向は、地点円から伸ばしてかいた矢ばねを用いて表し、風力は矢ばねの本数で、風向は矢ばねがついている方向（風が吹いてくる方向）で表します。

・天気記号

快晴	晴れ	くもり	雨	雪	霧
○	⦶	◎	●	⊗	◉

・風力記号

風力	0	1	2	3	4	5	6	7
記号	○							

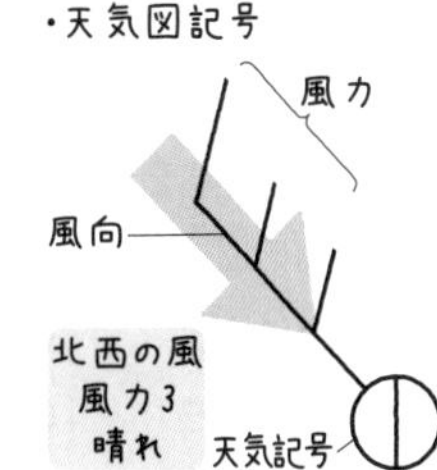

PART 10 ▶ 気象とその変化

116 ～ 117ページ

飽和水蒸気量と湿度

1. 霧の発生

空気が冷やされて露点に達すると、飽和水蒸気量を超えた分の水蒸気は凝結して水になります。この現象が空気中で起こり、水蒸気が目に見える水滴や氷の結晶になって浮かんだものが霧や雲です。霧は、地表付近の空気が冷やされ、露点よりも温度が下がって水蒸気が水滴になり、地表付近で空中に浮かんだものです。

2. 雲の発生

上空にできる小さな水滴や氷の粒の集まりを雲といいます。それらの粒が落ちてこないのは、上昇気流（上昇する空気の流れ）で支えられているためです。雲は、次のような手順で生じます。

手順①地上付近の空気があたためられる。

手順②あたためられた空気のかたまりが膨張して軽くなる。

手順③軽くなった空気が上昇する。

手順④上空は気圧が低く、空気の膨張が進んで温度が低くなっていく。

手順⑤温度が露点に達し、水蒸気が水滴に変わって雲ができ始める。その際、空気中のちりやほこりが核（凝結核）の役目をする。

手順⑥空気がさらに上昇し、氷の粒ができ、雲が成長していく。

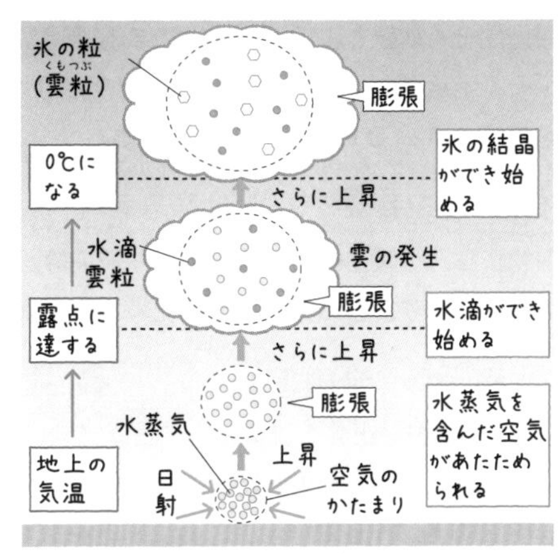

PART 10 ▶ 気象とその変化

高気圧と低気圧

118～119ページ

1. 等圧線

気圧の等しい地点を結んだときにできる線を等圧線といいます。等圧線は1000hPa の線を基準にして、通常、4 hPa ごとに細い線が引かれ、20hPa ごとに太い線が引かれます。風は気圧の差が大きいほど強く吹くため、等圧線の間かくがせまいほど風は強く吹きます。一般に等圧線の間かくは、高気圧では広くなり、低気圧ではせまくなります。

2. 地球の自転

地球は地軸を中心に西から東へ1日1回転していて、これを地球の自転といいます。北半球での風向は、地球の自転によって生じる力によって、等圧線に対して垂直の方向よりも右にそれて吹きます。

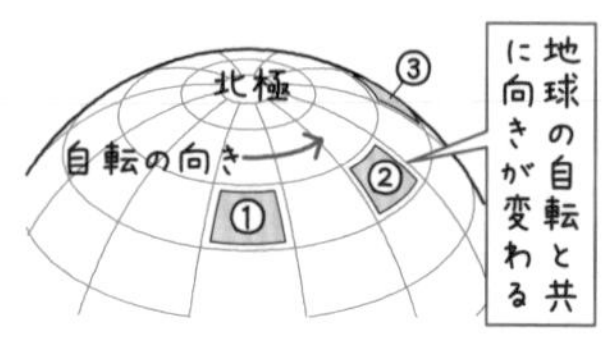

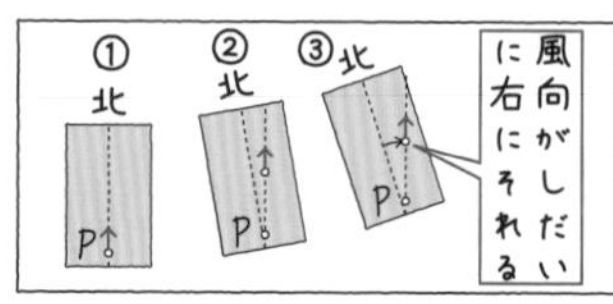

PART 10 ▶ 気象とその変化

前線と前線の種類

120～121ページ

1. 停滞前線

寒気団と暖気団が同じくらいの勢力でぶつかり合うときにできる前線を、停滞前線といいます。前線がほとんど移動せず、同じ場所にとどまっているため、停滞前線付近では、くもりや雨の天気が続きます。6月～7月の梅雨の時期に生じる停滞前線を梅雨前線、9月～10月の秋の時期に生じる停滞前線を秋雨前線といいます。

2. 閉そく前線

寒冷前線と温暖前線をともなう温帯低気圧の中心付近で、寒冷前線が温暖前線に追いついたときにできる前線で、寒冷前線を押してきた寒気の温度が、温暖前線の寒気の温度より高い場合にできる温暖型閉そく前線と、低い場合にできる寒冷型閉そく前線があります。温帯低気圧は発生後、右の図のA～Dのように消滅します。

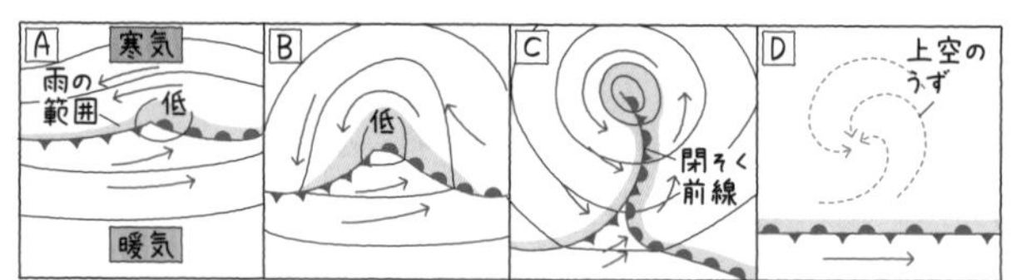

3. 前線記号

前線には、温暖前線・寒冷前線・停滞前線・閉そく前線の4つがあり、右の図のような記号で表されます。

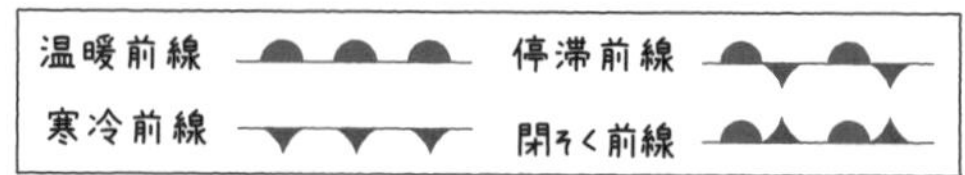

4. 積乱雲・乱層雲

積乱雲は、強い上昇気流によって垂直方向にいちじるしく発達した雲です。雲の高さは10キロメートルを超え、大雨や落雷、ひょうの原因になります。夏によく見られる入道雲も積乱雲です。一方、乱層雲は、あま雲・ゆき雲ともよばれる雲です。この雲が空をおおうと太陽は見えなくなります。現れる高さはおよそ2キロメートル～7キロメートルです。

PART 10 ▶ 気象とその変化

日本付近の気団と四季の天気

122 ～ 123ページ

1. 太平洋高気圧

太平洋高気圧は、太平洋に発生する温暖な高気圧です。日本の気候に影響を及ぼすのは、太平洋高気圧の西部にあって、小笠原諸島付近に中心をもつ気団です。これが、高温・多湿な性質をもつ小笠原気団（おがさわらきだん）です。小笠原気団は太平洋高気圧の一部分です。

2. 移動性高気圧

日本のはるか西側の大陸にある高気圧から、その一部が偏西風（へんせいふう）（日本上空を年間を通して西から吹く風）で流され、西から東に移動する高気圧を移動性高気圧（いどうせいこうきあつ）といいます。移動性高気圧におおわれるとすっきりとした晴れになりますが、すぐ後ろには低気圧がひかえているため、高気圧の中心が通り過ぎると雨の日になることが多くなります。春や秋は、２～３日晴れると２～３日雨が降ったりと、天気が周期的に変わるのが特徴です。

3. 季節風

大陸と海洋のあたたまりやすさの違いにより、１年周期で風向・風速が変化する風を季節風（きせつふう）といいます。夏は、太平洋よりもあたたかいユーラシア大陸へ海洋から南東の風が吹き、冬は、ユーラシア大陸よりもあたたかい太平洋へ大陸から北西の風が吹きます。

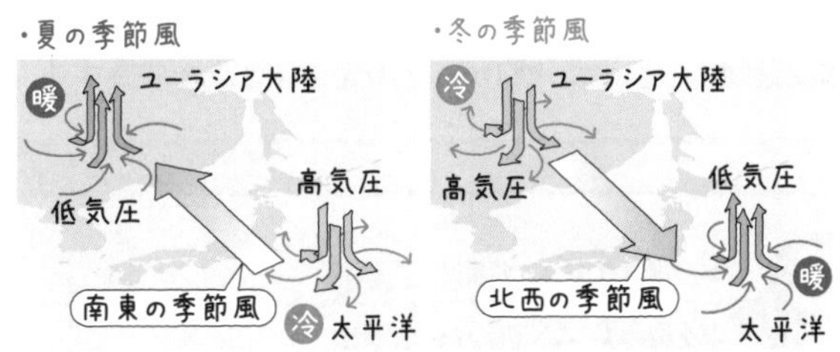

PART 11 ▶ 生命の連続性

植物の有性生殖と動物の有性生殖

124 ～ 125ページ

1. 無性生殖

雌雄（しゆう）の親を必要としないで、受精せずに体細胞分裂（たいさいぼうぶんれつ）で新しいなかま（子）をふやすふやし方を無性生殖（むせいせいしょく）といいます。無性生殖では親と子の遺伝子が同じため、子の形質は親とまったく同じになります。無性生殖には次のようなものがあります。

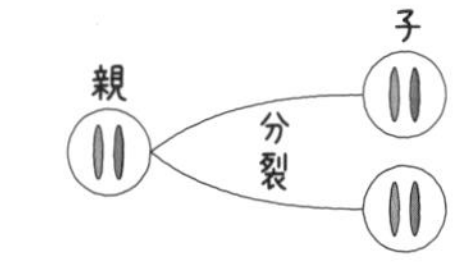

①**分裂**：１個体が２個体に分かれてふえるふえ方。　例 アメーバ、ゾウリムシ

②**出芽**（しゅつが）：親の体の一部に突起ができ、それが大きくなり、親から分かれてふえるふえ方。

　例 酵母（こうぼ）、サンゴ

③**栄養生殖**：根や茎や葉の一部から新しい個体が生じてふえるふえ方。　例 ジャガイモ、オランダイチゴ

2. 胚

受精卵が体細胞分裂を始めてから、自分で食べ物を取り始めるまでの個体を胚（はい）といいます。例えばカエルでは、受精卵が細胞分裂を始めてから、幼生のオタマジャクシになる前までが胚というわけです。

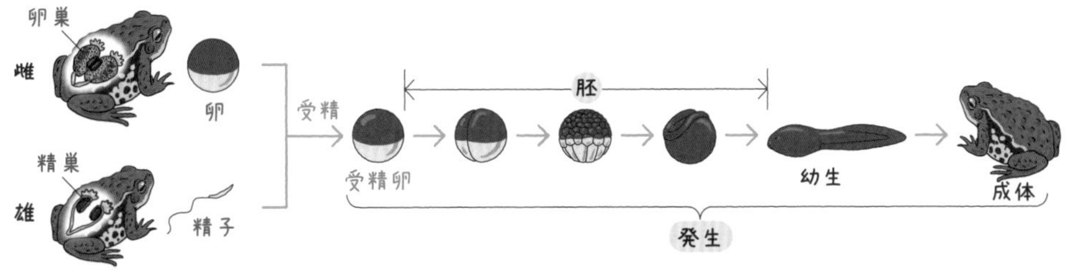

PART 11 ▸ 生命の連続性

体細胞分裂と減数分裂

126 〜 127ページ

1. 染色体

染色体は、遺伝情報がつまったDNAと、ヒストンというタンパク質からなる糸状の構造物で、アルカリ性色素に染まるものとして発見されたのが名前の由来です。また、DNAはデオキシリボ核酸の略で、遺伝子はDNAの中に整理されて存在しています。1個の体細胞には形や大きさが同じ染色体が2本ずつあり、この一対の染色体を相同染色体といいます。相同染色体の片方は父親、他方は母親から由来したものです。

2. 細胞の成長

生物の体は細胞分裂によって細胞の数がふえ、それぞれの細胞が大きくなることによって成長します。植物の根の成長は次の2段階で進みます。

第1段階： 根の先端から2 〜 3㎜上にある成長点でさかんに細胞分裂が起こり、細胞の数をふやす。

第2段階： 分裂した細胞がもとの大きさ位まで成長する。

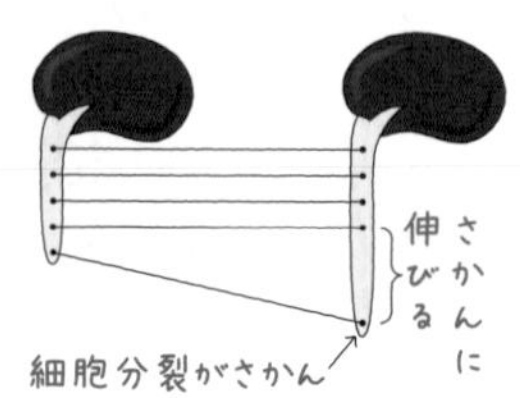

PART 11 ▸ 生命の連続性

形質と分離の法則

128 〜 129ページ

1. 顕性形質・潜性形質

対立形質をもつ純系どうしをかけ合わせたとき、子に現れる形質を顕性形質、子に現れない形質を潜性形質といいます。「顕性」は、形質が顕著に現れる性質という意味で、「潜性」は、普段は表に現れず潜っている性質という意味です。以前は、顕性を「優性」、潜性を「劣性」といっていましたが、優性の形質のほうが劣性の形質よりも“優れている”という誤解などを生みかねないという理由から、「顕性」、「潜性」になりました。

2. メンデル

オーストリアの司祭でもあった生物学者で、エンドウを使って遺伝の法則を発見しました。メンデルがエンドウを使用した理由は、エンドウは花弁がおしべとめしべを包みこむ構造をしており、昆虫が入りこめず、自然の状態では自家受粉のみが行われるため、純系が維持されやすい点があります。

PART 11 ▸ 生命の連続性

生物の共通性と進化

130 〜 131ページ

1. 始祖鳥

ドイツ南部の1億5000万年前（中生代）の地層から発見された、鳥類およびは虫類の両方の特徴をもつ動物が始祖鳥です。

鳥類の特徴

①羽毛をもち、くちばしがある

②前足の骨格が翼とよく似ている

は虫類の特徴

①くちばしに歯、翼の先に爪がある

②尾骨のある長い尾をもつ

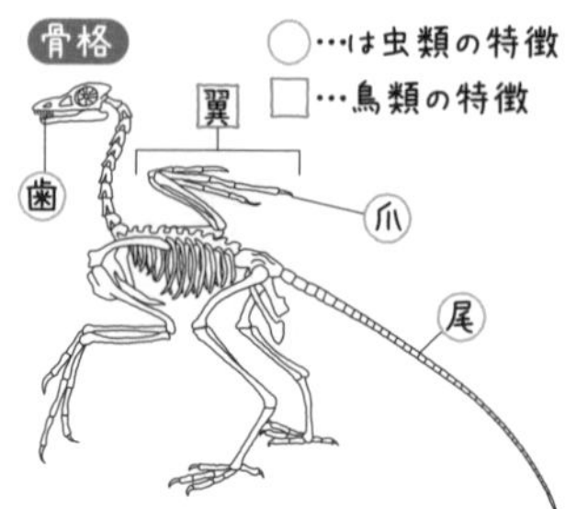

PART 12 ▶ 地球と宇宙

地球の自転と公転

132 ～ 133ページ

1. 南中高度

天体が真南の空にくることを南中といい、太陽が真南の空にくることを、太陽の南中といいます。また、太陽が真南にきて、最も高く上がったときの地平線との間の角度（90度以下）を、太陽の南中高度といいます。太陽の南中高度は季節によって変わり、北半球では夏至に最も大きく、冬至に最も小さくなります。太陽の南中高度は、次のように求めます。

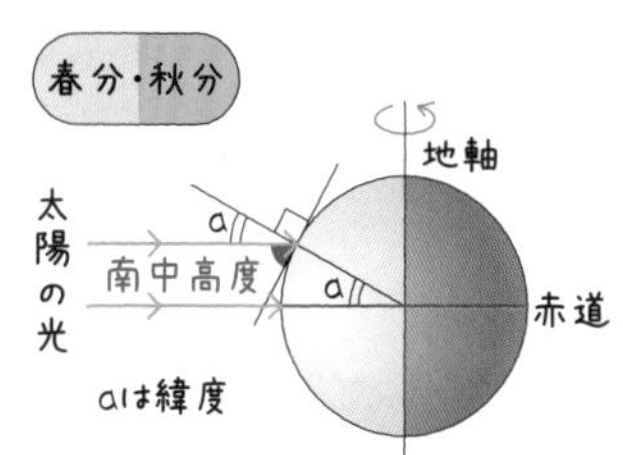

春分・秋分：90度－その地点の緯度

夏至：90度－その地点の緯度＋23.4度（※）　**冬至**：90度－その地点の緯度－23.4度

※夏至は地軸が太陽のほうに23.4度かたむくので、春分・秋分より23.4度高くなります。（冬至は反対）

2. 天球・透明半球

天体は、地球（観測者）を中心とした非常に大きな球形の天井にはりついて動いているように見えます。このような見かけ上の球形の天井を天球といいます。観測者の真上の天球上の点を天頂、地軸が天球と交わる北側の点を天の北極、南側の点を天の南極、地球の赤道面の延長と天球が変わってできる線を天の赤道、観測地点の地平面を延長したものが天球と交わってできる線を地平線といいます。

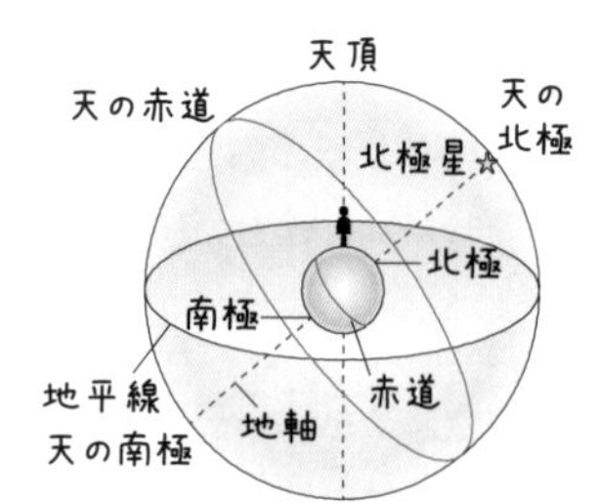

一方、太陽の通り道の観測に用いる天球のモデルを透明半球といいます。太陽の動きを観測するときは、直接観測しないで影を追いかけ、透明半球上に記録します。透明半球では、一定時間ごとに油性ペンで印をつけますが、ペンの先の影が中心にくるような位置をさがして印（●）をつけます。印の間かくが等しいことから、太陽の動く速さが一定であることがわかります。

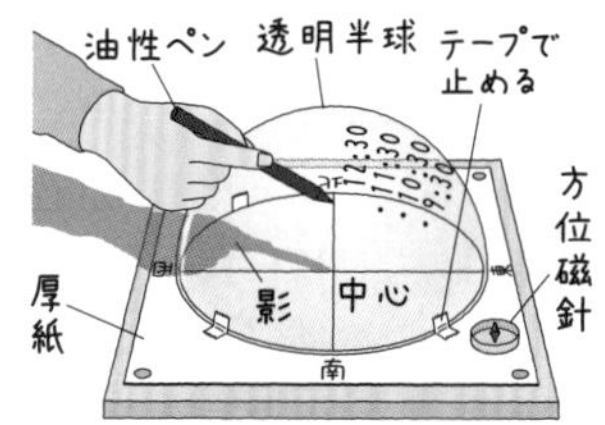

3. 黒点

太陽は、直径約140万 km（地球の約109倍）で、水素やヘリウムといった高温の気体でき、自ら光を出している天体（恒星）です。太陽の表面温度は約6000℃ですが、黒点は約4000℃で、まわりより温度が低いために黒く見えます。黒点は、太陽の内部にたまった磁場が表面につきぬけてできたものと考えられています。黒点の数は太陽の活動に関係があり、近年、太陽の活動が低下し、黒点の数が減少してきています。天体望遠鏡に太陽投影板を取りつけ、黒点の観察をすることで、次のことがわかります。

①黒点が毎日少しずつ東から西へ移動する。
　→ 太陽が自転していることがわかる。
②黒点が太陽の端のほうではだ円形にゆがんで見える。
　→ 太陽が球形であることがわかる。
③太陽投影板の太陽の像がずれていく。
　→ 地球が自転していることがわかる。

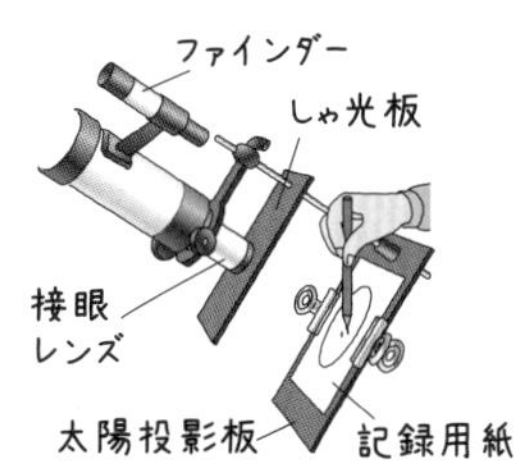

天体望遠鏡による黒点観測

注1　ファインダーは絶対に直接のぞかない。

注2　ファインダーにはキャップをつけておく。

PART 12 ▶ 地球と宇宙

2 星の日周運動と年周運動

134 〜 135ページ

1. 季節の星座

真夜中頃に南中する星座（太陽の反対側にある星座）を、季節の星座といいます。右の表はその代表的なものです。

季節	春	夏	秋	冬
星座	しし座	さそり座	ペガスス座	オリオン座

PART 12 ▶ 地球と宇宙

3 方位と時刻の決定と月の満ち欠け

136 〜 137ページ

1. 月

月は直径約3480km（地球の約$\frac{1}{4}$倍）で、惑星である地球のまわりを公転しながら自転している衛星です。月の自転と公転の向きは真上から見てどちらも反時計回り、周期はともに約27.3日です。自転周期と公転周期が同じで、自転と公転の向きも同じため、月はいつでも同じ面を地球に向けています。

2. 月食

太陽の全体または一部が月にかくされる現象を日食といい、月の全体または一部が地球の影に入る現象を月食といいます。日食は、太陽と月と地球の位置が、太陽・月・地球の順に一直線に並ぶ（月は新月）ときに起こり、月食は、太陽・地球・月の順に一直線に並ぶ（月は満月）ときに起こります。しかし、新月や満月のたびに日食や月食が起こるわけではありません。これは、月の公転面（公転軌道）が地球の公転面（公転軌道）に対して約５度傾いているからです（図１）。日食には、太陽が全部月にかくされる皆既日食、太陽の一部が月にかくされる部分日食、月の外側に太陽がはみ出し、光っているところが輪に見える金環日食があります。一方、月食には、月の全体が地球の影に入る皆既月食と、月の一部が地球の影を通過し、月の一部だけ欠ける部分月食があります。

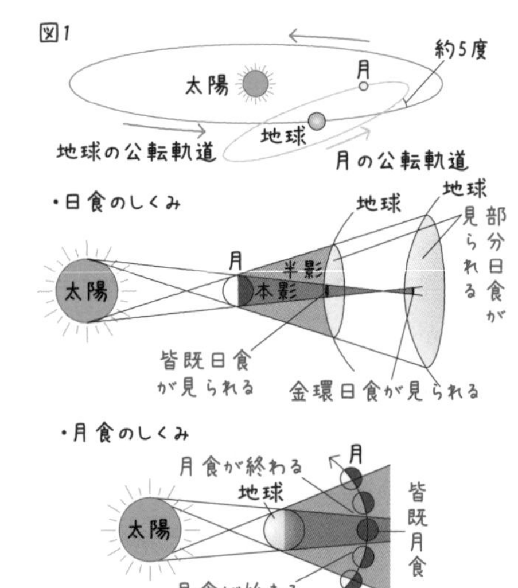

PART 12 ▶ 地球と宇宙

4 太陽系と金星の満ち欠け

138 〜 139ページ

1. 衛星

地球のまわりを公転する月のように、惑星のまわりを公転している天体を衛星といいます。太陽系では、水星と金星をのぞいた惑星は、それぞれいくつかの衛星をもっています。

2. 太陽系外縁天体

海王星の軌道よりも外側を公転する小型の天体のことで、かつて惑星とされていた冥王星もこの一つです。